基于学习科学的学科教学丛书

丛书总主编◎皮连生　庞维国　高宏伟

陈　刚／主编

物理
教学设计与实施

WULI JIAOXUESHEJI YU SHISHI

华东师范大学出版社
·上海·

图书在版编目(CIP)数据

物理教学设计与实施/陈刚主编. —上海：华东师范大学出版社,2021

(基于学习科学的学科教学丛书)

ISBN 978 - 7 - 5760 - 1254 - 5

Ⅰ.①物… Ⅱ.①陈… Ⅲ.①物理学－教学设计－高等学校 Ⅳ.①O4 - 42

中国版本图书馆 CIP 数据核字(2021)第 043215 号

物理教学设计与实施

主　　编　陈　刚
项目编辑　范美琳
审读编辑　郭恒娇
责任校对　杨月莹　时东明
装帧设计　俞　越

出版发行　华东师范大学出版社
社　　址　上海市中山北路 3663 号　邮编 200062
网　　址　www.ecnupress.com.cn
电　　话　021 - 60821666　行政传真 021 - 62572105
客服电话　021 - 62865537　门市(邮购)电话 021 - 62869887
地　　址　上海市中山北路 3663 号华东师范大学校内先锋路口
网　　店　http://hdsdcbs.tmall.com

印 刷 者　上海龙腾印务有限公司
开　　本　787×1092　16 开
印　　张　20
字　　数　583 千字
版　　次　2021 年 9 月第 1 版
印　　次　2022 年 7 月第 2 次
书　　号　ISBN 978 - 7 - 5760 - 1254 - 5
定　　价　49.00 元

出 版 人　王　焰

课堂教学的科学

——《学与教的心理学》在学科教学中的运用

1987 年，我在苏州铁道师范学院（今苏州科技大学）从事公共课心理学的教学工作。当时，我国高等师范院校一般只开设一门心理学课程（一个学期，每周 2—3 课时）。教材内容主要是从苏联引进的普通心理学，包括认知过程：注意、感知觉、记忆、思维、想象；个性心理特征：能力、性格、意志等；另外还增加了有关儿童发展心理学和教育心理学等的内容。学生对心理学这门概念多、实际运用难的课程普遍不感兴趣，认为学了用不上。教育行政部门对这门课程也普遍不够重视。在一次江苏省教委的会议上，我提出心理学课程只开一学期，每周只有两课时，课时太少。一位教委负责人回答："给两课时基层学校还嫌浪费，给三课时就更嫌浪费了。"

值得庆幸的是，国际心理学在 20 世纪七八十年代发起了认知心理学革命。认知心理学恰好回答了钱学森先生提出的教育科学的基础理论问题。他说："教育科学中最难的问题，也是最核心的问题是教育学科的基础理论，即人的知识和应用知识的智力是怎样获得的，有什么规律。解决了这个核心问题，教育科学的其他学问和教育工作的其他部门就有了基础，有了依据。没有这个基础理论，其他也就难说准。所以，首先应该集中研究教育科学的基础理论。"例如，加涅在 20 世纪 70 年代将学生的学习结果分成言语信息、智慧技能、认知策略、动作技能和态度等五个类别。他在《学习的条件》一书中解释了每类学习的过程和条件。除态度之外，其他四类学习结果都来源于知识。加涅系统地阐明了知识是怎么转化为学生的技能和智慧能力（即钱先生所说的"应用知识的智力"）的一般规律。这样心理学就从孤立地研究认知过程走上将认知过程与知识学习相结合的道路。

20 世纪八九十年代，在认知学习理论基础上又产生了一门新学科，即基于学习心理学的系统化教学设计。它通过四个关键环节，使教师教学行为建立在科学的学习心理学基础上：

（1）通过一套技术使教学目标行为化，变得可以观察和测量；

（2）对教育目标中的学习结果类型及其学习的条件进行分析，据此决定学习的过程和条件；

（3）依据上述分析选择适当的教学过程和方法，为有效学习创造合适的条件；

（4）对照目标设计测量与评价教学效果的工具（包括测验题、练习题）以及评价标准。

传统上，教师的教学主要基于经验。新教师上岗主要模仿老教师的做法。因此一般师范院校的学生认为"不用学心理学，照样可以当教师"。在系统化教学设计产生并被移植到学校课堂教学之后，教师不学心理学，寸步难行。因为不懂心理学，在备课时教师不会写教学目标；上课时，教师不知道学习的性质是什么，往往会将技能教成知识，或用教知识的方法来教学生态度和行为,也不知道如何用外显行为来检测学生内在的能力和倾向的变化。

为了反映国际学习心理学和教学设计方面的新进展,改革高等师范院校公共心理学课程,我在1987年承担高等师范院校公共心理学课程的教学工作之后,就着手改革高等师范院校公共心理学的教材内容。经过三年的努力,在华东师范大学心理学系邵瑞珍教授的指导下,苏州铁道师范学院联合上海教育学院、浙江省教育学院、南京师范大学和宁波师范学院(今宁波大学)部分心理学教师编写了一本以学习心理学和教学心理学为主要内容的高等师范院校公共心理学教材,取名《学与教的心理学》(1990年由华东师范大学出版社出版)。实际上,它是我国第一本基于科学心理学的教学论,简称科学取向的教学论。

该教材一经使用就受到试用学校的普遍欢迎。苏州铁道师范学院的公共心理学教学教材获院内优秀教材一等奖,并获江苏省普通高校优秀教学质量三等奖(1991年);宁波师范学院的公共心理学教学改革获院内特等奖,省内二等奖(1993年);《学与教的心理学》曾获上海市哲学社会科学优秀著作三等奖(1994年),优秀教材一等奖(1999年),2006年入选教育部普通高校教育"十一五"国家级规划教材。

《学与教的心理学》被作为高等师范院校公共心理学教材之后,受到了普遍欢迎,每年发行一万多册,近三十多年来经久不衰。但试教学校的教师和学生普遍感到该书的特点是新和难。难在什么地方?不在文字,而在于如何运用。因为学习公共心理学的师范院校的学生来自语文、数学、英语、历史、地理等不同系科。公共心理学教材只讲一般学习与教学的心理学原理,举例也大多数是小学的例子。学科知识越简单,越容易被来自不同系科的学生接受。但各学科的学生如何在本学科的实践中运用学与教的一般心理学原理呢?对于这个问题,不仅学生感到难,任课教师也感到难,而且作为教材的编者,也犯难,因为这是一个有待研究和开发的全新领域。同时,这一任务不是心理学家、教学设计专家能独立完成的,他们必须与中小学学科教师合作,只有经过多年努力,才可能在理论研究和案例开发上获得较大突破。自20世纪90年代以来,我和我的硕士、博士研究生先后在华东师范大学附属小学进行多年语文教学研究,之后又连续三年在上海市宝山区十所中小学校的多个学科课堂中进行应用研究。在硕士、博士论文研究的基础上,我们出版了"学科教学论新体系"丛书共七种:语文、数学各两册,自然科学、社会科学和英语各一册(2004年和2005年先后在上海教育出版社出版)。

此后,我和王小明、庞维国及他们的研究生的参与下,将修订的布卢姆认知目标分类学《学习、教学和评估的分类学:布卢姆教育目标分类学修订版》(2001年)、加涅等的《教学设计原理》(2005年)、史密斯等的《系统化教学设计》(2005年)、迪克等的《教学设计》(2005年)和M·P·德里斯科尔的《学习心理学:面向教学的取向》(2005年)翻译出来,于2008至2009年在华东师范大学出版社先后出版,为深入进行学与教的理论与应用研究提供了最新资料。

从学科应用研究来看,语文学科是最难运用学与教的心理学原理的学科。经过长期积累和近十年的集中研究,语文学科的应用研究取得了重大突破。由我和合作者所著的《小学语文学习与教学论》和《小学语文教学设计与实施》已经完稿。由安徽师范大学文学院何更生教授（心理学博士）及其合作者所著的《中学语文学习与教学论》和《中学语文教学设计与实施》、由华东师范大学教师教育学院陈刚副教授（心理学博士）及其合作者所著的《物理学习与教学论》和《物理教学设计与实施》近期内可以完稿。由北京师范大学张春莉教授（数学硕士、心理学博士）及其合作者所著的《数学学习与教学论》和《数学教学设计与实施》实践卷争取在年内完稿。因研究人员更换，由苏州科技大学教育与公共管理学院吴红耘教授及其合作者所承担的《历史学习与教学论》和《历史教学设计与实施》，由徐州市教研室副主任、英语特级教师李秋颖及其合作者所承担的《英语学习与教学论》和《英语教学设计与实施》争取明年完成。

在 2005 年前，我们的教学案例开发是单科进行的。自 2005 年起，广州市花都区教育局提出了构建"科学课堂"的任务。构建"科学课堂"实质上就是用科学取向的教学理论武装教师，并通过在专家指导下的教学设计与实施的反复练习，使该理论支配教师备课、上课和评课的行为。全区设立了七所实验学校（小学三所，初中、高中各两所），同时聘请我的学术团队中的五名教授、一名副教授和一名特级教师进行理论指导。经过两年不分学科与分学科系统培训与操练，实验学校的教学骨干才开始比较系统地领会了科学取向的教学论。一旦他们系统地领会了科学取向的教学论，他们的教学设计就能表现出创造性。现在广州市花都区的"科学课堂"建设已经进入第三年，正是到了出人才和出成果的时候。

在此我要十分感谢广州市花都区教育局和教研室领导为我们提供了心理学专家、学科教学论专家、教研员和优秀的一线教师四结合开发教学案例的机会。没有你们的高瞻远瞩和强有力的领导，要完成这样的大型工程是不可想象的。经过三十年努力，供教师学习与运用的心理学不仅有《学与教的心理学》的一般原理，不久又会有语文、数学、英语、物理、历史等学科版的学与教的心理学教材出版。尽管不同学科的研究深度会有不同，可能还会留下遗憾，但我们已尽力了。

皮连生

目 录

第一编
物理新授课的教学设计

《物理教学设计与实施》与《物理学习与教学论》一同构成基于学习心理学的物理教学设计理论的体系。《物理学习与教学论》侧重阐述学习心理学视角下物理教学设计理论的构建;《物理教学设计与实施》则侧重于教学设计理论的具体应用。

　　《物理教学设计与实施》共分为三编:第一编　物理新授课的教学设计;第二编　物理习题课的教学设计;第三编　物理复习课的教学设计。

第一编导读

　　《普通高中物理课程标准(2017年版2020年修订)》提出物理课程的目标是培养学生的学科核心素养,包括:物理观念、科学思维、科学探究、科学态度与责任。课堂教学是实现课程培养目标的主要形式。

　　第一编主要讨论物理概念和规律意义学习的教学设计模式,并据此阐述学科核心素养的实质以及培养方案。本编共三章。

　　第一、二章分别概述物理概念和规律意义学习的机制和教学设计模式。

　　关于物理概念和规律意义的学习与教学,基本观点如下:

1. 物理概念和规律意义的学习

　　(1)物理概念和规律都是通过特定概念间的联系界定的。

　　(2)个体建立或排除特定概念间联系的方式是逻辑的,主要有探究因果联系的归纳法、演绎法、类比法等。

　　物理观念显然是建立在每一物理概念和规律有效学习的基础上。物理概念和规律学习后的结果是概念图式。基本图式包含物理意义、物理性质、定义、表达式等内容。

　　(3)个体通过理论分析和实验探究两种学习途径获得建立概念联系所需的信息。

　　(4)学习者在不同途径的学习中遇到的子问题不同,解决子问题需要不同的策略或者方法。

　　理论分析学习途径需要学生运用论证、推理等方法解决问题,习得所学物理概念或规律。所以,理论分析学习途径是培养学生科学思维素养的主要形式。实验探究学习途径需要学生遵循科学探究环节的引导,运用各子环节问题解决的策略,选择解决问题所需的技能,从而习得所学物理概念或规律,所以,实验探究学习途径是实现培养学生科学探究素养的主要形式。

2. 物理概念和规律意义的教学

学习是学生运用一定策略解决各环节子问题、习得相应学习结果的过程。通过教学任务分析可揭示出学生习得特定学习结果所经历的途径和解决各子环节问题的策略,那么教学就是教师遵循各环节中相应策略的引导,帮助学生选择解决子问题的技能,从而解决问题,习得所学知识的过程。

鉴于认知策略或者方法在理解学习过程和相应教学实施方面的重要性,所以第一章第一节阐述认知策略的实质与特征。学习者自己通过内部过程建立起相关物理概念间新的联系,也就是习得新的物理概念或规律的意义。建立或排除物理概念因果联系的逻辑方法将在第二节中介绍;第二节中还将结合物理概念和规律习得的内部机制及演化,阐述"物理观念"的实质。第三节、第四节分别阐述建立因果联系所需信息的两种获取途径以及各子环节问题解决所需的策略,并据此阐述"科学探究""科学思维"素养的实质与培养。第二章基于前述学习机制,提出物理概念和规律意义学习的教学设计模式,并结合实例阐述模式具体的实施,包含教学任务分析、教学目标陈述、教学方案规划等环节(学习结果测评可参见《物理学习与教学论》相关章节讨论)。

第三章选择初、高中典型课例,解读教学模式的实施。课例尽可能包括学习的各种途径,如实验途径中侧重演示实验的牛顿第三定律,侧重学生实验的楞次定律;理论学习途径中侧重直接证明的太阳与行星引力、侧重间接证明(反证法)的静电现象等。课例还基本涵盖属性类概念学习、物理量的学习、物理规律的学习等不同类型。在知识点内容方面,也基本选择力、热、光、电、原子物理等方面的内容,期望以多样化的内容,呈现本教学模式实施的内在一致性。

本编第一章、第二章由陈刚撰写。第三章由陈刚审定。

第一章　物理概念和规律学习理论概述

第一节　认知策略的实质与教学

一、认知策略的界定

专家—新手研究是研究专家能力构成的一种范式,专家是指在某一领域具有成千上万个小时的学习和解决问题的经历,能够高效解决该领域问题的个体;新手是指刚进入某一问题解决领域的个体。

专家—新手研究通过专家和新手同时解决领域中同样的问题,从他们各自不同的表现中推断出专家和新手能力构成成分的差异。

以下是一位刚刚学习动量守恒的同学(新手)和一位有着多年教学经验的中学物理教师(专家),共同解决一道动量定理类的物理习题,他们解决的过程描述和分析如下所述。

(一) 问题解决过程描述

【案例 1－1】

例:质量为 M 的小船停在静止的湖面上,船身长为 l。当一质量为 m 的人从船头走到船尾时,小船相对于湖岸移动的距离为多少? 设水对船的阻力不计。

一位学生的求解过程

● 要求的是小船相对地面运动的距离?

需要确定小船做何种运动。

● 小船做何种运动?

根据受力,可知小船的运动比较接近匀变速直线运动。

● 小船的运动距离如何求?

选择用 $s = \dfrac{1}{2}at^2$,根据题目的条件,加速度似乎不能求。

● 还可以如何求运动距离?

可选用 $s_{船} = \bar{v}_{船} \cdot t$。

● 如何求运动过程中的平均速度?

求运动的速度,可用动量定理。

● 此运动中动量有何关系?

人——船为一个系统,水平方向受外力为零,可选用动量定理,

运动过程动量每一时刻均守恒,$Mv_{船} - mv_{人} = 0 \Rightarrow M\bar{v}_{船} - m\bar{v}_{人} = 0$。

● 两物体质量已知,而 $s_{船} = \bar{v}_{船} \cdot t$,$s_{人} = \bar{v}_{人} \cdot t$,要求 $s_{人}$ 和 $s_{船}$ 的关系。

画运动过程草图,如下图 1-1 所示。

● 过程中两者的位移有何关系呢?

$s_{人} = l - s_{船}$,如下图 1-2 所示。

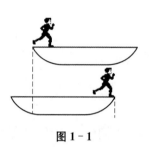 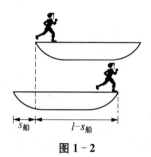

图 1-1　　　　　　　　　　图 1-2

如此联立,得出公式,解决问题。

教师可能的求解过程

● 写出此过程的动量守恒式(向左为正)。

$$M\bar{v}_{船} - m\bar{v}_{人} = 0 \quad \cdots\cdots\cdots\cdots\cdots (1)$$

● 写出人、船相对地面参考系移动的距离,以及它们和船的长度间的关系。

$$s_{人} = l - s_{船} \quad \cdots\cdots\cdots\cdots\cdots (2)$$

● 将(2)式代入(1)式:

$$M\frac{s_{船}}{t} + m\left(-\frac{l - s_{船}}{t}\right) = 0$$

得: $\quad s_{船} = \dfrac{m}{M+m}l,\quad l - s_{船} = \dfrac{M}{M+m}l$

(二) 问题过程分析

无论是教师还是学生,最终能解决该习题,都必然需要:①掌握动量守恒定理;②掌握匀变速直线运动中位移与平均速度的关系;③掌握相对具体参考系位移的测量等。

如果不具备上述技能,则解决该习题也就无从谈起,这些技能称为解决该习题的必要技能。

学生和教师都掌握了必要技能,但观察解决过程不难发现,教师和学生从认知结构中搜

索出必要技能、做先后排列的方式不同,这种搜索必要技能的技能,就是认知策略或者方法。

新手选择解决此题必要技能的方式是,由待求入手,确定要获得的待求量及可用的规则。然后审视已知条件是否可以运用这一规则来解决;如果不能,就再寻找一个可求待求量的新规则。由此一路追寻,挑选出解决问题的必要技能。这是一种向后推理,通常称为逆推法,在物理解题中,有时也称为分析法。

专家表现出向前推理的趋势,思维自上而下,几乎不停顿,每一步都直接运用相应的公式。专家为何会表现出这样的行为呢?

其实,作为教师不难理解,该题属于人—船—类习题中的一道题。此类习题满足特征:一般涉及两个物体;初始状态静止;两个物体存在相互作用,并在同一方向上沿相反方向运动;在该方向上不受外力。通常待求:移动距离间的关系。解决此类问题的思路或者方法:①列出两物体系统的动量守恒关系式;②将速度与相应的位移联系;③建立两物体位移与相对运动距离之间的关系;④联立上述关系求解。

经过多次解决此类习题的经历,教师已经习得上述解决习题的方法,所以,教师可以依步序直接选择并执行所需的必要技能解决问题,表现出向前推理的特征。

(三)认知策略实质

以上案例说明,在解决问题时,个体总是遵循一定的方法去搜索解决当前问题所需的必要知识和技能。面对自己不熟悉的领域的问题,新手往往采用向后推理(逆推法)等方法进行。相比盲目地套用公式解决的行为,采用逆推法解题效率相对较高,即新手采用的逆推法在一定程度上提高了解决问题的效率。

专家在解决自己熟悉领域问题时采用的方法较新手采用的方法效率更高。该方法是专家在解决本领域一定数量问题的过程中形成的,是适用于解决本学科特定类型问题的方法。

简言之,认知策略或者方法是提高解决问题效率的技能,是引导个体思考方向,从认知结构中选择出并排列、组合解决问题所需技能的技能。

二、认知策略的特征

(一)方法是提高问题解决效率的技能

像解决问题的原则、手段、途径、策略、方法、思路、窍门等,都是有助于提高问题解决效率的。因此,同属于一类学习结果,即学习心理学中的认知策略。

因此,提及策略或方法都应明确其适用条件,即该方法是适用解决哪类问题的。

(二)方法或者认知策略是对内操作的技能

方法是选择、排列、组合解决问题所需技能的技能,而解决问题的技能通常是个体已经习得的。所以,方法的操作对象是个体存储于自己认知结构中的已有知识和技能。教育心理学家加涅将认知策略称为"对内操作的技能"。同时,认知策略是对解决问题所需技能的选择、排列,因此,认知策略通常可以相应的步骤方式呈现。

（三）解决同一问题存在效率不同的方法

问题解决的策略一般有两种类型：算法和启发式。"算法是一种能够保证问题得到解决的程序，其效率不一定很高，但通常总能起作用。算法总能对特定问题产生精确的解决，一般将它们称为强方法。"当人们找不到适合的算法来解决问题时，将会转而采用启发式。"启发式是由以往解决问题的经验形成的一些经验规则，与算法不同，启发式不能保证得到答案。纽厄尔（A. Newell）和西蒙（H. A. Simon）通过研究发现，人们经常运用并不局限于特定问题的通用策略，如手段—目标法、子目标分析、向后推理（逆推法）等。启发式适用范围较广，但是并不能保证问题的解决，一般称之为弱方法"。

1. 解决问题的最一般策略

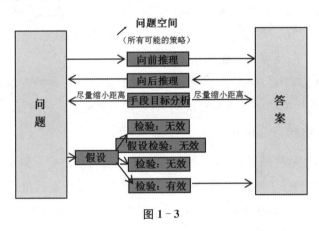

图 1 - 3

手段—目标法：问题解决者分析问题的方法是观察终点（也就是所追求的目标），然后试图缩小问题空间里当前位置与最终目标之间的距离。（参见本编第三章样例三）

向前推理：问题解决者从起点开始，并试图沿着起点到终点的方向解决问题。（参见【案例 1 - 13】）

向后推理：问题解决者从终点开始，并试图逆向工作。（参见【案例 1 - 1】中新手解决问题的过程）

假设检验：问题解决者构造出几条可选的行动路线，不必非常系统化，然后再依次分析每条路径的可行性。

在手段—目标法中，问题解决者试图减少当前所处状态与想要达到目标状态间的差异，这种启发式与向前推理（或称为爬山法）的不同在于问题解决者把一个问题分解为若干个子问题。

上述方法适用范围最广，无论是解决生活中遇到的问题、科学研究解决的问题，还是学科学习中遇到的问题，只要是个体遇到新问题，没有现成的经验或方法可用时，通常都可遵循以上几种方法，尝试从认知结构中搜索可用于解决该问题的必要技能。

在不同的学科研究领域，上述方法也会以不同的名称或面目出现，如在数学证明中，向前推理的证明方法称为综合法，而向后推理的方法称为分析法，与在物理习题解决中的分析法、综合法的性质基本相同。

2. 解决问题的强方法

如【案例1-1】所示的教师所采用的方法,是解决人—船一类习题的方法,该方法适用范围较窄,只适用于解决人—船一类习题,但解决此类习题的效率比较高。分析不难发现,**强方法不仅给出解决特定类型问题的步骤,同时每一步都聚焦于解决此类问题所需的必要技能,学习者搜寻必要技能的范围就小,解决效率较高。**

【案例1-2】直流电路动态分析问题的解决方法

直流电路中通过设置某一种变化来分析电路中各物理量随之变化情况的题目,可以归为"直流电路动态分析类"。按引起动态变化的原因可分为:开关通断类、滑片移动类、光(热)敏电阻类、电路故障类等。

解决此类问题的方法(方法一):

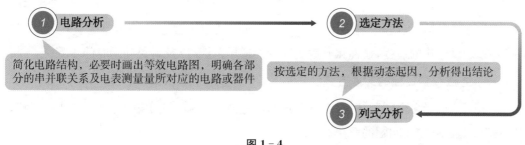

图1-4

较盲目尝试错误,方法一可以引导学生解决此类习题的思考方向,能提高这一类型习题解决的效率。但其每一步对学生来说又构成问题,例如如何简化电路、如何分析动态起因等,所以,该方法是弱方法。

而对于电路等效后,由于电阻变化引起电路其他电学量变化类的习题,有解决方法(方法二)如下:

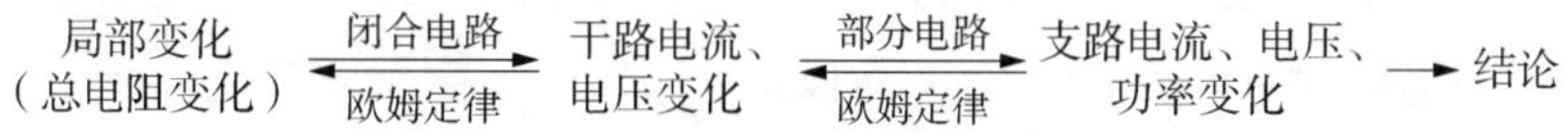

$$局部变化 \xrightarrow[欧姆定律]{闭合电路} 干路电流、 \xrightarrow[欧姆定律]{部分电路} 支路电流、电压、 \longrightarrow 结论$$
（总电阻变化）　　　　　电压变化　　　　　功率变化

图1-5

方法二用流程图的方式呈现(流程图本质上还是步骤),每一步都指向必要技能或缩小学生搜索必要技能的范围,因此属于解决"电阻变化引起电学量变化一类习题"的强方法。

对于习题特征和所需必要技能都明确的一类习题,通常存在解决此类习题的强方法。

除了解决一类习题的强方法,物理习题解决领域还有一系列强度不同的弱方法,可参见第四章第一节。

认知策略是有助于提高特定问题解决效率的技能。解决问题的原则、途径、环节、方法、思路、窍门等都有助于相应问题的解决,故均属于认知策略。像途径、原则等词语描述的策略,适用的解决问题的范围通常很广,可引导解决者的思考方向,但不直接指向解决具体问题的必要技能,是解决问题的弱方法。而像思路、窍门等词语描述的策略,通常适用解决特征较明确的问题,且对解决该类问题有较高的效率,是解决一类问题的强方法。(鉴于认知策略和方法属同一性质的概念,以下讨论将不再区分。读者应根据所讨论方法的适用条件和步骤,判断其属于强方法还是弱方法。)

(四) 认知策略在运用时有潜在性

认知策略是个体在解决问题时,引导个体思考方向以选择、组合解决问题必要技能的技能。通常个体更关注问题得到解决与否,很少会意识到自己是遵循何种策略在认知结构中搜索,即认知策略在运用时通常处于隐性的状态。像前述案例中,学生不会意识到,自己是在运用向后推理(逆推法)解决问题,专家也不会意识到,自己是在遵循解决人—船模型一类题的强方法来解决问题。

三、方法教学样例

因为方法在运用过程中具有潜在性,所以,如果要以方法或认知策略为直接教学目标,就需要一个显性化的过程,显性化其解决问题的适用范围,以及解决问题时的步骤。

(一) 方法教学目标的实现方式

环节一 选择多个问题解决的实例,这些问题解决中需要运用所要教授的认知策略,教师实际组织教学,完成问题的解决;

环节二 教师引导学生思考问题解决的过程。目的在于从中发现所要教授的认知策略的形式及运用条件;

环节三 让学生举出生活和学习中运用这种认知策略解决问题的实例。目的是让学生练习,进一步熟悉所教策略的使用场合以及条件。

方法的教学分为两个阶段。阶段一,即教学中的环节一,在此阶段学生运用了所要学习的特定策略,但学生处于无意识状态,所以这一阶段称为策略教学的隐性化阶段。阶段二,即教学中的环节二、环节三,在这一阶段引导学生发现该策略的形式及相应的运用条件,并结合自己的实际经历运用,增强对该策略的理解,所以这一阶段可以称为策略教学的显性化阶段。

(二) 方法教学样例

在牛顿第二定律的学习中,学习者经历运用图像法处理数据的过程,如【案例2-5】所示,但学习者不会自发总结出图像法应用的条件和步骤,是图像法学习的隐形阶段,这部分教学可构成图像法教学的环节一。因此,在牛顿第二定律知识点学习后,可以安排一个教学过程,完成图像法教学的环节二、环节三,如【案例1-3】。教学中,教师引导学生反思自己运用方法的经历,(4)~(7),概括出方法适用的条件和步骤,(8)~(10),此为图像法教学环节二。步骤(11)要求学生寻找其他处理数据的实例,实际是引导学生"理解或应用"该方法,此为图像法教学环节三。

【案例1-3】

(1)师:在通过实验采集必要数据后,我们需要对数据进行整理,处理数据是研究问题

的重要一环;初中在学习欧姆定律时,实验获得数据如下所示:

表 1-1

	$R=5\ \Omega$			
U(V)	1	2	3	4
I(A)	0.2	0.4	0.6	0.8

分析数据发现:电压和电流成等比例变化,即当电压变为原来的两倍时,通过电阻的电流变为原来的两倍;当电压变为原来的三倍时,通过电阻的电流变为原来的三倍;由此得出结论,当导体电阻不变时,通过导体的电流强度与导体两端的电压成正比。

用这个方法,能否处理今天研究获得的如下数据呢?

表 1-2

质量一定	
$F(\times 10^{-3}/N)$	$a(m/s^2)$
43.12	1.35
98.00	3.38
152.8	5.53
207.7	7.39
262.6	9.53

生:获得的结果不像上面一个例子明显。

(2)师:在高中阶段获得的数据一般不是整数,运用上述方式处理,不容易得出两者间存在的关系。我们今天是如何研究的呢?

生:通过描点作图,观察图像的特征判断两个量之间的关系。

(3)师:依据为何?

生:正比例函数的性质,其图像是过原点的一条直线。

(4)师:我们以往有没有用这种方法,请一位同学回答一下如何处理。

生:有的,比如初中学习密度时,在获得同种物质,质量与体积成正比时,就是运用描点作图的方法来处理数据的。实验中给出不同质量的铝块,分别测出它们的体积与质量,然后在坐标纸上描出对应的点。

(5)师:请同学陈述本节课研究中我们是如何进行描点作图的?

生1:在研究质量一定,物体加速度与受力的关系,测出5次实验中的物体的加速度和受力大小,然后在坐标纸的横坐标上标出加速度、在纵坐标上标出受力大小,并标出单位;然后按每一组 a、F,在坐标上描出一个点,描出所有点后,尽可能找一条直线靠近图像中的各点。

生2:在研究力一定时,物体的加速度与质量关系时……

(6)师:在研究加速度与质量的关系时,作出 a 与 m 的图像,能否判断这两个量之间的关系?

生：不能，加速度 a 与质量 m 的图线是曲线，但仅从曲线的弯曲程度无法判定两个量之间确定的关系。

（7）师：那么我们如何研究加速度与质量的关系呢？

生：我们选择研究 a 与质量倒数 $1/m$ 的关系。如果加速度 a 与质量倒数 $1/m$ 之间满足正比例关系，则可证明 a 与 m 间成反比关系。

（8）师：从上面的讨论中，我们在研究两个量间的关系时，处理数据时的基本思路如何？

生1：如果测量获得的数据近似为整数，可从各组数据数学运算（加、减、乘、除）等方法中找寻量与量之间的关系。

生2：假如测量的数据不为整数，可用描点作图法。

如果一个物理量随另一物理量连续变化，可用作图法来整理数据。基本步骤如下：

① 在方格纸上（如条件允许）画出一条水平线（x 轴）和一条垂直线（y 轴）。

② 给 x 轴标上自变量名称，给 y 轴标上因变量名称，并标明单位。

③ 在两条轴上分别标上刻度，注意单位数值的间距要相同，数值范围要能包含所有实验数据。

④ 标出每一个数据在图中所对应的点。

⑤ 用实线连接各个数据点。在某些情况下，可能需要画一条能反映数据的总趋势的直线，这条线应处于所有点的中间，使线上下的点大致相同。

⑥ 如果是曲线，那么可以设法对其中一个物理量做变换（如取 $1/m$），然后描出变换后的物理量与另一个待研究物理量对应的点，作图后，通过看图像是否是直线来确定两个物理量间的关系。

（9）师：如果曲线近似双曲线，可以怎样变换其中一个物理量？

生：取倒数，图线是直线，说明是与倒数成正比。

（10）师：如果曲线近似抛物线，可以怎样变换其中一个物理量？

生：取平方、开方、立方等。

（教师应板书步骤）

（11）师：从前面的讨论，我们可知，通过图像的方式来研究两个物理量间的关系，其依据是数学知识，因此同学们应对数学中常用函数的图像有清楚的认识。课后，请同学们找一些数据处理的例子，物理的可以，其他学科的例子也可以，下节课上台交流一下。

第二节　物理概念和规律意义的建立

物理概念和规律都是通过相关概念间的关系界定的。

例如，在相等时间内，速度变化量相等的直线运动，叫做匀变速直线运动。

可见，匀变速直线运动这一概念是通过直线运动、速度、时间、变化量等概念间的关系来界定的。

又如，牛顿第二定律就是由质点、力、质量、加速度等概念组成的。它表明研究对象（质点)的加速度与研究对象的质量和所受的合外力之间定量的因果联系。

学生学习物理概念和规律的意义,就是通过学生自己的思维活动形成这些概念间的本质或因果联系,主要表现为定性关系、定量关系,在学习中往往还需要排除相关物理对象间的因果联系。在物理学科的学习中,学生都是运用特定的推理方法来建立概念间的联系,以及排除相关物理对象间因果联系的。

一、定性关系建立的逻辑方法

建立概念间定性关系的方法主要有探究因果联系的归纳法-穆勒五法(含求同法、差异法、共变法、求同求异法等)、类比法以及演绎推理等。

(一) 求同法

求同法是通过考察被研究现象出现的若干场合,确定在各个场合先行情况中是否只有另外一个情况是共同的,如果是,那么这个共同情况与被研究的现象之间有因果联系。

其结构可以表示如下:

表 1 - 3

场合	先行情况	被研究现象
1	A、B、C	a
2	A、D、E	a
3	A、F、G	a
所以,A 与 a 有关		

【案例 1 - 4】

1. 材料

在牛顿第三定律的学习中,通过如下三个实验,形成结论"力的作用是相互的"。

演示实验 1:A 弹簧秤拉 B 弹簧秤。实验现象:两弹簧都伸长。

演示实验 2:启动停在木板车上的遥控车。实验现象:小车运动,木板车向相反方向运动。

演示实验 3:A 小磁针靠近 B 小磁针。实验现象:两小磁针均偏转。

2. 案例分析

由以上实验及现象,获得结论所用的逻辑方法为求同法,结构如下:

表 1 - 4

场合	共 同 条 件	共 同 结 果
1	A 拉 B,**存在作用力**	B 弹簧伸长,受到弹簧秤 A 施加的力;同时,A 弹簧也伸长,受到弹簧秤 B 施加力。**作用是相互的**
2	遥控车从静止到运动,**存在作用力**	遥控车由静止到运动,受到木板车对其的摩擦力;同时,木板车由静止到运动,受到遥控车对其的摩擦力。**作用是相互的**

场合	共 同 条 件	共 同 结 果
3	小磁针偏转,**存在作用力**	小磁针 B 转动,受到磁针 A 的作用力;同时,小磁针 A 转动,受到磁针 B 的作用力。**作用是相互的**
	故,"有力"与"力的作用是相互的"有关	

(二) 差异法

差异法是通过考察被研究的现象出现和不出现的两个场合,确定在这两个场合中是否只有另外一个情况不同,如果是,那么这个不同情况与被研究现象之间有因果联系。

其结构可以表示如下:

表 1-5

场合	先行情况	被研究现象
1	A、B、C、D	a
2	B、C、D	
	所以,A 与 a 有关	

【案例 1-5】

1. 材料

如下是光的反射一节教材内容。

如图 1-6 所示,在平面镜 M 上方竖直放置一块附有量角器的白色光屏,它是由可以绕 ON 折转的 E、F 两块板组成的。

让入射光线 AO 沿光屏左侧射到镜面的 O 点,折转 F 板,直到在 F 板上看到反射光线 OB。仔细观察,看反射反线、入射光线和法线是否在同一平面内。再观察反射光线和入射光线是否分别位于法线的两侧。

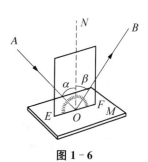

图 1-6

2. 案例分析

教材中通过实验获得结论"光反射时,反射光线、入射光线和法线在同一平面内",所运用的逻辑过程即为差异法,逻辑结构如下:

表 1-6

场合	变化条件	不变条件	结果
1	E、F 板形成平面	入射光线在 E 板、入射点位置、入射角等	F 光屏上有反射光线(有反射现象)
2	E、F 板有夹角,不构成平面		F 光屏上无反射光线(无反射现象)
	故,"存在反射现象"与"E、F 板夹角为零"可能有因果联系。 即,光的反射中,反射光线与入射光线、法线在同一平面内		

（三）共变法

共变法是通过考察被研究现象发生变化的若干场合中,确定是否只有一个情况发生相应变化,如果是,那么这个发生了相应变化的情况与被研究现象之间存在联系。

其结构可以表示如下:

表1-7

场合	先行情况	被研究现象
1	A_1、B、C	a_1
2	A_2、B、C	a_2
3	A_3、B、C	a_3
所以,A 与 a 有关		

【案例1-6】

1. 材料

探究液体压强的影响因素时,通过如下实验,形成结论"液体压强与深度有关"。

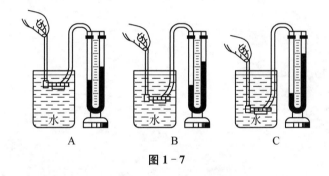

A   B   C

图1-7

2. 案例分析

通过 A、B、C 3 次实验,获得结论"液体压强与深度有关",所运用的逻辑方法即共变法,结构如下:

表1-8

场合	变化条件	不变条件	结　　果
1	金属盒浸在水中的深度较小		U 形管压强计两管液面高度差较小,说明液体压强较小
2	金属盒浸在水中的深度适中	液体种类、测量仪器等	U 形管压强计两管液面高度差较实验 A 中大,较实验 C 中小,说明液体压强适中
3	金属盒浸在水中的深度较大		U 形管压强计两管液面高度差较大,说明液体压强较大
故,"液体压强"与"深度"可能存在因果联系			

(四) 求同求异法

求同求异法：考察两组事例，一组是由被研究现象出现的若干场合组成的，称为正事例组；一组是由被研究现象不出现的若干场合组成的，称为负事例组。如果在正事例组的各场合中只有一个共同的情况并且它在负事例组的各场合中又都不存在，那么，这个情况就是被研究现象的原因。其结构可以表示如下：

表 1-9

场合	先行情况	被研究现象
1（正事例）	A、B、C、D	a
2（正事例）	A、E、F、G	a
3（负事例）	B、C、D	
4（负事例）	E、F、G	
所以，A 与 a 有关		

【案例 1-7】

1. 材料

在"做功"一节的学习中，教材提供如下情境：

图1-8是力对物体做功的两个实例。想一想，这些做功的实例有什么共同点？

甲　小车在推力的作用下向前运动了一段距离

乙　物体在绳子拉力的作用下升高

图 1-8

图1-9是力没有做功的两个实例。想一想，力为什么没有做功？

甲　提着滑板在水平路面上前行

乙　搬而未起

图 1-9

2. 案例分析

本例获得的结论："力对物体做功与物体在力的方向上移动的距离有关"。获得结论的方法：求同求异法

表 1 - 10

场合	条件	结果
1	小车在推力下前进,在推力的方向上移动了距离	推力对小车做了功
2	重物在拉力作用下被提升,在拉力方向上移动了距离	拉力对重物做了功
3	手对滑板有向上的力,而滑板只在水平方向上移动,滑板在手对滑板力的方向(竖直)上无位移	手对滑板的力不做功
4	用力搬石头,石头在力的方向上没有移动	人对石头的作用力不做功
	所以,力对物体做功与物体在力的方向上移动的距离有关	

(五) 类比法

类比推理是根据两个或两类对象有部分属性相同,从而推出它们的其他属性也相同的推理。简称类推、类比。它是以关于两个事物某些属性相同的判断为前提,推出两个事物的其他属性相同的结论的推理。

其结构可以表示如下:

表 1 - 11

A 对象	B 对象
a'	a'
b'	b'
c'	c'
d'	推测：B 可能也有 d' 的属性

【案例 1 - 8】

在加速度一节的学习中,获得结论"加速度可用单位时间速度的变化来描述",其逻辑过程为类比法,结构如下:

表 1 - 12

	速 度	加 速 度
物理意义	描述物体位移变化快慢	描述速度变化快慢
性质1	位移变化快慢与位移变化量有关,与变化所用时间有关	速度变化快慢与速度变化大小有关,与变化所用时间有关
性质2	时间相同时,位移变化大的,位移变化快;位移变化相同时,时间短的,位移变化快	时间相同时,速度变化大的,速度变化快;速度变化相同时,时间短的,速度变化快
类比定义	定义：单位时间位移变化的大小来描述位移(位置)变化的快慢,赋予名称速度	推测：**可用单位时间速度变化的大小,描述速度变化快慢,赋予名称加速度**

（六）演绎推理

演绎推理是由反映一般性知识的前提得出有关特殊性知识的结论的一种推理,其最基本的形式是三段论,由三个命题构成,分别称为大前提、小前提、结论。由于物理学科教学中所涉及的概念、定律(理)、规则均可用假言命题给出,因而在物理学科教学中所遇到的演绎推理大多数为假言推理。根据假言推理大前提中前件和后件的关系,假言推理又可分为充分条件假言推理、必要条件假言推理和充要条件假言推理。

对于大前提是一个充分条件的假言命题,正确运用充分条件的假言推理,其形式一般有肯定前件式和否定后件式。

肯定前件式结构如下：

$$p \rightarrow q$$
$$\frac{p}{\text{则 } q}$$

否定后件式结构如下：

$$p \rightarrow q$$
$$\frac{\text{非 } q}{\text{则非 } p}$$

【案例 1-9】

在单摆一节的学习中,已经分析获得"单摆振动回复力 $F = -\left(\dfrac{mg}{l}\right)x$",由这一结论得出结论"单摆的振动是简谐振动",推理过程为演绎推理,如下所示：

如果振子受到的回复力满足 $F = -kx$,则振子做简谐振动

单摆振动回复力 $F = -\left(\dfrac{mg}{l}\right)x$,对特定单摆,$\left(\dfrac{mg}{l}\right)$ 可用常数 k 表示

所以,单摆的振动(小角度)是简谐振动

在【案例 1-4】中,实验 2、3 需要根据物体运动状态的改变来判断物体受到了力,同样需要运用演绎推理,如下所示：

如果物体运动状态发生变化,则物体受到力的作用(大前提)

实验 2 中遥控车、木板车都由静止到运动;实验 3 中两个小磁针都发生转动(小前提)

故,两者都受到力的作用

二、定量关系建立的逻辑方法

建立物理量之间定量关系的逻辑方法是以数学函数关系为大前提的演绎推理。

【案例 1-10】

在牛顿第二定律的学习中,通过列表记录实验中加速度和受力大小的值,然后描点作

图,连接后发现为一条过原点的直线,由此得出结论"加速度 a 与物体受力 F 成正比"。其逻辑过程如下,为演绎推理。

$$如果是正比例函数,则图像为过原点的一条直线$$
$$\underline{加速度\ a\ 与物体受力\ F\ 的图像为一条过原点的直线}$$
$$所以,加速度\ a\ 与物体受力\ F\ 成正比$$

三、排除物理量间因果关系的逻辑方法

自然规律反映了事物之间的因果关系,所谓因果关系,就是在一定条件下会出现的一定现象。要构成一条稳定的因果关系,最重要的是有两条:其一,可重复性;其二,可预见性。

以上两条性质要求"相同的原因必定产生相同的结果",但宏观世界的事物没有绝对相同的,如果把条件放宽一些,用"等价"一词代替"相同",则可把因果关系归结为:等价的原因→等价的结果。

由此,可以获得两种前提:

前提一:如果本质原因存在,则结果也应存在。

前提二:如果本质原因改变,则结果也应变化。

以此为前提,可有两种排除物理量因果联系的演绎推理方式。

推理形式一:

$$如果\ A\ 与\ B\ 有因果联系,则\ A\ 变化,B\ 亦变化$$
$$\underline{A'变化,而\ B'未变}$$
$$A'与\ B'无必然关系$$

【案例 1 - 11】

在滑动摩擦力一节的学习中,通过实验获得数据:接触面积变化的条件下(其他条件未变),滑动摩擦力相等(不变)。

由此建立结论:滑动摩擦力大小与接触面大小无关。所用推理如下:

$$如果滑动摩擦力大小与接触面积有关,则接触面积发生变化,滑动摩擦力亦变化$$
$$\underline{接触面积大小变化,而滑动摩擦力大小未变}$$
$$滑动摩擦力与接触面积无关$$

推理形式二:

$$如果\ A\ 与\ B\ 有关,则\ A\ 不变化,B\ 亦不变化$$
$$\underline{A'不变化,而\ B'变化}$$
$$A'与\ B'无必然关系$$

【案例 1 - 12】

学生通过跷跷板的经验会形成"杠杆的平衡与作用点到支点距离"有关这一结论,要排除这一因素,有教师提供如下实验:

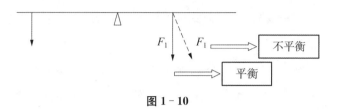

图 1-10

并由此建立结论：杠杆平衡与力的作用点到支点距离无关。获得的逻辑过程如下：

如果杠杆平衡与力的作用点到支点距离有关，那么力的作用点到支点
距离不变，杠杆状态应不变（大前提）

动力到支点距离不变，原先平衡的杠杆不平衡（小前提）

所以，杠杆平衡与动力到支点距离无关（结论）

备注：

（1）著名认知心理学家斯腾伯格（R. J. Sternberg）通过实验证实，个体确实可以根据可能原因和可能结果同时出现（求同）、可能原因与结果同时消失（差异或共变）的现象来确认某一事件是原因事件[①]。人们还可以根据可能的原因出现了但结果没有出现、可能的原因没出现但结果出现了，来推翻某一事件是原因事件。

表 1-13

因果推论	推论的基础	解　　释
肯定	可能的原因事件和结果事件同时出现	如果一个事件和一个结果经常一同出现，人们可能会认为这个事件导致这个结果
肯定	可能的原因事件和结果事件都没有出现	如果在可能的原因事件没发生时某一结果也没有出现，那么人们很可能认为是这一事件导致了结果
否定	可能的原因出现，但是结果没有出现	如果在可能的原因事件发生时某一结果却没有出现，那么这一事件不会（不太可能）导致该结果
否定	可能的原因没出现，但是结果却出现了	如果可能的原因事件没有发生，但结果却出现了，那么这一事件不会（或不太可能）导致该结果

（2）排除两对象间的因果联系，一种比较合理的论证方法是反证法，详细内容可参见第三节中的间接证明以及第三章自由落体运动教学设计的拓展讨论部分。

四、物理观念习得的实质

（一）物理概念和规律习得的结果

1. 命题与命题网络

（1）命题

认知心理学提出个体知识习得的内部表征方式是命题与命题网络。信息是事物现象及

---

① R. J. Sternberg. 认知心理学(第三版)[M]. 杨炳钧，等，译. 中国轻工业出版社，2006：349.

其属性标识的集合。一个信息单位就是对个体而言的一个意义单元，认知心理学也用命题来表示。命题这一术语来自逻辑学，指表达判断的语言形式，心理学借用这一术语作为心理表征的一种形式，主要强调如下研究事实：人一般记住的是句子表达的意义，而不是具体的词句。命题表征的一个例子如图1-11，命题一般由论题和关系项组成，如例中"小明"和"书"是论题，"买"是关系项。

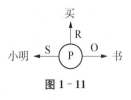

图1-11

（2）命题网络

如果两个或两个以上的命题有共同成分或关系项，这些命题就可通过这些共同成分联系起来形成网状结构，即命题网络。

牛顿第二定律：物体加速度的大小跟作用力成正比，跟物体的质量成反比。

经过学习后，学习者**内部**出现命题网络的表征方式如图1-12。

命题网络是命题意义单元之间有序联系形成的。显然，如果经学习后学习者内部出现如图1-12命题网络表征，学习就可以表现出如下陈述的行为：有一个物体；（该物体）具有一定质量；其受到外力；该物体会加速运动；该物体加速运动有加速度；该物体加速度的大小与其所受外力成正比；该物体加速度大小与其质量成反比。也就是学习者不会表现出"逐字逐句地以与原文呈现方式相同的方式陈述学习内容"的行为（奥苏贝尔学习理论所述机械

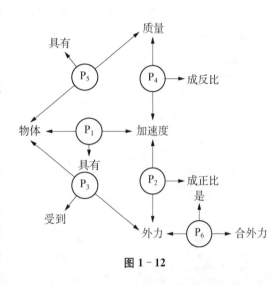

图1-12

学习后学生表现出的行为），而是能以相互关联的方式一个意义单元、一个单元的陈述学习内容，在布卢姆教育目标分类中，称这种用自己的语言正确陈述、说明、解释学习内容的行为，达到"领会"层次。

（3）图式

*R·C·*安德森研究了一位专业精熟的民族问题专家，发现该专家在阅读有关不熟悉民族情况的研究文献时，可按照：地理位置_____、政治状况_____、经济状况_____、科技发展_____、文化特点_____、教育情况_____、民间习俗_____等属性较为快速地阅读和精准地收集相关信息。而不是这个领域的人就会逐字逐句阅读，速度慢且有效信息识别少。由此推测，经过民族类文献的学习，专家形成对民族这类对象的一种整体认知的结构，此结构称为图式。（此处的图式为概念图式，请注意与第二编的问题图式区分开）。

概念图式是对一类范畴的对象所形成整体结构的表征。图式就像是围绕某个主题组织

起来的认知框架,它是一些观念及其关系的集合①,是对一范畴中对象具有共同属性构成结构的整体编码表征方式。有学者将图式视为陈述性知识的综合表征形式②,强调围绕某一主题的各种表征形式的综合。

经过一定量的物理概念和规律学习后,当学生学习一个新物理概念时,往往也会从:概念或规律建立的必要性(物理意义);对象、对象待研究属性、待研究属性与其他概念间的关系(物理性质);概念和规律的表达式等几个方面去认知,也可以说学习者内部出现对物理概念或规律这类对象的整体表征结构,即物理概念或规律的图式。由此说明,学习者经过一定量物理和概念学习后,也形成了针对物理概念和规律这类范畴对象的结构化内部表征方式,即物理概念和规律图式。

实际教学后,我们期望学生表现出的行为:学生不仅能够解释所学物理概念和规律中各物理量之间的定性定量关系,还能够解释引入物理概念或物理规律建立的必要性,也就是通常所说的物理意义。也能够解释物理概念和规律的符号或表达式等。

如学习牛顿第二定律后,推测其内部表征方式如下:

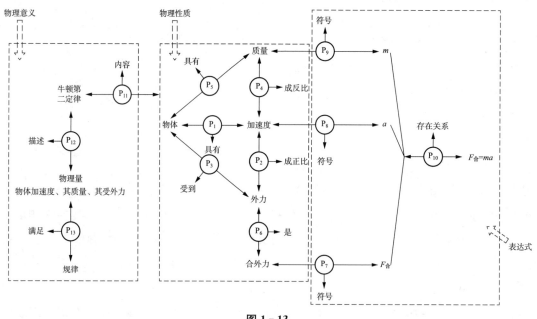

图 1 - 13

因此,图式本质上还是命题网络表征方式,只不过这种命题网络具有了一类范畴对象特有的结构特征。

我们可以用表格 1 - 13 作为这种命题网络结构的外显呈现方式(注:不意味着学习者内部表征方式是表格)。

① 皮连生.学与教的心理学[M].上海:华东师范大学出版社,2003:137.
② 吴庆麟.认知教学心理学[M].上海:上海科学技术出版社,2000:67.

表 1 - 14

物理性质	物理意义		
	物理对象及过程		
	存在规律	定性	
		定量	
	特点(精致化)		
	定义		
	数学表达式		

对于牛顿第二定律学习,其学习后的图式结构可表示为表 1 - 15:

表 1 - 15

物理性质	物理意义		描述物体(可视为质点)加速度与受力、质量之间的定量关系
	物理对象及过程		一定质量的物体;物体受到外力;物体速度变化有快慢
	存在规律	定性	物体的加速度与物体受力有关,与物体质量有关
		定量	质量相同时,物体速度变化快慢(加速度)与物体所受合力成正比;受力相同时,物体速度变化快慢(加速度)与物体质量成反比
	特点(精致化)		矢量性、瞬时性、因果性
	定义		物体的加速度跟所受作用力成正比,跟物体的质量成反比
	数学表达式		$\vec{F} = m\vec{a}$

(4) 图式的演化

随着对所学物理概念和规律的进一步学习,学习者的特定物理概念和规律图式也会随之不断演化。比如,对于牛顿第二定律,伴随着物理知识的进一步学习,学习者能表现出:

4.1 有依据地陈述牛顿第二定律与其他物理概念和规律的联系

即学生能有依据地阐述牛顿第二定律与其他物理概念和规律之间的联系和区别,比如,能举例说明:

① 从牛顿第二定律可以推导出力对时间的积累效果—动量和动量定理;反之,从惯性和动量概念出发,可推导出全部牛顿运动定律。

② 从牛顿第二定律可以推导出力在空间积累的效果—动能定理。

③ 牛顿第一定律确定惯性参考系,为牛顿第二定律提供概念基础等。

4.2 有依据地陈述牛顿第二定律的适用条件

即学生能有依据地阐述牛顿第二定律适用于解决宏观、低速领域的运动问题。对高速运动客体的规律需要运用狭义相对论描述,对微观领域客体的运动规律应该用量子力学描述。

比如能举例说明:对于微观领域中氢原子光谱的机制,波尔用牛顿定律基础上的经典理论,再上角动量的量子化等条件,初步做出了合理解释。尽管波尔量子化假设符合微观世界的客观特性,但人为加进的条件,表明其并不是解释微观问题的完善理论。

在量子力学中,微观客体的量子态由概率幅(态矢)描述,态矢的模方描述客体在其所处空间各处出现概率,动力学量有态矢空间的算符表示,态矢满足动力学规律由薛定谔方程描述。通过求解薛定谔方程,可以得到氢原子的能级公式,也就是说,量子化成了薛定谔方程的自然结果。经过波尔、爱因斯坦、德布罗意、薛定谔、波恩、海森伯、狄拉克等一众物理学家推动下形成的量子力学理论,相对经典物理理论来说是解释微观世界物质运动更为合理的理论体系。

4.3 有依据地陈述牛顿第二定律在物理理论体系中的价值等

即学生能有依据地阐述牛顿第二定律在整个物理体系中的价值。牛顿第二定律和第一、第三定律构成经典物理理论的基础,与万有引力一起,将天上和地上物体运动规律统一起来;与统计理论一并发展形成的经典热力学理论;与库仑、安培、法拉第等实验定律构成解释电、磁相互作用下运动规律的经典电磁理论等。

由此,牛顿第二定律的图式进一步演化为:

表 1-16

物理意义			描述物体(可视为质点)加速度与受力、质量之间的定量关系
物理性质	物理对象及过程		一定质量的物体;物体受到外力;物体速度变化有快慢
	存在规律	定性	物体的加速度与物体受力有关,与物体质量有关
		定量	质量相同时,物体速度变化快慢(加速度)与物体所受合力成正比;受力相同时,物体速度变化快慢(加速度)与物体质量成反比
	特点(精致化)		矢量性、瞬时性、因果性
定义			物体的加速度跟所受作用力成正比,跟物体的质量成反比
数学表达式			$\vec{F} = m\vec{a}$
定律适用条件			惯性参照系适用;解决低速(高速需用狭义相对论)、宏观(微观一般需用量子力学)场合的运动问题
与其他物理概念、规律的关系			1. 概述力的单位;2. 与动量定理内在一致性;3. 牛顿第一定律给出惯性系、力等的定性描述,为牛顿第二定律提供概念基础;4. 牛顿第二定律以及动量定理、功能原理等,确定了宏观物体运动状态的变化与外界作用的定量关系等
物理理论体系中的价值			牛顿定律是经典物理学的基础,阐述了经典力学中最基本的运动规律

间隔线上方是所学物理概念和规律的基本图式部分,基本上反映了学生学习后应形成的命题网络内容。

间隔线下方是物理概念和规律的进一步学习后形成的演化图式部分。可以反映教师对这一概念和规律达到深入"理解"的基本内容。

(二)物理观念的实质

在中学阶段,对每一物理概念和规律的学习,应该形成对此物理概念和规律的基本概念图式。随着后续的学习,如对大学普通物理和理论物理等课程有意义的学习,所学概念和规律图式的进一步"演化"。学习者才有可能正确"理解"这一概念与其他物理概念或规律间存在的关系;才有可能"理解"这一物理概念或规律是解决物质结构中那个层次上的运动规律问题;才有可能真正"理解"这一概念或规律在整个物理理论体系中的价值。也就是达到能将这一概念或规律放置在整个物理体系问题解决层次中来把握。这样也就可能达到真正"深入理解"物理概念和规律的层次。

如果物理学习中,个体对物理概念和规律(特别是核心概念和规律)都能达到深入理解的层次,个体就具备物质结构各层次、各层次问题解决的核心概念和规律、各层次解决所需的数学知识等,也就是形成对物理体系的整体认知,才有可能表现出能真正运用物理核心观念去认知物理世界的行为,可称为达到具有物理观念的层次。

所以,物理观念的形成,必定建立在物理观念下每一物理概念和规律的真正意义学习的基础上。客观的说,中学阶段的学习目标(对于绝大多数学生)而言,还是习得各概念或规律的基本图式。(当然这一目标是对最广大的学生而言的。具有物理天赋的同学,在初高中就能学习明白理论物理内容,并能解决此类问题的高水平同学除外),待到对物理理论体系的深入学习,在有意义的"图式"演化后,一部分同学才有可能达到具有物理观念的层次。

第三节　物理概念和规律意义习得之理论分析学习途径

前一节的分析,主要涉及的是学习者如何对已经识别到的信息加工获得结论的学习阶段。那么,物理课程学习中有效信息可以经过何种途径来获得呢?在特定途径学习中可能遭遇到的子问题以及解决各子问题所需策略为何?

为了回答上述问题,我们可以尝试通过追问"当你面对一个待研究的科学问题,你将如何思考解决?"来一路追踪,揭示出解决科学问题途径中各层次的策略。

追问一:面对待解决的科学问题,你将如何思考解决?

科学史研究表明,解决科学问题有两种基本途径。

实验探究途径:此类研究首先从对某些现象的观察开始,通过观察,人们获得大量有关自然现象的经验事实,在事实基础上猜测本研究现象产生的因素,并在人为控制的实验条件下,概括出具有一般性的科学原理,最后根据这些科学原理去解释自然现象中人们未曾解释的现象。像古希腊哲学家亚里士多德、著名的科学家牛顿、伽利略、拉瓦锡等人的科学发现活动是符合这一认识途径的。

理论分析途径:由已确证的公理或者通过思想自由创造形成的假设公理,经过严密的逻辑推理,获得新的一般原理。原理的正确性由其匹配人们经验事实的可靠性来检验。爱因斯坦创立狭义相对论的理论体系即遵循这一研究途径。

【分析】与之对应,学习者学习科学知识,同样采用如上两种学习途径。当学习者面对一个待研究的问题,上述科学探究的途径可以引导问题解决者最初的思考方向:是通过实验进行研究,亦或是通过更一般性的原理演绎进行研究,能从一定程度上避免学习者的盲目思考。

显然,当学习者面对待研究的物理问题时,上述研究途径只能提供一条解决问题的大方向,如果选择理论途径研究或选择实验途径进行研究,究竟如何进行? 对学习者又会构成问题。故科学研究途径既是科学研究的方法,也是学习的方法,是解决具体科学问题的弱方法。

一、理论分析途径解决科学问题中的策略

追问二：如果选择理论分析途径,你将如何解决问题?

有研究者提出理论分析研究的基本认知环节：确定待研究的对象、确定待解决的问题、确定论证方式、确定解决问题策略(以选择出解决问题的必要技能)、执行必要技能解决问题、验证[①]。(根据原文意义略作词语上的改动)

【分析】在确定通过理论分析途径解决问题这一大方向后,上述认知环节可以引导问题解决者进一步有序地思考,逐步接近要达成的目标,解决问题的效率肯定比采用尝试错误策略要高。显然,此处的认知环节同样属于认知策略,是解决理论分析类问题的弱方法。

就一个具体研究课题来说,如何确定研究对象? 如何确定待解决的问题? 如何确定解决问题所需的策略? 如何验证? 对问题解决者又会构成一个个子问题。

追问三：如何从观察现象中确定待研究的对象?

通常可运用模型法从观察现象中抽象概括出待研究的物理对象。具体可参看【案例2-2】

● 模型法：通常用在提出问题环节。在从具体情境中抽象出待研究的对象时,常采用模型法,其基本步骤为,

(1) 从具体情境中初步确定待研究对象;

(2) 确定待研究对象以及属性;(通常运用求同法)

(3) 分析待研究属性出现的必要条件;(通常运用差异法、共变法)

(4) 分析待研究属性次要因素;(通常运用排除因果联系的演绎法)

(5) 突出主要因素、弱化次要因素概括待研究的物理模型。

追问四：如何提出待解决的问题?

物理学科的学习,提出的问题显然应该是物理性质的问题。"物理观念"是从物理的视角形成的关于物质、运动与相互作用、能量等的基本认识。是从物理学视角解释自然现象和解决实际问题的基础[②]。

因此,可从物理观念的视角提出适当的物理问题。

---

① 穆良柱.什么是物理与物理的认知过程[J].大学物理,2018(1)：22—23.

② 中华人民共和国教育部.普通高中物理课程标准(2017版)[M].北京：人民教育出版社,2018：4.

追问五: 待解决问题提出后,如何进行理论论证?

根据某个或某些判断的真实性来断定另一判断的真实性的思维过程,叫做逻辑证明,简称证明。

从证明命题本身或证明命题的等价命题看,证明可分为直接证明和间接证明。反证法属于间接证明。

1. 直接证明

从命题的条件出发,根据已知条件以及已知的公理、概念和规律,直接推断结论真实性的方法。

【案例 1 – 13】 直接证明

学习内容:沿电场线方向电势逐渐降低,电场线指向电势降低的方向。

求解(证明):

在如图 1 – 14 所示的电场中取点 A 和点 B;将一个带正电的电荷沿着电场线方向从某一点 A 移到点 B,在这个过程中,电荷受到与电场强度方向相同的电场力,电场力做正功,电势能减少;

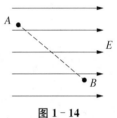

图 1 – 14

因为 $\varphi = \dfrac{E_\text{p}}{q}$,电荷量 q 为正,且 $E_{\text{p}A} > E_{\text{p}B}$,所以 $\varphi_A > \varphi_B$;

将一个带负电的电荷沿着电场线方向从某一点 A 移到一点 B,在这个过程中,电荷受到与电场强度方向相反的电场力,电场力做负功,电势能增加;

因为 $\varphi = \dfrac{E_\text{p}}{q}$,电荷量 q 为负,且 $E_{\text{p}A} < E_{\text{p}B}$,所以 $\varphi_A > \varphi_B$;

可得:沿电场线方向电势逐渐降低,电场线指向电势降低的方向。

2. 间接证明

有些命题用直接证明比较困难,可以通过证明原命题的等价命题的真伪来间接证明原命题。

【案例 1 – 14】

在万有引力定律中"月地检验"部分学习中,采用间接证明的方法。

本例待证是"地球与月球之间的引力和地球对地球表面物体的引力,两者是同一性质"。证明过程:假设两者是同一性质力,并由此推出地球附近的重力加速度与月球绕地的加速度满足的关系(⑦式),由⑦式正确性来间接证明待证命题的正确性。

证明过程简述如下:

研究问题:地球与月球之间的引力,和地球对地球表面物体的引力,两者是否同一性质。

解决过程:

1. 因为月球绕地球运动可近似为圆周运动

根据圆周运动的条件,有 $F_{\text{地}\rightarrow\text{月}} = m_\text{月}\dfrac{v^2}{r} = m_\text{月}\,a_\text{月}$ ①

2. 地球对地球表面物体的引力，$F_{地 \to 物} = mg$ ②

（证明）

3. 假设：以上两个力是相同性质，与太阳与行星间引力满足相同的关系；

（论证）

4. ①式 $F_{地 \to 月} = m_月 a_月 \propto \dfrac{m_地 \ m_月}{r^2_{地-月}} \Rightarrow a_月 \propto \dfrac{m_地}{r^2_{地-月}}$ ③

5. ②式，$F_{地 \to 物} = m_物 g \propto \dfrac{m_地 \ m_物}{r^2_地} \Rightarrow g \propto \dfrac{m_地}{r^2_地}$ ④

6. ③÷④，有 $\dfrac{a_月}{g} = \dfrac{r^2_地}{r^2_{地-月}}$ ⑤

因为 $r_地 \approx \dfrac{1}{60} r_{地 \to 月}$ ⑥

7. 有⑤、⑥，$a_月 = \dfrac{1}{3\,600} g$ ⑦

（证实）

8. 月球的公转周期 $T = 27.3$ 天 $\approx 2.36 \times 10^6$ 秒，重力加速度 $g = 9.8\,\mathrm{m/s^2}$

9. 月球的（向心）加速度 $a_月 = \dfrac{v^2}{r_{地 \to 月}}$

10. 圆周运动的速度：$v = \dfrac{2\pi r_{地 \to 月}}{T}$，

$$a_月 = \dfrac{4\pi^2}{T^2} r = \dfrac{4 \times 3.14^2}{(2.36 \times 10^6)^2} \times 3.84 \times 10^8\,\mathrm{m/s^2} = 2.72 \times 10^{-3}\,\mathrm{m/s^2}$$

11. 苹果与月球加速度的比值为 $\dfrac{a_1}{a_2} = \dfrac{g}{a_2} = \dfrac{9.8}{2.72 \times 10^{-3}} = 3\,603$

实际与理论分析相符，说明原假设正确。

3. 间接证明之反证法

3.1 反证法基本结构

证明命题"若 p 则 q"，可用反证法，其一般步骤如下：

第一，反设。将结论的反面做出假设，即做出结论 q 相矛盾的假设；

第二，归谬。将"反设"和"原设"作为条件，应用正确的推理方法，推出矛盾的结果；

第三，结论。说明反设不成立，从而肯定原结论是正确的。

第二步中所说的矛盾结果，一般指的是推出的结果与已知条件，与已知的概念、规律相矛盾（参见【案例 1 - 14】）以及自相矛盾等（参见自由落体运动教学设计中"备注"）各种情况。

根据反设的情况不同，反证法又可分为"归谬法"和"穷举法"。反设只有一种情况的反证法叫归谬法；反设有多种情况的反证法叫"穷举法"。

3.2 反证法论证的逻辑规律

在反证法中,需要运用到的逻辑规律主要有:

(1) 矛盾律:两个互相矛盾或者互相反对的命题,不可能同时真,至少有一假。

(2) 排中律:两个互相矛盾的命题,不可能同时为假,必有一真。

举个例子:如"今天是星期天"和"今天不是星期天"这两个命题是互相矛盾的,不能同真,必有一假;而"今天是星期天"和"今天是星期六"这两个命题是互相反对的,不能同真,但可以同假。

(3) 充分条件假言命题,正确应用时有肯定前件式和否定后件式,否定后件式结构如下:

$$\frac{\text{如果 } A,\text{则 } B}{\text{非 } B}$$
$$\overline{\qquad\text{则},\text{非 } A\qquad}$$

【案例 1-14】间接证明二——反证法

待证论题:如果导体静电平衡,则导体表面是等势面。

论证:

反设:假设导体表面不是等势面(假设"否命题为真")

归谬:

1. 如导体表面 P、Q 两点间存在电势差,$U_P > U_Q$;

根据静电场电势与电场的关系,应存在由 Q 指向 P 的电场;

那么,处于该电场中金属表面的电子,受电场力就应该移动。

该状态为不平衡状态。(推论)

2. 金属当前已处于静电平衡。(题设)

推论与题设相矛盾,故推论错误。

获得结论:

1. 推论错误,则推论的前提"导体表面不是等势面"(即反设)错误。

2. 反设不正确,则待证命题"导体表面是等势面"正确。

【案例 1-14】论证的依据说明

推论与题设条件矛盾,根据矛盾律,则两者间必有一假,题设正确,则推论不正确。

推论不正确,根据充分条件假言命题的否定后件式,则其前提(即反设)不正确,

$$\frac{\text{如果导体表面不是等势面,则导体处于非平衡状态}}{\text{导体处于平衡状态}}$$
$$\overline{\qquad\text{则},\text{"导体表面不是等势面"不正确}\qquad}$$

反设与待证命题相矛盾,反设不正确,根据排中律,则与其矛盾的待证命题(即"导体表面是等势面")正确。

类似【案例 1-14】归谬法的论证流程图以及各步骤依据如图 1-15 所示:

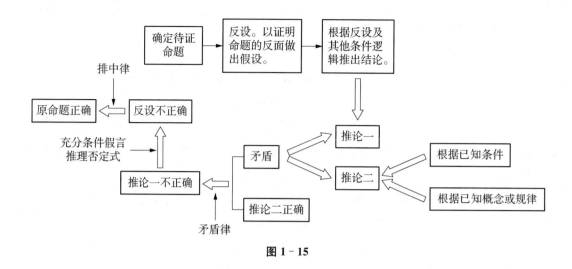

图 1‑15

追问六：如何确定待解决问题的策略？

抽象研究对象并确定待研究的问题后，课堂学习环境下物理问题就属于结构良好问题，即起始状态、目标状态以及从起始到目标状态的途径都是明确清晰的，其本质就相当于一道物理习题。结构良好物理问题解决的策略主要有：

1. 解决物理习题的通用策略

第一，审题：找出已知量和待求量；明确研究对象及模型。

第二，分析题：借助草图分析物理过程及物理状态。

第三，建立有关方程：根据研究对象和物理过程的特点和条件，选用它所遵循的规律和公式。

第四，求解。

评析：上述方法可以引导学习者解决结构良好物理问题的思考方向。在解决具体的问题时，每一步如"结合草图分析物理过程、物理状态"对学习者来说又构成问题，所以该方法是解决物理结构良好问题的弱方法。

2. 解决物理某一子领域习题的方法

如，解决静力学、运动学、动力学、电磁学、电路等习题的方法。

解决运动学与动力学结合一类习题的方法：(1)建立坐标系；(2)受力分析；(3)沿坐标轴方向列出牛顿第二定律方程；(4)结合运动学公式解决问题。

评析：上述方法，其适用范围较通用策略小，但每一步还不可能聚焦必要技能，因此应用时还有选择、判断等思维过程，无法保证物理习题一定得到解决，所以还是弱方法。

3. 解决物理习题的思想方法

有研究者提出解决物理习题的思想方法，其中包含：守恒法、图像法、等效法、对称法等。

守恒法：守恒法就是利用物理变化过程中存在的一些守恒关系来解物理习题的方法。守恒总是针对某一系统而言的，因此在应用守恒定律解题时，首先要确定研究对象——系统。中学涉及的守恒有：质量守恒、电荷守恒、动量守恒、机械能守恒和能量守恒。

等效法:就是在保证某种效果(特性或关系)相同的前提下,将一种事物转换为另一种事物,把原先陌生、复杂的事物转换为熟悉、简单的事物,通过对研究对象的等效替代物来认识研究对象的一种方法。

评析:此类方法其应用的条件难以清晰,如在何种条件下可以用对称法、在何种条件下可以用等效法等,因此,此类方法为学习者解决物理习题提供可以尝试的途径,无法保证学习者解决特定的物理习题,所以也是弱方法。

4. 解决问题的弱方法

解决问题时还可能会运用解决问题最一般的弱方法,如逆推法、手段目标法、向前推理法等。

【**案例 1-15**】理论分析学习途径——向后推理法(逆推法)

在"机械能守恒"一节中,教材提供了通过理论分析学习的途径,如图 1-16 所示。

当学生第一次面对"重力作用下,机械能变化满足何种规律?"这一研究问题时,因为并没有现成的解决方案,通常只能采用弱方法加以解决。一种可能的解决路径如下。

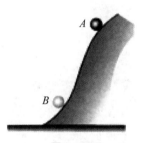

图 1-16

1. 确定研究对象

策略:研究问题的科学、可行的原则。

以重力做功的情景中,如自由落体、单摆、沿光滑面下滑。

选择对象一般应遵从研究的科学、简单、可行为标准。

确定本例中研究对象:从光滑曲面上下滑物体的机械能的变化特点。

2. 选择解决问题所需技能的策略

问题:从光滑曲面上下滑物体的机械能的变化规律是什么?

● 审题

已知:质点小球、沿曲面下滑、曲面光滑等

待求:此过程中,质点小球的机械能的变化规律是什么?

审题、分析题后形成对问题的基本理解,学习者通常可采用最一般的弱方法,如手段—目标法、逆推法等方向引导自己解决思考方向,选择解决问题所需技能。

● 本例求解策略:主要是逆推法(执果索因)

待求:从光滑曲面上下滑物体的机械能的变化规律;

可任选两个位置,研究此条件下两个位置的机械能,如 A、B 位置。

各个位置的势能可确定?

可选定地面为零势能面,则物体在 A、B 位置的势能为 $E_{pA}=mgh_A$, $E_{pB}=mgh_B$ (1)

如何求出 A、B 两个位置的动能?

可用 $\frac{1}{2}mv^2$ 来求出每个位置的动能,$E_{kA}=\frac{1}{2}mv_A^2$,$E_{kB}=\frac{1}{2}mv_B^2$ (2)

但从式并不能看出两个位置机械能的关系。和两个位置动能相关的还有那些物理规律？

可尝试用动能定理：动能定理 $W = E_{kB} - E_{kA}$

这一过程中的功如何求？

要受力分析，只有重力做功；$W_G = E_{kB} - E_{kA}$　　（3）

重力做功还与哪个物理量的变化相关？

前面学过重力对物体的做功等重力势能增量的负值，即 $W_G = -(E_{pB} - E_{pA})$　　（4）

根据(3)、(4)，可得，

$E_{kA} + E_{pA} = E_{kB} + E_{pB}$。

说明……

因 A、B 为任选，故受重力条件下，物体机械能会发生变化，但总量相等(守恒)。

【案例 1－16】 理论分析学习途径——向前推理法

学习内容：等势面与电场线垂直。

已知：等势面是电场中各个电势相等的点构成的面。

待求：等势面与电场线的关系。

当学习者第一次面对这一问题时，如何从认知结构中选择解决问题所需的必要技能？一种可行的方法是采用向前推理方法，即根据已知，逐步接近待求。

求解：

已知等势面上电势有何特点？

等势面上各点电势相等。

那么同一电荷位于同一等势面上不同点时，其具有的电势能？

是相等的。

所以沿等势面移动电荷时，电势能变化量始终为 0，说明？

此时电场力做功也始终为 0。

电场力做功的大小等于？

电场力与电荷沿电场力方向位移的乘积。

此时电荷在电场中某点所受的电场力不为 0，说明？

此时电荷沿电场力方向的位移为 0，即电场力方向始终与电荷的位移方向垂直。

电荷在电场中某点所受电场力的方向是？

沿电场线在该点的切线方向。

当等势面上的两点非常接近，几乎为一点时，电荷在两点间的位移方向是？

沿等势面的切线方向。

电场力方向始终与电荷的位移方向垂直，即电场线切线方向与等势面切线方向垂直，说明？

等势面与电场线垂直。

综合以上讨论，理论分析途径学习过程及各子环节解决问题的策略如下表所示：

提出问题	确定待研究的现象	观察日常生活现象,初步确定待研究的现象
	确定待研究的对象	模型法
	确定研究问题	从物理观念,也就是相互作用、能量、物质等物理观念的视角提出待研究的问题
进行论证	确定论证方式	直接证明、间接证明(含反证法)
	确定论证策略	如果直接证明,可运用的策略主要有: 1. 解决物理问题的通用方法 2. 解决物理各子领域问题的方法 3. 守恒、对称、微元物理问题解决方法 4. 逆推法、向前推理、手段目标法等解决问题的一般弱方法 5. 归纳推理、演绎推理等逻辑方法
验证		验证方法

二、理论分析途径学习过程分析样例

单摆运动规律学习途径及相应策略分析。

1. 确定待研究的现象

日常生活中,可以看到许多摆动的物体,如孩子们荡的秋千、各式挂钟的钟摆、电影中用于催眠的摆动的怀表、悬吊于空中的小挂件被碰后的摆动等。这一生活中常见的现象,我们希望了解其往复摆动的过程中是否有规律可循?

由此确定:此种在一根绳牵引下在竖直面内往复摆动的现象为研究现象。

2. 确定研究对象

生活中的悬吊物摆动现象各异,悬吊物有大有小、有重有轻、有方有圆;绳有长有短、有粗有细等。实际研究不可能具体地研究每一个如此摆动的对象,需要从日常生活的摆动现象中抽象出可以研究的对象模型——单摆模型。

图 1－17

从真实情景中抽象出物理模型通常采用模型法,模型法的界定见前"一、"中追问三所述。

- 在模型法步骤 2 中,通常采用求同法,概括出其待研究的对象及核心属性;
- 在模型法步骤 3 中,通常采用差异法等确定待研究对象所需必要条件。本例中要获得"单摆模型与绳不具有弹性有关系",其推理结构如下所示：

表 1-18

场合	先行情况	被研究的现象
1	绳子无弹性	重物在绳牵引下围绕最低点往复运动(待研究现象出现)
2	绳子有弹性	重物在绳牵引下无固定点的往复运动(待研究现象不出现)
	重物在绳牵引下围绕最低点往复运动需要绳子没有弹性	

● 在模型法步骤 4 中，要排除研究对象的无关属性，可运用排除因果联系的演绎推理。此处，要建立研究对象及属性与形状无关，其推理过程如下：

如果 A 和 B 存在因果联系，则 A 变化了，B 也应变化
物体形状发生改变(怀表、小砝码等)，但重物围绕最低点的往复运动不变
_____
故，重物围绕最低点往复运动与重物形状无关

3. 确定问题

本例中，可从相互作用与运动观提出问题：单摆运动满足的规律是什么？

4. 确定论证方式

本环节采用直接证明方式。

5. 确定搜寻解决问题所需技能的策略

确定待研究的问题"单摆运动满足何种规律"。学生第一次面对这一问题，不可能有强方法加以解决，只能在弱方法的引导下，尝试搜索出解决该问题所需的必要技能，其可能的解决过程简述如下。

_____

● 审题、分析题(理解物理问题，形成问题空间)

已知有轻绳(不计质量)，一端固定，另一端悬挂摆球，摆球质量为 m；将摆球拉开一个角度释放后，摆球会围绕最低点往复运动；待求：该往复运动满足的规律是什么？

_____

● 形成问题空间后，还是需要在一定策略引导下搜索解决本问题所需技能。一种可能的思考如下：

_____

待求是单摆运动满足的规律，可能会有什么规律？

往复摆动，是振动。可能是简谐振动。

是不是简谐振动，如何证明呢？

如果振动的回复力满足与(平衡位置)的位移成线性关系，即 $F_回 = -kx$，可以说明是简谐振动。

_____

● 形成子问题 1：如何求出单摆的回复力。

该子问题属于动力学问题,可遵循动力学解题方法(如前"解决某一子领域习题的方法"部分所述)加以解决。

建立坐标系。因为单摆是绕最低点往复摆动,故以最低点为坐标原点,建立坐标系如图 1-18 所示。

受力分析。受重力 G 和绳的拉力 T。

受力分解。因为需要确定的是回复力,根据回复力的特征,则该力与物体在 t 时刻的 Δt 对应位移同线、指向使物体返回平衡位置的方向,单摆小球沿圆弧运动(t 时刻位移沿圆弧切向),故单摆小球的回复力应沿圆弧,并指向平衡位置 O。即沿圆弧切线和法线方向分解重力,回复力 $F = mg\sin\theta$,沿圆弧切向。如图 1-18 所示。

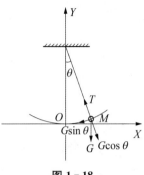

图 1-18

● 子问题 2:上述回复力 $F = mg\sin\theta$,并未显示回复力与单摆偏离平衡位置 O 的线距离 x 的关系。如何解决?

解决方法:可运用代换的方法。将需要的线量用已知的角量代换。

由图 1-19 可知,$\sin\theta = a/l$,$\overset{\frown}{OA} = \theta(\text{弧度})l$

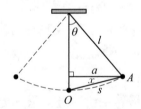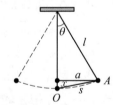

图 1-19

表 1-19

角度	1°	1.3°	2°	3°	4°	5°
弧度表示	0.017 45	0.022 68	0.034 90	0.052 35	0.069 81	0.087 26
对应的弧长 $\overset{\frown}{OA}$	0.017 45l	0.022 68l	0.034 90l	0.052 35l	0.069 81l	0.087 26l
正弦值	0.017 45	0.022 68	0.034 89	0.052 33	0.069 75	0.087 15
与 $\overset{\frown}{OA}$ 对应的 x	0.017 45l	0.022 68l	0.034 89l	0.052 33l	0.069 75l	0.087 15l

由上表可知,在小角度时,满足 $\overset{\frown}{OA} \approx a \approx x$,在小角度时,有 $\sin\theta = \dfrac{a}{l} \approx x/l$,单摆振动回复力 $F = -\dfrac{mg}{l}x$,故单摆(小角度)满足简谐振动。

三、科学思维素养的实质与实现

课程标准提出科学思维素养：是从物理学视角对客观事物的本质属性、内在规律及相互关系的认识方式；是基于经验事实建构物理模型的抽象概括过程；是分析综合、推理论证等方法在科学领域的具体应用；是基于事实证据和科学推理对不同观点和结论进行质疑和批判，进行检验和修正，进而提出有创造性见解的能力和意识。主要包括：模型建构、科学推理、科学论证、质疑创新等要素。

从以上学生在单摆运动规律学习过程的分析可以看出，理论分析学习途径中，每一子环节亦可能存在需要学生解决的子问题。有需要解决的问题，就有解决问题的策略。本例在抽象单摆模型时，运用模型法；在确定待研究问题时，是从物理观念视角提出问题；在论证过程中，采用直接证明方式；在证明过程中，先遵循"解决物理习题通用方法"中的审题、分析题过程理解问题（即"分析"过程），问题空间并不能直接显示出解决问题的路径，个体再遵循"逆推法"的引导搜寻解决该问题的可能路径，搜索过程遭遇到子问题1，在解决子问题1的过程中，运用"动力学问题的解决方法"；在子问题1的解决中，又遭遇到需要的物理量未出现的问题，如子问题2，再运用数学中的代换方法，将需要的线量用已知的角量代换，最后执行所需必要技能解决问题（即"综合"的过程）。

结合上述实例的分析可知，理论分析途径是一种探索自然界背后规律性的认知方式。从解决问题过程看，具有"抽象物理模型"阶段；从思维特征看，会表现出"分析""综合"的思维特征；从解决问题运用的方法看，需要运用论证以及逻辑方法；从论证的目的看，也是对特定命题的证实或证伪。对比课标提出的科学思维素养，不难看出，科学思维素养主要通过学习者在理论分析学习途径中解决物理问题体现出来的。

由上所述，课堂教学中对学生科学思维素养的培养主要通过理论分析学习途径实现。有效培养的前提：教师应具体分析出待解决的问题以及子问题为何？解决各子问题所需的必要技能以及所需的策略为何？一旦梳理出解决问题的上述流程，教师就可明确本课例学习中或模型法、或论证方法、或逻辑推理方法的具体运用。教学中可以遵循各子环节方法的引导，帮助学生经历相应层次方法运用，习得所学知识；在适当时机和场合，亦可通过显性化的方式帮助学生习得各层次的方法。由此可避免理论中泛泛地讨论核心素养培养，实践中形式化地培养核心素养的种种缺陷，一定程度上提高学科核心素养培养的针对性和有效性。

第四节 物理概念和规律意义习得之实验探究学习途径

一、实验探究途径解决科学问题中的策略

如前理论分析途径讨论类似，假设我们追问：如果选择实验探究途径，你将如何解决？《义务教育初中科学课程标准（2011版）》提出科学探究要素："一般来说，其基本过程具

有如下要素：①提出科学问题；②进行猜想和假设；③制定计划；④设计实验；⑤处理数据，获得结论；⑥检验。"

【分析】在确定通过实验解决问题这一大方向后，上述科学探究要素可以引导问题解决者进一步有序地思考，逐步接近要达成的目标，解决问题的效率肯定比采用尝试错误策略更高。因此，科学探究要素有助于学习者解决科学问题，从学习结果类型看，亦属于认知策略。又因为其不可能聚焦解决某一具体科学问题所需的必要技能，所以该方法属于弱方法。

就一个具体的研究课题来说，由于学生缺乏直接解决问题的经验，所以在每一要素的实现时，都可能会遭遇障碍，即需要经历解决问题。比如：

如何从原始问题情景中抽象并用科学术语界定被研究的现象？

如何确定被研究现象出现的场合，并遵循一定方法分析影响被研究现象的可能因素？

在已知被研究现象及可能的相关因素条件下，遵循何种方法规划研究方案？

在提供或没有提供实验仪器的场合，遵循何种方法来有依据地选择仪器并加以组合，用以研究因素间是否存在关系？

在已有实验数据的条件下，遵循何种方法对数据进行合理的处理，并获得结论？

遵循何种方法验证获得结论的可靠性等。

(一) 提出问题环节

本环节的目的是帮助学生明确要研究的问题。

通常可通过包含研究问题的物理情景，运用模型法（忽略次要、突出主要），抽象出要研究的对象，并从物理观念的视角提出问题。（参见【案例2-2】）

中学物理课程学习的每一节内容都已是清楚具体的，只看节标题就基本知道本节要学习（或研究）的问题，所以中学物理教学中对这一环节的处理，通常的做法是呈现可以抽象出问题的情景（如果学生有经验，引导学生回忆呈现；如果学生没有经验，则教师举例呈现），然后引导学生从物理观念的角度提出待研究的问题。

(二) 假设与猜测环节

本环节的目的是帮助学生猜测出研究对象的影响因素。猜测不是瞎猜，通常学习者需要基于生活经验、实验经验或理论分析形成研究对象的相关影响因素。

个体通常可以通过如下方法形成假设：

● 运用归纳法形成假设：主要有生活经验归纳、演示实验归纳两种形式；

● 运用演绎法（或理论分析途径）形成假设；

● 运用类比法形成假设。

【案例1-17】生活经验归纳、演绎法作出猜测

猜测"影响重力势能大小的因素"时：

(1) 根据人从高处释放物体的经验，释放越重的物体，砸在地上产生的"威力"越大，学生比较容易得出猜测：重力势能的大小可能与物体质量有关。（生活经验归纳——共变法）

（2）根据重力势能的定义"物体由于被举高而具有的能量"，猜测重力势能的大小可能与被举高的高度有关。（演绎法）

【案例 1 – 18】演示实验归纳作出猜测

猜测"动能大小的影响因素"时，在未学习概念前，学生并不能自发意识到什么样的情景是动能大或动能小，也就难以对情境中有关因素进行识别。因此本环节教学中，可由教师提供一些实验情境，由学生从实验事实中识别出必要信息，引导学生通过因果联系的归纳法，如共变法等形成联系。

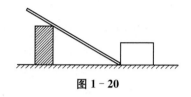

在获得"动能与速度有关"这一结论时，完成演示实验：将钢球分别从如图 1 – 20 斜面的中间某位置、顶端滑下，推动底端水平面上的纸盒，分别记下纸盒被推动的距离。

学习者从以上实验中做出猜测"动能大小与物体速度有关"，运用的就是共变法。

图 1 – 20

表 1 – 20

场合	不变条件	变化条件	结　果
1	斜面、斜面倾角、纸盒、水平面等	钢球从斜面中部滚下，到达底部速度较小	到达底部的钢球推动纸盒到位置较近，做功较少
2		钢球从斜面顶端滚下，到达底部速度较大	到达底部的钢球推动纸盒到位置较远，做功较多
故物体动能（用对外做功的能力来体现）与速度有关			

【案例 1 – 19】通过理论分析做出猜测

在前面的学习中，学生已经知道物体对受力面的压强 $p = F/S$。故本例可通过理论分析途径做出猜测："液体压强大小与液体密度等有关"。简述如下：

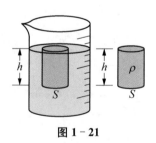

问题目标：计算出如图 1 – 21 中水对 S 平面的压强大小

已知：$p = F/S$，S 平面的面积为 S，S 平面上方水柱深 h，液体密度为 ρ。

图 1 – 21

求解思路：S 平面上方水柱对 S 平面的压力为这部分水的重力。

根据 $p = F/S$ 计算，得 $p = F/S = G/S = mg/S = \rho Vg/S$，因为 $V = hS$，所以 $p = \rho Vg/S = \rho gh$。

做出猜测：液体压强大小与液体密度、液体内部深度有关。

因为本例是通过一个特殊情景条件下，理论分析所获得结论，并不是一般条件下分析获得结论，所以本例中分析作为一种猜测。

（三）规划方案环节

经过假设和猜测环节，学习者已确定了可研究问题以及可能的影响因素，接下来的任务是规划研究方案。规划方案的方法主要有控制变量法、归纳法（求同、差异等）、演绎法（或理论分析）。

1. 控制变量法规划方案

● 控制变量法：在实验归纳途径中的规划方案环节，经过"猜测"环节已猜测出被研究现象多个可能的影响因素，且因素间满足一一对应关系，在安排实验研究方案时，可运用控制变量法，其基本步骤为：

（1）确定被研究现象 A，以及 A 的可能影响因素 B、C 等；

（2）分别研究 A 与 B、A 与 C 等间的关系；

研究 A 与 B 的关系：保持 C 等因素不变，只改变 B 因素，确定 A 变化情况

研究 A 与 C 的关系：保持 B 等因素不变，只改变 C 因素，确定 A 变化情况

……

【案例 1-20】

在探究"蒸发快慢的影响因素"的学习中，经过"猜测"环节，形成猜测：蒸发快慢可能与液体的温度、液体的表面积、液面上空气流速等有关。

接下来面临的问题是，如何安排方案，来研究这几个量是否与蒸发快慢大小有关。

解决方案如下：

表 1-21

第一组研究蒸发快慢与液体温度是否有关	此组实验中，保证其他条件不变，只改变液体的温度，测量（观察）蒸发快慢是否有变化
第二组研究蒸发快慢与液体表面积是否有关	此组实验中，保证其他条件不变，只改变液体表面积大小，测量（观察）蒸发快慢是否有变化
第三组研究蒸发快慢与其上方空气流速是否有关	此组实验中，保证其他条件不变，只改变液体表面的空气流速大小，测量（观察）蒸发快慢是否有变化

2. 归纳法（求同、差异等）规划方案

如果定性关系是通过归纳法建立的，那么在规划方案环节，就可以遵循相应的逻辑方法规划方案。

【案例 1-21】

在学习声音的传播是否需要介质时，经过猜测环节，猜测"声音的传播需要介质"。如何规划研究方案呢？

问题：如何研究声音的传播是否需要介质？

解决：应设置情景，一次是有介质的情景，还要一次没有介质的情景，也就是真空情景。分析两种情况下，声音是否能够传播。

显然如上安排研究的方向，遵循了差异法的结构。

【案例 1-22】

合力与分力关系的研究，猜测可知"合力与分力的大小有关、与分力的方向有关"，但每

一分力大小改变会影响被研究现象合力的大小和方向,每一分力方向改变也会影响合力的大小和方向,所以不能用控制变量法来分别研究合力与分力大小、方向的关系。

再如研究杠杆平衡条件时,杠杆平衡与力的大小有关、与力臂有关,同理也不能分别研究杠杆平衡与力的大小、力臂的关系。

以上两例均可通过求同法获得结论,因此可以通过求同法来规划方案,即通过实验实现待研究属性出现的多个场合(如多个满足"力的合成"的场合,从中抽象出该属性场合中的共同条件)。

如果研究现象的影响因素只有一个,通常可用差异或求同法获得,可按归纳法规划方案。如果被研究现象的影响因素是多种,且每一种影响因素对研究现象是独立的,可分别研究被研究现象与因素间的关系,此种情况下,可运用控制变量法来规划相应的研究方案。(如滑动摩擦力大小影响因素的研究、向心力大小影响因素的研究、平行板电容大小影响因素的研究)

如果被研究现象的影响因素是多种,但相互之间并不独立,不存在一一对应关系,就不能分别研究被研究现象与它们之间的关系,也就不能用控制变量法来规划研究方案了。通常可采用求同法规划研究方案。

3. 演绎法(或理论分析)规划方案

【案例 1 – 23】 研究自由落体运动规律的方案规划

经过猜测环节,学生根据自由落体运动物体速度越来越快的事实,猜测"可能做匀加速直线运动"。

问题:如何规划方案来研究?

解决:以匀加速直线运动的性质为依据,进行演绎推理如下:

若物体做匀加速直线运动,则有规律……

(如连续相等时间间隔的相邻位移差恒定)

若自由落体满足上述规律……

(如满足连续相等时间间隔的相邻位移差为恒定)

则,自由落体运动是匀加速直线运动

规划方案:研究自由落体运动物体的运动学特征是否符合匀变速直线运动的规律。

(四) 设计实验环节

目标:设计出可用于研究特定物理量关系的实验装置。

已知条件:学习者应具备测量各量的原理、测量各量的仪器、各仪器使用技能等。(物理概念和规律课的教学,一般都会提供基本的实验仪器)

解决中运用的策略:在此环节解决中,可遵循设计实验通用策略,同时在其中一些子环节的问题解决中还会应用到等效替代法、转换法等策略。

● 设计实验通用策略

在设计物理实验时,可遵循如下步骤:

(1)确定实验目的;(2)确定实验中的研究对象;(3)确定实验中研究物体的状态及过程;(4)确定需要测量的物理量以及各物理量测量的原理;(5)选择测量各物理量的实验仪器;(6)确定每次实验中物理量的变化方式;(7)确定实验仪器连接方式。

在步骤(3)"确定研究对象在实验中的状态或过程"时,就具体研究课题来说也可能对学习者构成问题。当有些需要研究的状态或过程难以实现时,可能需要运用"等效替代法"来加以解决。如【案例1-24】

● 等效替代法

在实验归纳途径中的设计实验环节,当实验装置提供的状态或过程不满足测量要求时,常采用等效替代法,其基本步骤为:

① 确定实验中需要出现的物理过程或状态;

② 确定由实验装置所能产生的过程或状态,以及其不满足的实验测量要求;

③ 分析其他可以出现研究所需物理过程或状态的方案;

④ 确定该方案是否可以满足实验测量要求;

⑤ 若可以实现,则用新方案替代原有方案。

在步骤④"如何确定测量物理量的原理"时,就具体研究课题来说也可能对学习者构成问题。在解决此类问题时,特别是物理量难以测量或无法直接测量时,需要间接地测量,这时所用的方法主要是转换法。如【案例1-24】

● 转换法:在实验归纳学习途径中的设计实验环节,当所需研究的物理量(或物理对象)无法直接获得时,常采用转换法,其基本步骤为:

① 确定待测量;

② 分析与待测量相关的其他物理量以及满足的规律;

③ 分析与待测量相关的其他物理量是否可以测量;

④ 若可以实现,则依据两者间满足的规律,将待测量转换为对该相关物理量的测量。

【案例1-24】 等效替代法和转化法案例

在"滑动摩擦力大小"规律的学习中,提供长木板、长方形物块、弹簧测力计、细绳、砝码等实验仪器。学生可以遵循设计实验通用策略完成实验设计。

表1-22

确定实验目的	研究滑动摩擦力大小与正压力间的关系	
确定实验中的研究对象	长方形木块在水平长木板运动所受滑动摩擦力	
确定实验中研究物体的过程、状态	木块受力在水平长木板上滑动	
确定需要测量的物理量及各物理量测量的原理	需要测量木块所受滑动摩擦力 需要测量接触面间的正压力	
	滑动摩擦力大小的测量: 构成子问题1 正压力的测量:放置在水平面上的物体,对水平面的压力,大小等于物体所受重力	子问题1的解决方法:转换法。见下分析

选择测量各物理量的实验仪器	木块、长木板、弹簧称等	
确定每次实验中的条件(如物理量的变化方式)	通过增加物块上砝码的数量,增加对接触面的压力	
确定实验仪器连接方式	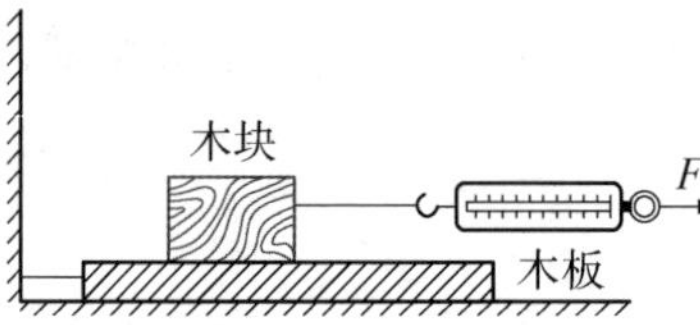	

问题 1:在设计实验第四步中,需要确定滑动摩擦力大小的测量原理,但无法直接测量,此时如何测量滑动摩擦力的大小呢?

该子问题的解决主要遵循"转换法",即当所需的物理量(或物理对象)无法直接获得时,通常将待测量转换为与待测量相关的其他物理量。

本例中,根据提供的实验仪器,滑动摩擦力可运用转化法"根据二力平衡,将物体所受滑动摩擦力大小的测量转化为其匀速运动时拉力大小的测量"来间接测量。

实际实验中,发现用弹簧秤拖动木块在木板上运动时,弹簧秤示数不稳定,也就是测量中所需的状态不满足,构成又一个问题。

子问题 2:如何更准确地测量出木块受木板的滑动摩擦力?

解决过程:滑动摩擦力发生两个相互运动物体之间,将木块相对木板的匀速运动,替换为木板相对木块的运动,两者间的滑动摩擦力性质一致,但两者间匀速运动状态更稳定。

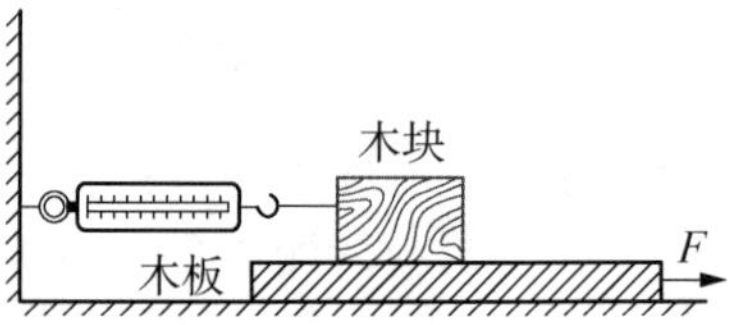

最终解决如图 1-22。

图 1-22

解决子问题 2 的方法:即在"等效"滑动摩擦力的条件下,通过两物体相对运动方式的改变,达到实验所需过程和状态的实现。即运用的方法是等效替代法。

可见,转换法通常用在"设计实验"环节中的"确定物理量测量原理"子环节;而等效替代法通常用在"设计实验"环节中的"确定实验中对象的状态和过程"子环节。

(五) 执行实验,获得数据环节

执行实验首先要确定实验步骤,可根据"实验装置组装、初始状态实现、实验过程实现、实验数据记录、实验条件变化"等依次形成实验步骤。执行实验,完成相应物理量的测量。

【案例 1-25】

在平面镜一节教学中,"设计实验"环节后形成实验方案如图 1-23 所示。

执行实验前,需要学生能形成有序的实验操作步骤。在实验装置确定条件下,可遵循"实验装置组装、初始状态实现、实验过程实现、实验数据记录、实验条件变化"的方法形成实

验步骤,如下:

1. 将白纸平铺于桌面;

2. 将玻璃板沿白纸中线,垂直纸面放置,划出玻璃板与白纸的交线;

图 1-23

3. 将点燃的蜡烛(物)放置在玻璃板前 A 位置,能清晰观察到蜡烛烛焰所成的像;

4. 测量并记录物的位置 A 到玻璃板的垂直距离(即 A 到玻璃板与白纸交线的垂直距离);

5. 将与点燃蜡烛等长的未点燃蜡烛,从玻璃板蜡烛成像一侧,移动到烛焰像位置,确定像的位置 A';

6. 测量并记录像的位置 A' 到玻璃板的垂直距离(即 A' 到玻璃板与白纸交线的垂直距离);

7. 改变物的位置 B、C,重复 3—6 步。

(六) 处理数据,获得结论环节

本环节包含两个子环节:整理数据,(加工信息)获得结论。

整理数据环节主要涉及到的方法有(根据数据的性质选择):列表法、直方图(或饼图)、图像法;获得结论环节主要涉及的方法有:归纳法、演绎法、理想实验法等(参见第二节)。

● 图像法:

适用条件:研究满足特定数学关系的物理量间关系。

基本步骤:参见【案例 1-2】中(8)—(10)。

(七) 验证环节

对物理规律正确性的验证本质上属于间接证明。物理学研究中,始终坚持实践是检验真理的唯一标准,也就是说检验一个物理性质真实性的关键是其是否与生活实际或实验事实相符。

因此在物理研究中,验证可如下进行:

● 科学规律验证的方法:

(1) 假设待研究物理性质为真;

(2) 运用已有原理、经验事实,通过逻辑推理,合理演绎出可以被经验或实验事实证实的、新的物理事实和性质;(即间接证明)。

(3) 通过经验或实验证实上述推出的事实或性质是否真实存在。

【案例 1-26】

在采取理论分析获得 $F_浮 = F_{向上} - F_{向下}$ 后,可遵循验证的方法对该结论的正确性进行验证。

（1）根据已有 $F_浮 = F_{向上} - F_{向下}$ 推出：如果物体浸没在液体中，没有受到液体向上的压力，也就没有对物体向上的浮力。

（2）如图 1-24 实验中，将一端开口的瓶中，放置一个乒乓球，堵住瓶口，将水倒入瓶中。

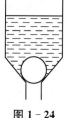

图 1-24

假设 $F_浮 = F_{向上} - F_{向下}$ 正确，则，由于乒乓球下面没有液体，所以此种情况下，乒乓球不受浮力，故，即使是乒乓球完全浸没在水中，它也不会浮起。

（3）完成实验，乒乓球确实没有浮起，证实浮力产生原因：$F_浮 = F_{向上} - F_{向下}$。

也可以继续设问："如果在此实验中，通过某种方式，将乒乓球下表面也处于液体中，那么会出现什么现象呢？"

生：此种情况下有浮力，乒乓球会浮起。

教师将瓶盖盖上，下表面处于液体中，乒乓球浮起。（如图 1-25 所示）

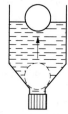

图 1-25

小结： 实验归纳学习途径各子环节问题解决所用策略概述如下表所示。

表 1-23

子环节		所 用 方 法
提出问题		模型法等
假设与猜测		归纳法中的穆勒五法、演绎法、类比法等
制定探究方案	规划方案	控制变量法、归纳法中的穆勒五法、演绎法等
	设计实验	设计实验通用策略、等效替代法、转换法等
获取事实与证据	整理数据	列表法、图像法等
	获得结论	归纳法、演绎法、理想实验法等
验证		验证方法

二、实验探究途径学习样例分析

"动能"物理性质学习各子环节策略分析。

本节课主要学习动能的物理性质、定义式、数学表达式等，其中最核心的是学习物理性质、建立定义式。

物理性质学习中需要得出的结论为：

（1）动能的大小与物体运动速度的平方成正比；

（2）动能的大小与物体质量成正比。

（一）各子结论获得逻辑过程

以上两个结论均通过演绎推理获得，以结论（1）为例，其逻辑结构如下：

如果两个量成正比,则其图像是过原点的直线(大前提)

外力对物体做功(表示动能)与速度平方的图像是过原点的直线

外力对物体做功(动能)与速度平方成正比(结论)

(二)各子环节中问题解决的策略

【提出问题环节】

如何用科学术语准确地提出待研究的问题? 通常可遵循模型法完成。

本例中提出问题环节,因为待研究对象属性比较明确,也没有影响研究属性的其他无关因素,故模型化过程相对简单,教学中可呈现生活中动能不同的各种事例,由此提出:动能有大小,那么动能大小与哪些因素有关?

【假设与猜测环节】

提出问题后,就需要对待研究属性的相关因素做出初步的猜测。根据何种方法,猜测动能大小的影响因素? 在获得"动能与质量有关"这一结论时,有教师完成如下实验:

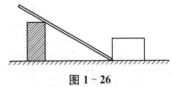

图 1 - 26

将质量不同的两个钢球分别从如图斜面的顶端位置滑下,推动底端水平面上的纸盒,分别记下纸盒被推动的距离。

从上述实验中,学习者能够识别出:有两次实验;大质量钢球从斜面顶端下滑,到达底端推动纸盒运动,纸盒距离较远;小质量钢球从斜面顶端下滑,到达底端推动纸盒运动,纸盒距离较近。

根据以上信息,学生可作出猜测"钢球下滑到水平面具有的动能(表现为对纸盒做的功)与质量大小有关"。也就是建立"动能大小与物体质量大小间(可能)存在因果联系"。

显然,本环节中依据演示实验,学习者建立"动能大小与质量大小(可能)存在因果关系",即采用共变法,结构如下,

表 1 - 24

场合	变化条件	变化结果	不变条件
1	大质量钢球从斜面顶端滚下	到达底部的钢球推动纸盒到较远位置,做功较多(动能较大)	斜面、斜面倾角、纸盒、到达底面速度
2	小质量钢球从斜面顶端滚下	到达底部的钢球推动纸盒到较近位置,做功较少(动能较小)	
故物体动能(对外做功能力表现)与其质量(可能)有关			

如【案例 1 - 18】所示,学习者能够猜测"动能大小与速度可能有关",同样是运用共变法形成的。

【规划方案环节】

经过猜测环节,已经猜测出"动能大小可能与速度有关、可能与物体质量有关",如何安排接下来的研究活动,研究动能与相关因素间是否存在关系以及存在何种关系?

根据控制变量法,本例中规划方案如下:

第一组,研究 E_k 与 v 的关系。保持实验装置、m 等不变,改变 v,测出 E_k,研究两者关系。

第二组,研究 E_k 与 m 的关系。保持实验装置、v 等不变,改变 m,测出 E_k,研究两者关系。

初步形成数据记录表如下。

表 1-25

E_k 与 v 的关系	E_{k1}	v_1	实验装置、m 等不变
	E_{k2}	v_2	
	E_{k3}	v_3	
	……	……	
E_k 与 m 的关系	E_{k1}	m_1	实验装置、v 等不变
	E_{k2}	m_2	
	E_{k3}	m_3	
	……	……	

【设计实验环节】

规划好研究方案后,就需要设计出用于研究各因素间关系的实验装置。

在规划好方案的条件下,如何设计实验来研究比如动能与速度大小的关系? 本例可遵循设计实验通用策略(参见表 1-21)解决。

教材中提供实验仪器如下:光滑长木板(一端有固定钉)、实验小车、打点计时器、数根橡皮筋等。

在提供实验仪器的条件下,学习者可遵循设计实验通用策略的引导完成设计实验任务,简述如下:

表 1-26

(1) 确定实验目的	研究动能与速度的关系	
(2) 确定实验中的研究对象	实验小车	
(3) 确定实验中研究物体的状态及过程	小车依次获得等量递增的动能	
(4) 确定要测量的物理量以及各物理量测量的原理	需要测量物体动能、对应速度; 动能的测量(用外力对其做功的大小衡量):橡皮筋弹出小车(橡皮筋对小车做功,使小车获得动能,动能与橡皮筋做功一一对应); 速度的测量:$v = s/t$	转换法(外力做功与初动能为零物体动能的线性关系)
(5) 选择测量各物理量的实验仪器	实验小车、橡皮筋、打点计时器	

(6) 确定每次实验中的条件(如物理量的变化方式)	一条橡皮筋弹出小车(E_k)、两条橡皮筋弹出小车($2E_k$)、…… 打点计时器测出对应速度 v_1、v_2	
(7) 确定实验仪器连接方式		

在步骤(4)中,研究中需要确定动能的测量原理,但无法直接测量动能,构成一个子问题。而解决该子问题,运用的就是转换法。

本例中,根据提供的实验仪器,运用转换法——通过做功大小与物体能量变化的关系,将特定状态的动能或动能之比转换为外力做功或做功之比,来间接测量动能大小。

【执行实验,获得数据环节】

本环节在实验方案、实验目的、实验装置都清楚的前提下,可遵循方案进行实验,测量各物理量。

【处理数据,获得结论环节】

获得动能与相应速度的实验数据后,可运用图像法处理数据。

用图像法处理数据后,发现动能与相应速度平方的图像是过原点的一条直线,运用本部分"(一)各子结论获得逻辑过程"所述演绎推理获得结论。

表 1－27

子环节		所 用 方 法
提出问题		呈现动能大小以及变化的实例,从中提出问题
假设与猜测		演示实验归纳(共变法)
制定探究方案	规划方案	控制变量法
	设计实验	设计实验通用策略、(确定动能测量原理)转换法
获取事实与证据	处理数据	图像法
	获得结论	演绎推理
验证(此环节略)		验证方法

三、科学探究素养的实质与实现

《普通高中物理课程标准(2017 版)》提出"科学探究"素养:是指基于观察和实验提出物理问题,形成猜想与假设、设计实验与制定方案、获取和处理信息、基于证据得出结论并作出解释,以及对科学探究过程和结果进行交流、评估、反思的能力。包括问题、证据、解释、交流等要素。

显然,科学探究素养包含运用科学探究方法研究物理问题的能力以及对研究结果的解释交流能力。前一种能力更能反映学习者物理课程学习的水平,后一种能力则偏重于一般意义交流能力的迁移,与物理课程学习关系不如前者紧密。

由本节前两部分讨论可知,科学探究的过程,可以分解为一系列子问题解决的过程,每一子问题解决都会涉及到相应解决问题方法的运用。

"科学探究素养"之形成猜想与假设本质上就是学习者运用探究因果联系的归纳法、类比法或者理论分析等方法形成待研究因素与可能相关因素联系的过程。

"科学探究"素养之设计实验与制定方案本质上是学习者运用控制变量法等方法形成研究初步方案;运用设计实验通用方法以及转化法、等效替代法等方法选择、组合具体研究实验装置的过程。

"科学探究"素养之获取事实与证据本质上是学习者运用图像法等方法整理数据;运用演绎推理、归纳推理等逻辑方法建立物理量间因果关系的过程。

对标课程标准的描述,显然学生主要是在实验探究学习途径中经历并表现出科学探究素养,因此实验探究学习途径是培养学生科学探究素养的主要场合。

通过科学探究完成的学习,本质上是学习者经历一系列子环节,运用相应策略解决各子问题而实现的。因此教师应该揭示出一次具体实验探究课例中"各子环节待解决的问题""解决问题的策略",如前述动能概念学习分析。实际教学中,教师就可以遵循各环节中相应策略的引导,帮助学生选择解决子问题的技能,有序地解决各子问题,习得所学知识。具体实施可参见第二章第一节教学方法选择部分讨论。

特别指出,上述这些方法,都是引导个体解决子环节问题的,像模型法、设计实验通用策略、转化法、等效法等都是弱方法,并不直接指向解决问题的必要技能。

四、拓展讨论——科学方法的层次

由第三、四节分析可知,科学研究的途径、科学探究要素(或环节),以及具体的一些科学方法,如:类比法、控制变量法、图像法、转换法、等效法等,亦或是理论分析途径中的科学思想(如:守恒思想、整体思想、系统思想等),实际是科学问题解决到了不同层次阶段时,引导问题解决者的思维继续前行的技能,是加涅学习分类中的"对内操作的技能",即认知策略。在面对一个需要探究的具体问题时,上述方法均不直接指向解决该具体问题所需的必要技能,只是起着引导问题解决思考方向的作用,所以,科学方法本质上是解决问题的弱方法。

各类科学方法在解决问题中运用的具体阶段,可用下图表示:

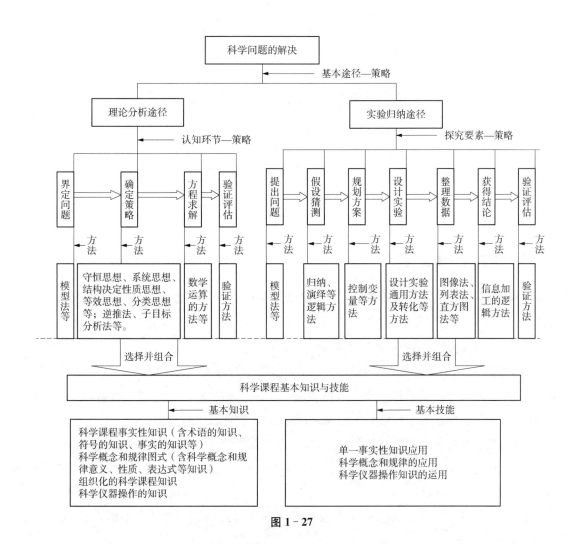

图 1－27

综上所述,科学方法属于解决问题的弱方法,个体面对待解决的新问题时,弱方法的运用可以引导我们搜寻解决问题所需技能的思考方向,但不能保证我们一定能找到所需的必要技能,如模型法并不能保证我们能正确识别出影响研究对象的可能因素,也不能保证我们一定分析出可能因素中的不可缺少的因素(主要因素)以及次要因素。认知心理学研究表明,弱方法在特定领域中运用的有效性取决于"人是否已经具备了特定领域的相应知识""像一般推理方法这样的思维技能,即使经过系统地传授与学习,也很难迁移到其他领域。人的思维技能的发挥更多地取决于人在特定领域的知识"。如果没有在特定领域知识的积累,解决问题的弱方法就如无源之水。所以,科学教育实践中,教师应重视科学方法在教学中的正确运用,对于具体学习每一阶段遇到问题的解决中,都能遵循解决问题的科学方法的引导,帮助学习者选择出解决问题所需的必要技能,在学习者积累一定科学方法的运用经验后,以适当的方式显性化具体科学方法的适用条件以及操作的步骤,以期学习者踏上工作岗位,在努力学习并掌握工作领域中大量的知识后,通过有效地运用科学方法,提高解决自己工作领域问题的效率。在教学实践中,一般不宜将弱方法(如科学方法)视为较之学科知识更为重要的学习目标。

第二章　物理概念和规律意义学习的教学设计

第一节　教学设计理论概述

一、教学设计概述

狭义的教学设计(此处指课时教学设计)是教师运用学习心理学等理论,有依据地选择教学方法并规划教学事件,挑选教学素材及呈现方式,制定学习结果评价方式,以形成用于帮助学生有效习得特定学习结果的方案的过程。

由于学科知识学习是最直接的结果,在学习过程中可能会运用特定的方法,而具体运用哪些方法,需要对学习途径每一子环节待解决的子问题和相应的策略做出分析,也就是"方法"目标需要在教学任务分析之后才能确定,所以建议物理教学设计遵循:

第一,教学任务分析。通过任务分析,揭示出习得该学习结果的内部过程及条件;

第二,陈述教学目标。要求用可观察、可测量的术语精确表达学习目标,这是教学设计的一项基本要求;

第三,规划教学活动。依据分析出的过程与条件合理规划教学事件,选择教学媒体和方法;

第四,制定测评项目。依据学习结果类型及相应学习者外显行为,制定测评项目。

二、教学任务分析

教学任务分析是教学设计的核心成分。选择教学方法、规划教学事件均以任务分析的结果为依据。教学任务分析,是指在学校教育环境下,教师对帮助学生习得特定学习结果的教学任务的解构,是揭示学习者达到教学目标所需要掌握的知识技能及相互间序列关系、所需认知策略的认知活动。

(一) 物理概念和规律意义学习的任务分析

第一章介绍了物理概念和规律学习内部的过程和表征,指明了物理概念和规律教学任务分析的方向和内容。因为物理概念和规律的图式可反映其全貌,有助于教师明确其中各要素学习的先后次序以及关系,因此,教学任务分析首先应写出所教概念和规律的图式,如下(1);由图式确定本节课需要教授的物理内容,即新的结论,如下(2);由于有效信息的来源途径不同,要确定学习途径,如下(3);要具体分析各途径上子环节的任务及解决的策略和所需技能,因为所有物理概念和规律都是通过逻辑过程获得的,所以重点要具体分析每一教学新结论获得的逻辑过程,如下(4)。

物理概念和规律意义教学的任务分析:

(1)写图式:遵循物理概念和规律的图式结构,写出所教授物理概念或规律的图式。

(2)定内容:由图式内容确定教学结论,确定其学习类型。

(3)析途径:分析各教学结论习得的途径,是经验事实归纳途径(多用于属性特征类物理概念的学习),实验归纳途径(多用于物理量和物理规律的学习),还是理论分析途径?亦或是两种途径结合,如先理论分析,然后实验归纳等。

(4)清序列:确定各结论所需信息获得的途径,分析各途径上学生所需经历各子过程的学习过程和所用策略或者方法。

(二)教学任务分析之"清序列"讨论

"清序列"环节是教学任务分析的重要一步,其分析出学生所需经历学习各子环节以及相应子问题解决所用策略的结果,是选择教学方法、选择信息呈现方式的基础。接下来对"清序列"环节分实验探究途径、理论分析途径两方面做进一步的讨论。

1. **实验探究途径"清序列"讨论**

对实验探究途径"清序列",需要:

(1)确定各教学结论获得的逻辑过程。

分析获得教学结论的逻辑过程,作用在于:其一,逻辑过程揭示学习者习得该结论所必须识别出的信息,教师有序地呈现有效信息是学生习得学习结果的最基本保证;其二,分析出新结论获得的逻辑过程,还可帮助教师理解"规划方案"环节的策略,因为一旦分析出逻辑过程,其加工信息的结构就清楚了,因此规划方案的策略也就确定了。如【案例1-5】获得"光反射时,反射光线、入射光线和法线在同一平面内",该结论是通过差异法获得,在"规划方案"环节,教师就可以提供一个先前运用差异法研究的案例,引导学生根据差异法的结构,规划当前研究的方案。通过求同法获得结论的教学与此相似。通过共变法或者图像法获得结论的学习中,"规划方案"的策略主要是共变法或控制变量法。

(2)确定教学各子环节解决问题所用策略。

各环节可能运用策略如表1-22所示。建议"清序列"时各环节可如下思考。

【提出问题环节】

(1)本环节要提出的问题有哪些?

(2)包含可提出问题的情景(生活情景或实验情景)是什么?

【假设与猜测环节】

(1)可否从生活经验的事例中,猜测(主要是归纳)出研究对象的相关因素?

(2)可否从相关实验的事实中,猜测(主要是归纳)出研究对象的相关因素?

(3)可否依据已有理论或事实经验,演绎出研究对象的相关因素?

基于生活或实验经验,是运用归纳法(求同、差异、共变等方法)以及类比法来推测相关影响因素,也可能通过理论分析推测出相关因素。

【规划方案环节】

经过假设和猜测环节,学习者已确定了可研究问题以及可能的影响因素,接下来的任务是规划研究方案。此环节可运用的方法有归纳法(求同法、差异法、共变法)、演绎法(包含理论分析方法)和控制变量法。

(1) 特征属性或单一变量问题?(差异、共变、求同)

如"曲线运动与受力可能的关系""轻绳弹力的方向"等。此类单一变量的问题,规划方案(研究的思路)主要由该结论获得的逻辑过程确定。

(2) 在多变量问题中是否存在一一对应关系?(控制变量法)

(3) 在多变量问题中是否不存在一一对应关系?(求同法)

如"合力与分力的关系"(合力与分力的大小有关、与分力的方向有关,但合力有方向和大小两个确定的属性,不能单独研究合力的大小与分力大小的关系等)可遵求同法规划方案。

(4) 研究方案是否从演绎推理过程中得出?

【设计实验环节】

个体运用设计实验通用策略完成。在确定研究对象的过程和状态子环节,可能需要运用等效替代法,在确定物理量测量原理子环节可能需要运用转换法。

【执行实验,获得数据环节】

可遵从"实验装置组装、初始状态实现、实验过程实现、实验数据记录、实验条件变化"等形成实验步骤。

【整理数据,获得结论环节】

(1) 整理数据的主要方法是图像法、列表法等

(2) 获得结论的方法:主要是逻辑方法,参见本书第一章第二节所述

【验证环节】主要方法:验证方法(参见【案例1-26】)

2. 理论分析途径"清序列"讨论

通过理论分析途径形成概念和概念间的关系,本质上是结构良好问题解决的过程,其解决类似于物理习题的解决。课堂教学中通过理论分析途径解决的问题比较明确,解决所需的必要技能不多,通常采用逆推法、向前推理、手段目标等方法,即可挑选出解决该例问题所需的技能。

理论分析途径"清序列",可遵循如下步骤完成:

第一,确定解决过程。运用类似"任务描述法"清晰地描述问题解决的完整过程。

第二,确定所需技能。分析问题解决的每一步所需的必要技能。

第三,确定解决问题的策略。既然类似习题解决,个体面对一个新题时,通常运用"审题、分析题"初步形成问题理解,还可能运用逆推法、向前推理等方法在认知结构中选择所需技能。

【案例 2－1】 闭合电路欧姆定律

● 确定解决过程

（一）研究问题：闭合电路中外电压和内电压之间满足的关系

（二）研究对象：电源、外阻、导线等构成的闭合电路中内电压、外电压

（三）解决过程：

1. 写出闭合回路中能量变化关系：$W_{电源} = Q_{内} + Q_{外}$

2. 写出电源非静电力做功：$W_{电源} = Eq = EIt$

3. 写出内电路电阻产生的热能：$Q_{内} = I^2 rt$

4. 写出外电路电阻产生的热能：$Q_{外} = I^2 Rt$

5. 将 2、3、4 各式代入 1 中，化简可得：$E = IR + Ir$

● 确定所需技能(1)理解能量守恒；(2)理解焦耳定律；(3)理解电源、电动势。

● 确定解决问题的策略(站在学生第一次解决该问题的视角)

确定研究对象：闭合电路的外电压和内电压

审题

已知：有电源、外电阻、导线构成电路；存在外电压、存在内电压，

待求：内电压和外电压满足的规律

本例在审题后，可遵循逆推法引导解决者思考方向选择解决问题所需技能。

电路中两点间的电压可以如何来求？

可用部分电路的欧姆定律来求，$U = IR$。

从这个式子，我们能知道外电压和内电压满足的关系吗？

$U_{外} = IR$，$U_{内} = Ir$。 不能从这两个式子中得知外电压和内电压之间满足的关系。

所以从欧姆定律这个角度来求是行不通的，那根据前面所学的内容，电路中的电压还与哪些物理量有关？

与能量有关，如一段导体产生焦耳热 $Q = UIt$。 从电路中能量转化的角度来求。

那么在整个闭合电路中，如何实现能量的转化？

外电路的电流做功，消耗电能，即把电能转化为其他形式的能；内电路有电阻，电流通过内电路做功，消耗电能，即把电能转化为其他形式的能；电源是把其他形式的能转化成电能的一种装置，则两极附近的反应层中的非静电力做功，把其他形式的能转化为电能。

这些能量存在什么关系？

能量是守恒的，非静电力做的功应该等于内、外电路中电能转化为其他形式的能的总和，如何表示？

$$W = Q_{外} + Q_{内} \tag{1}$$

非静电力做功和什么物理量有关？

电动势。

<u>电动势的定义是？</u>

电动势等于非静电力把 1C 的正电荷从电源内部由负极移到正极所做的功。$E = \dfrac{W}{q}$。

<u>那么非静电力做功如何表示？</u>

$$W = Eq \tag{2}$$

<u>(2)式中，E 代表电源的电动势，q 代表什么？</u>

q 表示在时间 t 内通过导体横截面的电荷量。

<u>那么 q 与电流强度 I 有何关系，可以如何表示？</u>

由于单位时间内通过导体横截面的电荷量即为电流 I，故 $q = It$。

<u>所以(2)式可以如何表示？</u>

在时间 t 内非静电力做的功为：$W = EIt$。 $\tag{3}$

<u>在(1)式中，外电路中电流做功产生的热能 $Q_{外}$ 如何表示？</u>

$$Q_{外} = I^2Rt，R \text{ 为外电阻} \tag{4}$$

在内电路中，这一区域的电阻为内电阻，记为 r。在时间 t 内，内电路中电流做功产生的热能 $Q_{内}$ 如何表示？

$$Q_{内} = I^2rt \tag{5}$$

<u>所以结合(3)(4)(5)，(1)式可以写成？</u>

$$EIt = I^2Rt + I^2rt$$

<u>简化后如何表示？</u>

$$E = IR + Ir \tag{6}$$

<u>上式中，IR、Ir 分别表示什么？</u>

外电压 $U_{外}$、内电压 $U_{内}$。

故，(6)式可以写成：$E = U_{外} + U_{内}$，也就是在闭合电路中，外电压和内电压的和等于电源电动势。由此，有 $E = IR + Ir$ 或者 $I = \dfrac{E}{R + r}$，这就是闭合电路的欧姆定律。

三、教学方法选择与教学样例

教学规划主要涉及教学目标陈述、教学方法选择、教学媒体选择、教学重难点确定等，此处以教学方法选择为例讨论。

学习是学生运用一定策略解决各环节子问题、习得相应学习结果的过程。学校环境下的学习，需要教师规划教学事件，引导和帮助学生完成学习过程，也就是与学习过程对应的教学过程。教学任务分析已揭示出学生习得该学习结果经历的途径和各子环节问题解决的策略,那么教学就是教师遵循各环节中相应策略的引导,帮助学生选择解决子问题的技能,从而解决问题、习得所学知识的过程。教学方式主要有三种:

(1) 传授式教学:教师遵循相应方法的结构,自己选择解决问题所需的知识和技能,并解决问题;

(2) 启发式教学:教师遵循相应方法的结构,引导学生获取解决问题所需的知识和技能,逐步有序地解决问题;

(3) 探究式教学:教师提供问题情景,由学生自己遵循相应方法的结构,解决相应问题。

表 2-1

子环节		所用方法	学习过程	教学过程	教学方式
提出问题		模型法等	学习者运用相应子环节中方法,选择解决各子问题所需必要技能的过程	教师遵循各环节相应策略引导,帮助学生选择解决问题所需技能	① 教师自己遵循策略的步骤,选择解决各子问题所需技能,单向传递给学生——传授式教学
假设与猜测		归纳法中的穆勒五法、演绎法、类比法等			
制定探究方案	规划方案	控制变量法、归纳法中的穆勒五法、演绎法等			② 教师遵循策略的步骤,引导学生选择解决各子问题所需技能,师生间有效传递——启发式教学
	设计实验	通用策略、等效替代法、转换法等方法设计实验			
获取事实与证据	整理数据	列表法、图像法等			③ 教师提供相应子问题情景,由学生自己遵循策略的步骤,选择解决各子问题所需技能——探究式教学
	获得结论	归纳法、演绎法、理想实验法等			
验证		验证方法			

由于教学方法的选择主要依据各子问题解决的策略,这就需要在任务分析中必须将各子环节问题解决的策略分析清楚。以下通过案例讨论相应环节的启发式教学实施。(探究式教学可参见第二节中"牛顿第二定律"教学设计样例)

(一) 模型法及其在教学中的应用

【界定】参见第一章第三节"一、理论分析途径解决科学问题中的策略"

【案例 2-2】单摆模型的教学

(1) 教学内容:单摆概念。

(2) 学习类型:物理概念和规律意义的学习。

(3) 教学任务分析。

在单摆一节的教学中,需要从日常生活的摆动现象中抽象出单摆模型。

从真实情景中抽象出物理模型也是解决问题的过程,同样需要运用一定的方法,通常称为模型法。模型法的界定见前所述。

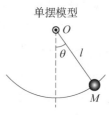

学习过程
（运用模型法）

单摆模型

图 2 - 1

① 在模型法步骤 2 中，通常采用求同法，概括出待研究的对象及核心属性；

② 在模型法步骤 3 中，通常采用差异法等确定其必要条件，如"单摆模型与绳不具有弹性有关系"。

表 2 - 2

场合	先行情况	被研究的现象
1	绳子无弹性	重物在绳牵引下围绕最低点往复运动（待研究现象出现）
2	绳子有弹性	重物在绳牵引下无固定点的往复运动（待研究现象不出现）
	重物在绳牵引下围绕最低点往复运动需要绳子没有弹性	

③ 在模型法步骤 4 中，在排除研究对象的无关属性时，主要运用排除因果联系的演绎推理。此处，要研究对象及属性与形状无关，其推理过程如下：

如果 A 和 B 存在因果联系，则 A 变化了，B 也应变化

物体形状发生改变（怀表、小砝码等），但重物围绕最低点的往复运动不变

故，重物围绕最低点往复运动与重物形状无关

（4）教学方法选择：启发式教学。

（5）教学流程。

表 2 - 3

教　学　活　动	教学活动说明
呈现情景：秋千的摆动，钟摆，（用于催眠）怀表的摆动。 师 1：这种运动有何特征。 生：物体在绳牵引下，往复摆动。	呈现包含待研究问题的生活情景，引导学生初步概括出待研究的对象 （此部分运用归纳法中的求同法形成待研究的基本属性）
师 2：研究的是哪个对象的运动？这种运动有什么特点？ 生：研究重物的运动。重物是栓结在绳的一端，绳的另一端固定。重物在绳的牵引下，在竖直平面、围绕一个最低点的往复运动	引导学生确定待研究对象的核心属性

教　学　活　动	教学活动说明
接下来研究,此种运动需要满足哪些条件。 师3:(情形1)如果绳有弹性,比如用橡皮筋悬挂重物的运动,此运动是否符合我们要研究的运动? 生:不满足,虽然物体的运动,是往复摆动,但没有围绕固定的最低点。 师:如果要出现待研究对象的性质,绳需要满足什么样的条件? 生:绳应该没有弹性。 师4:(情形2)若悬挂的物体较轻,像小纸团等,摆动时是否是我们要研究的运动? 生:不满足,往往摆动不了一个完整的往复运动。 师:泡沫球不能往复摆动的原因为何? 生:泡沫球质量较小,运动中受空气阻力影响大。 师:那么要出现待研究现象,需要空气阻力的影响小。在何种条件下,空气阻力对物体的运动影响小? 生:运动物体质量大,空气阻力影响较小。 师5:(情形3)如果一个很粗的绳,悬挂一个较轻小球,摆动时是否是我们要研究的运动? 生:绳受阻力和重力,其运动对小球摆动影响可能很大,小球摆动规律性可能不明显。 概括:待研究的运动,需要绳不具弹性且重物质量要大(或重物质量远大于绳的质量)	引导学生分析核心属性产生需要的条件,即分析主要因素 (师生3之间信息的传递符合该结论获得逻辑结构的要求,如上表2-2所示。师生4、5间信息的传递结构与表2-2本质相同)
师6:悬挂重物的形状,比如绳下用怀表、砝码、或者小钢球等,对我们需要研究的运动有影响吗? 生:影响不大。不论挂砝码还是小钢球,其围绕最低点往复运动的形式变化不大。 师7:悬挂的重物,是什么材质的,对需要研究的运动有影响吗? 生:应该影响不大。 概括:所以,只要是重物,形状、材质对研究对象来说是次要因素	引导学生分析核心属性的次要因素 (师生6之间的互动符合排除因果联系的逻辑推理的结构。)
师8:依据前面的分析,我们可以抽象出什么样的物理模型? 生:不计质量的轻绳,一端固定,另一端悬挂重物; 绳不具有弹性; 重物在此绳牵引下,在竖直平面,围绕固定最低点做往复运动; 此种运动形式,即为单摆	根据以上分析出:待研究的运动;影响待研究运动的主要和次要因素;引导学生概括出待研究的物理模型

(二) 控制变量法及其在教学中的应用

【界定】参见第一章第四节"一、实验归纳途径解决科学问题中的策略"

【案例2-3】

(1) 教学内容:滑动摩擦力大小影响因素之"规划方案"环节。

(2) 教学任务分析。

经过猜测环节,滑动摩擦力大小可能与正压力大小、接触面粗糙程度、接触面大小有关。

接下来,在"规划方案"环节,可运用控制变量法来规划研究方案。规划如下:

表2-4

第一组研究滑动摩擦力大小与正压力大小是否有关	此组实验中,保证其他条件不变,只改变正压力大小,测量滑动摩擦力大小是否改变

第二组研究滑动摩擦力大小与粗糙程度是否有关	此组实验中,保证其他条件不变,只改变接触面粗糙程度,测量滑动摩擦力大小是否改变
第三组研究滑动摩擦力大小与接触面大小是否有关	此组实验中,保证其他条件不变,只改变接触面大小,测量滑动摩擦力大小是否改变

（3）教学方法选择：启发式教学。

（4）教学流程。

表 2 - 5

教 学 活 动	教学活动说明
师:我们前面分析可知,滑动摩擦力大小,可能与接触面粗糙程度、压力大小、接触面大小有关? 那么我们能不能通过实验同时研究滑动摩擦力与这三个因素的关系呢? 生:不能	引导学生的思考方向,进入规划方案环节
师:那么对于这种涉及多因素关系的问题,我们应如何进行研究呢? 生:可用控制变量法 师:控制变量法在运用时,有什么要求呢? 生1:要分别研究被研究现象与每一个因素间的关系。 生2:研究时,要保证只有一种因素发生变化,其他因素保持不变	引导学生回忆控制变量法的基本操作步骤
师:那么应如何研究滑动摩擦力大小与接触面粗糙程度、压力大小、接触面大小是否有关呢? 生1:应分别研究: (1)滑动摩擦力与压力大小是否有关; (2)滑动摩擦力与接触面粗糙程度是否有关; (3)滑动摩擦力与接触面大小是否有关。 生2: 在研究(1)时,应保证实验中仅压力大小发生变化,而其他条件不变; 在研究(2)时,应保证实验中仅接触面粗糙程度发生变化,其他条件不变; 在研究(3)时,应保证实验中仅接触面大小发生变化,其他条件不变	引导学生根据控制变量法,完成方案规划
师:能不能用表格将实验方案清晰化? 生: 	研究问题	实验次数	压力大小	滑动摩擦力大小	不变条件
---	---	---	---	---
滑动摩擦力与压力大小是否有关	1			
	2 ……			| | 研究问题	实验次数	粗糙程度	滑动摩擦力大小	不变条件
---	---	---	---	---
滑动摩擦力与接触面粗糙程度是否有关	1			
	2 ……			| | 研究问题	实验次数	接触面大小	滑动摩擦力大小	不变条件
---	---	---	---	---
滑动摩擦力与接触面大小是否有关	1			
	2 ……					引导学生将规划好的方案以列表的形式呈现

(三) 设计实验方法及其在教学中的应用

在"设计实验环节",可运用设计实验通用策略,其中在确定研究物理过程和状态时,有时需要运用等效替代法;在确定物理量的测量原理时,有时需要运用转换法。

【界定】

设计实验通用策略、转化法、等效替代法等界定以及案例参见第一章第四节"设计实验"环节的策略分析。

【案例 2 - 4】

(1) 教学内容:动能概念之"设计实验"环节。

(2) 教学任务分析:参见表 1 - 25 中分析。

(3) 教学方法选择:启发式教学。

(4) 教学流程。

表 2 - 6

教 学 活 动	教学活动说明	
师:前面我们规划了实验方案,要分别研究动能与速度、质量的关系。我们先研究动能与速度的关系。请同学观察桌上的实验器材,我们可以选择哪个物体作为研究对象。 生:可以用小车做对象	引导学生思考方向,确定实验目的、选择实验对象	
师:根据研究目的和规划的方案,研究中实验小车应出现何种过程和状态?需要测哪些物理量? 生1:小车应该以不同速度运动。 生2:应该测出物体速度以及对应的动能大小	引导学生确定实验中应出现的状态;确定实验中需要测量的物理量	
师:实验中小车的动能如何测量?有没有直接测量动能的装置? 生(思考):没有办法测量。 师:对于没有办法直接测量的物理量,以往的研究中我们通常采用何种方法来获得? 生:可用转换法。 师:转换法是…… 生:通过物理量间的关系,将待求量测量转换为易测物理量实现。 (学生若不能回答,教师可提示转化法或提供前期学习中运用转化法的样例) 师:那么,动能大小与哪个物理量或过程有关呢? 生(思考):能量的大小与外力对物体做功有关。 师:是不是可以通过做功的大小,来获得物体动能的大小呢? 生:外力对静止小车做功,小车直线运动,获得动能。 师:你有没有方案来实现上述实验呢? 生:……(思考) 师:请观察桌上,还有些什么可用的材料? 生:多根橡皮筋。 师:用橡皮筋,能不能实现前面讨论的对小车做功? 生:用橡皮筋固定小车一端,移动小车将橡皮筋拉伸一定长度,放手后,橡皮筋对小车做功	确定动能的测量原理(引导学生回忆转换法,以及遵循转换法寻找出可用于转换的物理规律)	引导学生确定物理量的测量原理

教　学　活　动	教学活动说明
师：前面解决了实验中动能如何测量。本实验研究动能与速度的关系，那么物体速度如何测量？ 生：根据提供的实验装置，可用打点计时器测量。 师：测量何时物体运动的速度呢？ 生：当橡皮筋弹出物体后，物体具有动能，当物体不受橡皮筋弹力作用后，在光滑木板上的一段时间内运动接近匀速直线运动，这样打点计时器打出的纸带将有一段显示匀速运动，测量匀速运动的距离以及对应的时间，用 $v=s/t$ 计算可得	确定速度的测量原理
师：如何实现做功大小的变化呢？ 生：用多根橡皮筋拉，一条橡皮筋弹出小车（E_k）、两条橡皮筋弹出小车（$2E_k$）…… 师：实验中需要注意什么？ 生：应保证橡皮筋材质和弹性基本相同，拉动的距离一样	引导学生确定实验中变化条件的实现方式
师：上面我们讨论了实验的对象、相应物理量的测量，请同学们完成实验装置的选择和组合	引导学生完成实验装置的组合

（四）整理数据方法——图像法及教学中的应用

在"整理数据"环节，可运用图像法完成。

【界定】参见【案例 1-3】(8)—(10)

【案例 2-5】

（1）教学内容

牛顿第二定律之"整理数据"环节。

（2）教学任务分析

在牛顿第二定律执行实验获得数据后，需要运用一定方法整理数据，常用的方法有列表法、图像法等。本例运用图像法整理数据。

（3）教学方法选择

启发式教学。教师引导学生经历图像法的步骤，完成数据处理。

（4）教学流程

表 2-7

教　学　活　动	教学活动说明
我们已经完成实验，并记录好必要的数据。接下来，我们需要对数据进行处理，来建立加速度和物体受力、以及质量之间的关系。 师：请回忆在数学学习中，两个量之间存在的最基本的关系有哪些？ 生：基本正比关系、反比关系、二次方关系等。 师：那么如何判断两个量是否存在正比，反比关系呢？ 生1：对于有限的数据，可以用比例的方法来判断，如果 $\frac{x_1}{x_2}=\frac{y_1}{y_2}$、$\frac{x_1}{x_3}=\frac{y_1}{y_3}$、$\frac{x_2}{x_3}=\frac{y_2}{y_3}$……，则是正比例关系；	引导学生说出判定物理量间关系的依据

教　学　活　动	教学活动说明
生2：也可从图象，如果是正比例关系 $y = kx$，图象是过原点的一条直线；如果是反比例关系 $xy = k$，则图象是一条双曲线	
师：那么研究物理量的关系是否可以通过作出两者的图像来研究？ 生：应该可以。 师：根据数学函数的图像，如果研究加速度和受力的关系，图像法应该如何来做？ 生：以加速度和受力为变量建立直角坐标系；选择适当的标度，建立坐标轴；标出每次实验在坐标中的对应点；连接各点。 师：如果描出的点倾向于过原点的直线，说明两者成什么关系？ 生：成正比。 师：如果描出点比较明显的偏离直线，是曲线，那能否根据形状来判断两者关系？ 生：有些困难，如果是曲线的话，很难判断曲线到底符合何种关系。 师：那么如何处理呢？ 生：……（思考） 师：从图像上判定物理量间的关系，能够做出相对准确判断的还是直线，那能不能通过某种变化来将图像中可能的曲线关系转化为直线呢？ 生：……（思考） 师：如果是反比例关系，满足 $xy = k$，那么将等式变形为 $y = k\dfrac{1}{x}$，则 y 与 $\dfrac{1}{x}$ 满足什么关系？其图像呢？ 生：满足正比关系。$y - \dfrac{1}{x}$ 的图像就是过原点的直线。 师：也就是说，如果 $y - \dfrac{1}{x}$ 的图像就是过原点的直线，我们就可以判断 x 与 y 成反比。 所以，图像为曲线时，我们可以通过自变量的某些变化，将其转化为因变量与相应自变量某种变化的线性关系，来判断因变量与自变量的关系	引导学生形成运用图像法整理数据的方法
师：请同学陈述一下图像法整理数据的做法。 生：…… 教师补充（如前界定） 师：下面，请一位同学在黑板上作图，其他同学在下面完成……	引导学生遵循图像法的步骤完成数据的整理

（备注：如果图像法整理数据的方法，学生已学习并有一定整理数据的经验，教学中可引导学生概述图像整理数据的步骤及注意要点后，再要求学生遵循图像法完成数据整理）

表 2-8

教　学　活　动	教学活动说明
师：请同学们画出加速度 a 与物体受力 F 的图像，观察是怎样的图像？ 生：一条过原点的直线。（引导学生识别小前提） 师：那么加速度 a 与物体受力 F 之间是什么关系？ 生：加速度 a 与物体受力 F 成正比（得出结论） 师：为什么呢？ 生：若是正比例函数，则图像为过原点的直线（让已完成演绎推理的学生说出大前提）	引导学生通过演绎推理的方式得出结论

（五）闭合电路欧姆定律理论分析途径的教学

由【案例 2-1】所述，闭合电路欧姆定律可遵循理论分析途径完成。在教学任务分析"清序列"完成后,如"确定问题解决策略"部分的分析,既分析出解决该问题遵循的弱方法解决过程,同时也是提供了一种启发式教学的过程,下划线部分为教师提问,无下划线的为学生的回答。教师通过遵循相应策略的指引,形成问题串,帮助学生逐步搜索出解决该问题所需技能。

而"确定问题解决过程"环节的分析,实际上提供了传授式教学的过程。

第二节 教学设计说明及样例

一、教学设计说明

（一）关于教学任务分析的说明

如前"物理观念实质"部分所述,物理概念和规律图式是个体关于这部分知识结构化的表征方式,其包含基本图式(即学生应该学习的内容)以及经过后续物理课程学习所形成的内容更丰富的演化后的图式。

对于非核心概念,通常写出基本图式,以及此概念与其他物理概念和规律的关系。

对于核心概念,除了写出基本图式,还可以简明扼要地写出其适用于理论的那个物理层次的问题及其对整体物理体系的价值等。反映出教师对所教授概念和规律的整体认知。

1. 写图式

对于不具量化的特征属性类物理概念,可从物理意义、内容、物理性质(特征属性)、符号、典型实例等几方面认识。

表 2–9 "杠杆"概念图式

物理意义	简单机械的一种(帮助人完成肢体难以完成的工作)
内容	一根硬棒,在力的作用下绕固定点转动,这根硬棒称为杠杆
物理性质	一根棒、不形变、绕固定点转动、有使棒顺时针转动的力、有使棒逆时针转动的力
符号或模型	
典型实例	起子开启瓶盖、镊子夹起物体、剪刀剪东西
与其他物理概念间的关系	定滑轮本质上是等臂杠杆,动滑轮本质上是动力臂为阻力臂两倍的杠杆等

对于具有定量性质的物理概念——物理量,可从物理意义、定义、物理性质、数学表达式、单位、量的性质、与其他物理概念间的关系、物理体系中的价值等方面认识。

表 2－10 "安培力"概念图式

物理意义			描述通电导线在磁场中受力的性质
定义			通电导线在磁场中受到的力
物理性质	大小	定性	安培力与磁感应强度、电流强度、导线长度有关
		定量	安培力与磁感应强度、电流强度、导线长度成正比
	方向	定性	安培力的方向与磁感应强度方向、电流方向有关
		存在关系	电流方向、磁感应强度方向、安培力方向满足左手定则
数学表达式(大小)			$F = BIL$(三者垂直时),$F = BIL\sin\theta$(B 与 I 的夹角为 θ)
方向关系的表示			左手定则
单位			牛顿(N)
量的性质			矢量,大小和方向如上
状态量/过程量			状态量
与其他物理概念间的关系			安培力是洛伦兹力的宏观表现
物理体系中的价值			安培力指出了电与磁的相互联系,使电磁学的发展向前跨越了一大步。正如库仑定律是静电场的基本规律一样,安培定律是恒定磁场的基本规律。国际单位制中,除长度、质量、时间外的第四个基本量是电流,其单位定为安培,这一基本单位的定义和绝对测量,正是以安培定律为依据的

物理规律是物理现象、过程在一定条件下发生、发展和变化的必然趋势及其本质联系的反映。物理规律通常分为物理定律、物理定理、物理原理等。

对物理规律的学习,可从内容、物理意义、物理性质、数学表达式、适用条件、典型实例等几方面认识。

表 2－11 "动量定理"规律图式

物理意义		描述物体或物体系受外力作用一段时间积累产生效果的规律
内容		物体在一个过程始末的动量变化等于它在这个过程中所受力的冲量
物理性质	物理对象及过程	物体或物体系统;受外力;运动一段时间;物体动量及变化;(在一段时间外力作用物体上的)冲量
	存在规律(定性或定量)	不同时刻,物体或物体系动量变化,动量的变化量等于物体所受冲量
数学表达式		$mv_2 - mv_1 = Ft$
定律适用条件		普遍适用
典型实例		易碎品的柔软包装、船舷和码头上挂上一排旧轮胎减小碰撞、火箭的运行等

与其他物理概念间的关系	从牛顿运动定理和运动学规律可导出动量定理;从惯性和动量概念,可导出牛顿运动定理
物理体系中的价值	动量定理是动力学普遍定理之一。由动量定理可得出动量守恒定律,该定律揭示了通过物体的相互作用,机械运动发生转移的规律,是自然界的普遍规律

2. 定内容

根据图式以及教学实际,写出本节课主要的教学结论。

3. 析途径

对应写出每一个结论获得的学习途径。

对于实验途径,因为在教学中,常常会遇到多个教学结论都是通过实验获得的情况,由于时间所限,不可能都让学生经历从"提出问题"到"获得结论"完整过程,可选择其中一个教学结论,学生比较完整地经历"提出问题、假设猜测、规划方案、设计实验、获得数据、(处理数据)得出结论"等全过程环节,对应此结论,学习途径可标注为:实验探究途径。其余教学结论学习途径标注为:实验途径——求同、差异或共变法。意味着教学中,学习者非完整经历"提出问题、假设猜测……"等子环节,主要由教师呈现获得结论所需的实验,完成实验(即演示实验),并引导学生识别有效信息,遵循相应归纳法获得结论。

对于标注为"实验探究途径"的,应在此处附上本教学中选定的实验装置。

对于理论分析＋实验验证学习途径,应在此处附上验证实验装置。

4. 清序列

对于学习途径标注为"实验途径——求同、差异或共变法"的教学结论,应在此处附上本教学中选定的实验装置,并写出演示实验、实验现象;写出从实验现象到结论获得的逻辑过程或逻辑链。

对于学习途径标注为"实验探究途径"的教学结论,写出教学结论获得的逻辑过程;写出各子环节解决子问题的解决策略分析。

对于学习途径标注为"理论分析途径"的教学结论,写出需要解决的问题;写出解决问题所需必要技能;写出遵循向后推理、向前推理等方法的解决过程。

(二) 关于教学目标撰写的说明

学习都有具体的内容,且对应有内部的学习过程和表征的变化,也会导致个体外显行为的变化,因此,对于教学后预期学习者的学习结果,教学目标的表述建议采用内部状态变化与外显行为相结合的方式,即提倡采用"描述心理状态变化的词语＋具体学习内容;对应的最基本的外显行为"的格式。对认知领域,描述心理变化的词语及所对应的最基本的外显行为如下表:

表 2 - 12

学习内容	教学目标的陈述	
	描述心理变化的词语	最基本的外显行为
物理事实性知识(含符号、物理事实等)、物理概念、物理规律、科学方法(学习物理概念和规律中所用)等	了解	能与原呈现一致的方式,复述所学知识(物理概念、规律、方法等)的内容
	理解	能用自己的语言解释所学的知识(物理概念、规律、方法等)的内容和依据,并举出自己的实例
	应用	在提示可用物理概念和规律的条件下,能正确解决物理问题(解决单一规则的问题)
	掌握	"理解"+"应用"的行为(主要对物理概念、规律学习)
物理系统化知识	了解	能与原呈现一致的方式,复述物理知识间的联系以及形成联系的关系
	理解	能用自己的语言解释物理知识间的联系以及形成联系的关系
物理复杂习题	掌握(对特定物理习题的问题图式) 理解(对解决物理习题的弱方法)	能解释一类习题的特征、解决步骤;能遵循解决此类习题强方法引导,选择解决习题所需必要技能解决。 能举例说明特定弱方法的应用步骤或场合

【案例 2 - 6】牛顿第二定律三维教学目标撰写

1. 知识与技能

根据牛顿第二定律图式结构(表 1 - 14),分别写出图式中每一子项的目标,如下:

理解牛顿第二定律:

理解牛顿第二定律的物理意义;能举例解释牛顿第二定律适用的情境。

理解牛顿第二定律的性质;能解释牛顿第二定律的物理量间的相互关系及关系成立的依据。

理解牛顿第二定律的数学表达式;能解释表达式中各符号的表示对象及相互间的运算关系。

理解牛顿第二定律的特征;能解释牛顿第二定律的特征(瞬时性、矢量性、因果性)。

理解力的单位建立;能解释力的单位建立的依据和过程。

了解牛顿第二定律的适用条件;能陈述牛顿第二定律适用的条件。

若概括些,可陈述如下:

理解牛顿第二定律;能用自己的语言解释定律的内涵及习得过程。

2. 过程与方法

在牛顿第二定律学习过程中,遵循实验归纳途径,进行科学探究,经历运用共变法做出猜测,运用控制变量法规划方案,运用设计实验通用策略设计实验,运用图像法处理数据等。

若教学中没有显性化的"方法"的教学目标,目标可表述为:

经历牛顿第二定律实验探究过程,体会共变法、控制变量法、设计实验通用策略、图像法等方法在解决各环节子问题中的应用。

若本节课拟显性化教学"处理数据的基本方法",目标可表述为:

理解物理学习中处理一定函数关系数据的一般方法。能解释运用该方法的条件和步骤,并举例说明。

3. 情感、态度与价值观

若本节课没有安排态度、情感教学的显性化目标,目标可表述为:

经历牛顿第二定律实验研究中分析论证的行为,感受严谨求实的科学态度。

本书配套的理论卷《物理学习与教学论》中已论述说明,核心素养目标与三维目标的本质并无差别。

物理观念目标的实现是建立在每一具体物理概念和规律有效学习基础之上的。因此在撰写物理观念目标时,可在知识与技能目标基础上补上一句,如:增加物质观/运动观/能量观/相互作用观等核心构成成分,即根据教学内容,写出教学所涉及到的物理观念即可。

科学思维和科学探究目标是从过程与方法目标中划分出来的。科学思维目标针对理论分析途径的学习过程,涉及模型建构、科学推理、科学论证、质疑创新等要素,实则对应运用模型法形成模型、运用证明方法(含反证法)进行科学论证、运用逆推法等方法选择解决问题所需技能、运用逻辑方法获得结论等。因此在撰写科学思维目标时,只需将过程与方法目标中涉及模型建构、推理论证的方法提取出来,并根据是否有显性化方法教学做不同陈述即可。如果无显性化的科学思维方法的教学,可在"过程与方法"目标关于模型法、论证方法等描述后补上一句,如:增加科学思维素养之科学推理要素等实现的经验。

科学探究目标针对实验探究途径的学习过程,涉及提出问题、猜想假设、设计实验、获得结论等要素,实则对应探究因果联系的归纳法、控制变量法、设计实验通用策略、图像法等方法的运用。因此在撰写科学探究目标时,只需将过程与方法目标中涉及科学探究环节的方法提取出来,并根据是否有显性化方法教学做不同陈述即可。如果无显性化科学探究方法的教学,可在"过程与方法"目标关于科学探究环节方法描述后补上一句,如:增加科学探究素养之问题、证据等要素的的实现经验。

科学态度与责任目标和情感、态度与价值观目标是同质的,陈述上可不做修改。

【案例 2-7】牛顿第二定律核心素养教学目标撰写

物理观念

根据牛顿第二定律图式结构,分别写出图式中每一子项的目标,见【案例 2-6】。

最后陈述本课例涉及的物理观念:

理解牛顿第二定律;能用自己的语言解释定律的内涵及习得过程。增加相互作用观的核心构成成分。

科学思维

经历牛顿第二定律的学习过程,体会演绎推理的运用。增加科学思维素养之科学推理要素的实现经验。

科学探究

经历牛顿第二定律实验探究过程,体会共变法、控制变量法、设计实验通用策略、图像法等方法在解决各环节子问题中的应用。增加科学探究素养之问题、证据、解释等要素的实现经验。

科学态度与责任

若本节课没有安排态度、情感教学的显性化目标,目标可表述为:

经历牛顿第二定律实验研究中分析论证的行为,感受理性、严谨、求实的科学态度。

(三) 关于教学规划说明

1. 教学重难点

重点:本节课的物理概念和规律。

难点:教学任务分析揭示出学生在学习中需要具备的必要技能以及解决问题所需策略,对于学生掌握情况不佳的必要技能,或不具备问题解决的策略,常常构成学习的难点,通常也就是教学难点。

实验探究学习途径中,由实验现象所提供的信息到获得最后的结论,需要经过多个逻辑过程,构成逻辑关系链。如第三章中"牛顿第三定律"教学设计教学难点1,以及"楞次定律"教学设计教学难点1所述。对于这样的教学难点,教师如果能分析出其中的逻辑关系链,教学就可以做到有序呈现一组信息,得出一个子结论,依次获得最后结论。

实验探究学习途径中,由实验现象所提供的信息获得相应子结论,需要经过问题解决的过程。教师应分析出解决问题所需的策略,教学中就可遵循策略,引导学生选择解决问题所需技能,从而解决问题获得结论。

如在设计实验子环节中,物理量测量原理,学生可能不具备,或者测量仪器操作技术未很好掌握,构成难点。

理论分析途径中,所需技能以及论证等方法学习者未掌握,构成难点,如"太阳与行星间的引力"教学设计教学难点。

2. 教学方法

教学任务分析已给出各环节子问题解决所用的方法,此处可简要梳理各子环节所用方法。若不做说明,表明本课例教学都采用启发式教学。

3. 教学结构

对于多教学结论的课例,先写出学习层级图。(层级图标出教学结论以及习得的途径)

【案例2-8】牛顿第三定律学习层级图

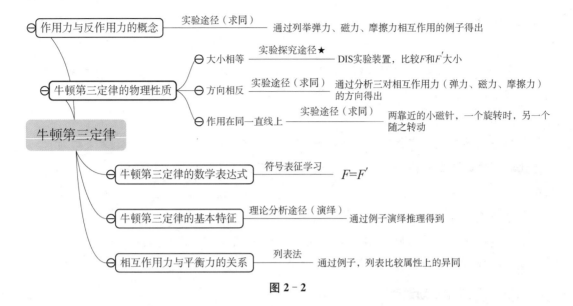

图 2 - 2

对于需要学生经历实验探究全过程的教学结论,建议写出流程图。

【案例 2 - 9】 牛顿第三定律中"相互作用力为等大"教学流程图

提出问题	·呈现前一部分作用力、反作用力学习中的实例(生活经验概括) ·【教学】教师引导学生从上述实例中,识别出作用力(或反作用力)有大小,提出研究的问题:相互作用力大小有何关系?
假设猜测	·呈现演示实验:两块海绵相互作用、鸡蛋碰石头等 ·【教学】教师引导学生运用求同法猜测:两力可能相等;由"鸡蛋碰石头"猜测:两力可能不同
规划方案	·如何研究作用力、反作用力是否相等? ·【教学】教师引导学生遵循求同法思路,提出方案:改变作用形式等多个场合,观察作用力和反作用力大小以及之间关系
设计实验	·呈现实验仪器,DIS力传感器、电脑、通用软件等 ·【教学】教师引导学生遵循设计实验通用策略,完成实验装置的组合
获得数据	·执行实验 ·【教学】教师引导学生由实验装置确定实验步骤,并进行实验获得数据,以图像形式呈现(图像法)
形成结论	·呈现实验数据 ·【教师】教师引导学生遵循求同法获得结论

图 2 - 3

(四) 关于"其他教学方案评析"说明

1. 教学途径与方法的选择

若前期课例采用实验探究,此处可采用理论分析+验证途径,或反之。

对某个结论(因为默认采用的启发式),此处可采用探究式等。

2. 其他实验方案

要获得某教学结论,可采用的其他实验方案。此处应写出如果采用此方案,学生需要具备的必要技能以及解决问题的策略。

二、"牛顿第二定律"教学设计样例

(一) 教学任务分析

1. 写图式

参见图 1 - 14。

2. 定内容

根据图式,本节课主要学习牛顿第二定律的物理性质、牛顿第二定律的数学表达式等。

需要学生建立新结论:

在质量相同时,物体速度变化快慢(加速度)与物体所受合力成正比;

在受力相同时,物体速度变化快慢(加速度)与物体质量成反比。

3. 析途径

本节课内容学习的途径:实验探究途径。实验方案如下:

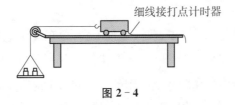

细线接打点计时器

图 2 - 4

4. 清序列

(1) 写出主要结论和建立的逻辑过程。

以"加速度大小跟它受到的作用力成正比"为例,通过演绎推理获得,如下:

如果是正比例函数,则其图象为通过原点的一条直线 (大前提)

加速度 a 与物体受力 F 的图象为一条通过原点的直线 (小前提)

所以,加速度 a 与物体受力 F 成正比 (结论)

(2) 获得结论的途径与子环节分析。

如前演绎推理中的小前提是通过实验研究获得,也就是说学生学习经历遵循实验探究途径,需要经历提出问题、假设猜测、规划方案、设计实验、执行实验获得数据、整理数据获得结论、验证等环节。

【提出问题环节】

本节课要研究:物体加速度与受力、质量间的定量关系。

针对该研究内容,由于学生具有有关速度变化较丰富的经历,因此教师可以呈现速度变化的一些场合,引导学生观察、识别加速度是不同的。由此引导学生概括出本节课要研究的问题：加速度与哪些因素有关？有何种关系？

事例 1："师：舰载机降落时，从每小时近 300 千米的速度，在拦阻索的帮助下，在航母甲板上 100 米左右降为零。而飞机以同样的速度在陆地上降落，滑行距离大约需要 500 米。在以上两种情况下，飞机都是从降落速度减为零，那么飞机运动除了滑行距离以及滑行时间外，还有那个物理量有不同？"

生：两次运动物体速度变化量接近，但舰载机速度变化时间少，舰载机降落在航母甲板上需要的加速度要大。飞机在陆地上降落时加速度较舰载机降落时小。

师：那么物体运动的加速度与哪些因素有关？会满足何种规律呢？这就是本节课需要讨论的问题。

事例 2：

师：体育课上，王明将球水平传给李海，球在李海接到前落地了；

为了将球能传到李海手中，王明增加了出手时的速度，这次李海顺利接到了。

两次情况中，篮球的出手速度不同，篮球在出手过程中，后一次速度变化大，且时间相对较短，因此，后一次篮球获得的加速度较大。

我们观察到同一物体运动，在不同条件下其加速度可以取不同的值，那么加速度可能与哪些因素有关？又会有何关系呢？这就是本节课我们需要讨论的问题。

事例 3：

师：同学骑着共享单车，快到停车点时，握紧手刹，单车缓缓地停了下来；如果在骑行中，突遇一只猫从车前穿出，你需要紧急刹车，车很快停下了。两次过程中，车从相同的速度降为零，但用时不同。也就是单车在两次运动中的加速度不同，那么物体的加速度与那些因素有关？又何关系？这是我们本节课需要讨论的问题。

【假设与猜测环节】

本节课可以由学生从其生活经验中做出猜测出。

根据学生具有的存在加速度的生活经验，不难运用共变法猜测出：

（1）用大小不同的力踢静止于地面的足球，用的力大，足球飞出去的速度大。猜测：加速度可能与物体受力大小有关。

（2）用自己最大的力推质量不同的铅球，质量大的铅球，出手速度小。猜测：加速度可能与物体质量有关。

（3）用手接住相同速度飞过来的网球和糖果（从有速度到静止），接网球时手感受的的相互作用力大。猜测：加速度可能与受力有关。

当然学生可能会有其他一些猜测，教师可以依据归纳法的结构，对学生的猜测做出判断。

【规划方案环节】

此课例运用控制变量法规划，如下：

第一组，研究 a 与 F 的关系。保持实验装置、m 等不变，改变 F，测出 a，研究两者关系。

第二组,研究 a 与 m 的关系。保持实验装置、F 等不变,改变 m,测出 a,研究两者关系。可用列表方式呈现:

表 2 - 13

研究内容	自变量	因变量	控制变量
a 与 F 的关系	F_1	a_1	实验装置、m 等不变
	F_2	a_2	
	……	……	
a 与 m 的关系	m_1	a'_1	实验装置、F 等不变
	m_2	a'_2	
	……	……	

【设计实验环节】

待解决的问题:在给定仪器的条件下,设计一个测量运动物体的受力及其加速度的装置。

设计实验可遵循设计实验通用策略进行。

在加速度测量原理子环节,人教版教材中提供两种实验方案:

(1)直接测量:运用打点计时器测量加速度;实验仪器有一端带有定滑轮的木版、小托盘、天平、砝码、钩码、小车、细线、打点计时器、纸带等。

(2)间接测量:用转换法将加速度的测量转换为对一定时间内物体位移的测量。

本节教学中,确定加速度的测量原理、测量物体受力大小,以及由此选择测量仪器,其解决的途径、所用策略和所需技能分析如下:

表 2 - 14

(1) 确定实验目的	研究加速度与受力的关系	
(2) 确定实验中的研究对象	实验小车	
(3) 确定实验中研究物体的过程、状态	小车应受恒定外力而运动。本例采用实验小车在水平长木板上运动,悬吊物细绳经过长木板一端定滑轮沿水平方向对实验小车施加力	
(4) 确定各物理量测量的原理	测量小车所受外力、测量小车对应的加速度 受力测量:测量悬吊物的质量	
	加速度测量原理	
	途径 1(直接测量)	途径 2(间接测量)
	测量原理:$S_{n+1} - S_n = aT^2$	原理:$\dfrac{a_1}{a_2} = \dfrac{x_1}{x_2}$
	所需技能: 1. 理解 $S_{n+1} - S_n = aT^2$; 2. 会使用打点计时器	可用策略:转换法。将加速度之比的测量转化为同时间运动位移之比。 所需技能:会测量小车移动的距离

若选择直接测量，尊设计实验通用策略可按序如下完成：

表 2 – 15

(5) 选择测量各物理量的实验仪器	根据测量原理，需要获得"连续相等时间间隔的位移"，提供仪器中打点计时器能够实现。测量相等时间间隔位移需要刻度尺。测量受力可用天平测出悬吊物的质量
(6) 确定每次实验中的条件	保持质量不变，通过增减砝码，改变受力，测量相应的加速度
(7) 确定实验仪器连接方式	见"析途径"附图

许多物理概念和规律的学习，存在多种实验方案，可遵循上述分析的思路将各方案实施过程中学生经历内部过程所需的技能和策略揭示出来；分析出各途径学习过程中学生的难点，结合学生学习的现状，选择适合当前学生学习的实验途径和方案。具体分析参见下"（四）实验设计多样化分析"。

【执行实验，获得数据】环节

本环节，应该依据"规划方案"和"设计实验"的结果，遵循"实验装置组装、初始状态实现、实验过程实现、物理量测量记录、变化条件实现"等步骤依次形成实验研究相对完整的步骤。如下：

1. 把附有滑轮的光滑长木板平放在实验桌上，并使滑轮伸出桌面。

2. 打点计时器固定在长木板没有滑轮的一端，连接好电路。

3. 把一条细绳拴在小车上，细绳跨过滑轮，下边挂上小托盘。

4. 把纸带穿过打点计时器，并把它的一端固定在小车后。

5. 在小托盘中放上适当砝码，记下盘和砝码所受重力，此力即小车所匀加速运动的受力。

6. 将小车停在靠近打点计时器处，接通电源，放开小车，让小车运动，打点计时器就在纸带上打下一系列的点。

7. 取下纸带，舍掉开头比较密集的点子，在后边便于测量的地方找一个测量起始点，按每打五次点的时间作为小车运动时间的单位，即 $T = 0.1\text{s}$。在选好的开始点标明 0，在第六个点下标明 1，在第十一点下标明 2，……。两个相邻计数点距离分别为 S_1、S_2、S_3……

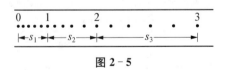

图 2 – 5

8. 根据 $S_{n+1} - S_n = aT^2$，计算出小车运动加速度。填入表中。

改变盘中砝码个数，重复 5—8。

……

【处理数据，获得结论环节】

本课例采用图像法整理数据，并运用演绎推理获得结论（如前结论获得的逻辑分析）需要学生具备大前提,即正比例函数的性质,应适当复习或在处理数据、获得结论时复习。

(二)陈述教学目标

参见【案例2-6】和【案例2-7】。

(三)教学规划

1. 教学重点

牛顿第二定律的性质、表达式、特征及适用条件。

2. 教学难点

在设计实验环节,要求学生完成,学生可能存在的学习障碍(或学习难点):

(1)学生不具备设计实验的通用策略。当教师布置"设计实验装置"任务后,学生缺乏设计实验通用策略的引导,表现为行为上的无序化;

(2)直接测量加速度的原理和技能。选择直接测量加速度时,由于打点计时器操作步骤相对较复杂,测量数据较多,计算量较大,学生未掌握;

(3)间接测量加速度。学生往往不会想到这种测量方案,即没有掌握策略——转换法。

在间接测量加速度时,根据教学任务分析,在设计实验环节,小车受力方式及测量方式在加速度一节教学中学生已接触过,教材中用黑板擦来控制小车运动的时间(如图2-6),所需经验单一,也不可能找到能有效引导的方法,无法探究,可直接给出。

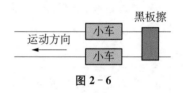

图 2-6

此外,用图像法处理数据,学生经历不多,学生可能难以遵循图像法的基本规范整理本节课的数据。

3. 教学方法选择与规划

本课例中实验探究途径各子环节策略概述:

表 2-16

提出问题	假设猜测	规划方案	设计实验	获得结论		验证
				整理数据	获得结论	
生活经验概括	共变法	控制变量法	设计实验通用策略 间接测量:转换法	图像法	演绎推理	/

本节课拟(1)设计实验环节设计为探究式教学;(2)处理数据环节设计为启发式教学;(3)并显性化学习"处理数据方法",教学采用启发式教学。其他环节可依据教学实际选择。

(1)"设计实验"环节设计为探究式教学。

探究式教学:教师提供问题情景,由学生自己遵循相应方法(或者说策略)的结构,选择解决问题所需技能并解决相应问题。

学生问题解决中遇到的障碍主要有两种:其一,学生没有提取出必要的前提技能;其二,学生没有思路或策略。当学生遭遇困难时,如果教师直接呈现给学生解决问题所需的知识和技能,学生的思维活动将不会有搜索和选择过程,也就不是探究了。当学生解决问题遇到困难时,如果缺少的是必要技能,教师不应直接呈现,可以引导学生回忆以往学习经验来获得;当学生没有思路时,教师可通过提示解决此问题所需的策略来引导学生解决,即教师的工作应保证问题最终的解决依然依赖于学习者通过自己的思维活动来完成,体现出学习者一定的"探究"性。

目前一种提示方式是采用教师课前准备的工作单来实现。工作单是根据前述教学任务分析对应的节点或难点做的铺垫准备,是一种文本形式的,为引导学生探究而搭建的脚手架。

针对各节点的工作单如下:

工作单一:设计实验通用策略,针对难点(1);

工作单二、三:途径1技能单,针对难点(2);

工作单四.1:途径2策略单,针对难点(3)。

工作单一

1. 本实验中的研究物体? _____ ;

2. 实验中需要测量哪些量? _____ 、_____ 、_____ ;

3.1 如果直接测量,每一个量的测量原理为何?

_____ ;_____ ;_____ ;

3.2 加速度的直接测量相对复杂,本研究主要求比值,是否有简单的方法求出比值?

(可选3.1或3.2)

4. 每一个测量方案可选用的仪器? 列出使用的基本方式。

5. 上述仪器如何组合?

工作单二

回忆或阅读课本,匀加速运动物体的加速度满足关系:

1.

2.

3.

根据本次实验器材,你认为选择哪一种测量原理比较好?

1. 回忆或阅读课本,匀变速直线运动一节测量加速度的仪器。

2. 回忆打点计时器使用安装的基本步骤。

当学生面对最初任务时表现出无序行为,可提供工作单一,帮助学生有序思考;

如果学生选填3.1而无法完成,说明学生不知测量原理,可提供工作单二;

如果学生选填3.1到4无法完成,可能是学生不会使用打点计时器,可提供工作单三;

如果学生选填3.2而无法完成,说明学生对测量加速度比值没有思路,可提供途径工作单四.1;

工作单四.1

在物理研究中当面对难以测量的物理量时,常用转换法:如果要求两个物理量之比,且测量较复杂,可通过适当的物理规律,将待求量之比转换为易测物理量之比来解决。

请思考解决:

提供策略有两种基本方式:

- 以较为明确的文字形式引导学生获得解决问题的策略,如前工作单四.1所示;

- 提供以往运用该策略解决问题的实例供学生分析类比,由学生自己领悟解决问题的策略,如下工作单四.2所示。

工作单四.2

教师交给小明一个问题,给他两根同材料、同粗细但长度不同的金属丝,一个学生电源,两个电压表,要求小明给出两金属丝电阻之比。

金属丝的电阻无法用已有仪器直接测量,经过较长时间的思考,最终解决方案是:既然要求的是两电阻比值,将两根金属丝串联接入电路,电流相等,用电压表测量两金属丝的电压,根据欧姆定律有 $\dfrac{R_1}{R_2} = \dfrac{U_1}{U_2}$

现在要测量加速度之比,你有何种思路求解?

对比两次提示，工作单四.2中学生必须从提供的材料中分析获得一种间接测量的方法——转换法，并依据该方法的引导，找出一定物理规律，将待求加速度比值转换为易测物理量之比。较工作单四.1提示，工作单四.2提示中学生的思维活动更丰富，自主性更强。

（2）"分析数据，获得结论"设计为启发式。

由前分析可知，本节教学中结论"物体加速度与受力成正比、与物体质量成反比"是运用演绎推理获得的，整理数据的方法为图像法。

启发式教学是教师遵循本环节解决子问题所应用方法的结构，引导学生获取解决问题所需知识和技能，由学生逐步解决问题。

教学过程可参见【案例2-5】。对应本环节，启发式教学中教师帮助学生识别小前提，提取大前提，由学生自己获得结论；由于所需大前提是数学中正比例函数的性质，因此教学应引导学生回顾正比例函数性质及判断依据的环节。本课题中对信息的处理采用图像法；启发式教学中应引导学生遵循图像法处理数据的基本步骤。

（3）"处理数据的基本方法"设计为启发式。

参见【案例1-3】

如上讨论，牛顿第二定律教学中，教师可以在各子环节选择不同的教学方法组合，如下▲、★(本课例选择教学方法)分别表示一种教学方法的组合，当然还可以有更多样的选择，表现出多样性的教学处理。

表 2-17

	提出问题	假设猜测	规划方案	设计实验	执行实验获得数据	处理数据获得结论
传授式	★▲	★	▲		★▲	
启发式		▲	★	▲		★
探究式				★		▲

（四）实验设计多样化分析

物理课实际教学中，选择不同的实验方案，学生需要具备的学习条件就不同，教学面貌可能就完全不同。教师应能够细致分析采用不同实验研究方案时，学生所应具备的前提知识，并依据学生的状况做出合理的方案选择。从而设计出多样化的教学方案。

1. **实验方案二**

仪器：气垫导轨、滑块、弹簧测力计、光电门、数字计时器、配重片、细绳等。

教学任务分析

可结合实验装置，遵循"设计实验"通用策略进行课例中实验设计，以"物体获得加速度与其受力的关系"实验设计为例。

表 2 – 18

设计实验 (通用策略)	确定实验目的	探究加速度与力的定量关系	
	确定实验中的研究对象	根据实验目的,研究对象为做匀变速直线运动的物体 结合已有的实验器材,选取沿气垫导轨上运动的滑块作为研究对象	
	确定实验中研究物体的状态、过程	滑块应做匀变速直线运动 滑块在一定倾角的气垫导轨斜面上下滑	已知:伽利略在自由落体研究中说明沿斜面下滑的物体做匀变速直线运动
	确定要测量的物理量;确定各物理量测量的原理	需要测量的物理量 (1) 力:小车沿斜面下滑时的受力 (2) 加速度:小车下滑时的加速度 测量受力的原理 子问题:如何测出沿斜面下滑物体的沿斜面方向的力; 测量加速度的原理 根据 $a = \dfrac{v_t - v_0}{t}$	子问题的解决: 1. 通过受力分析,在已知质量和重力条件下,计算获得。 2. 通过二力平衡,将物体下滑力测量转化为其平衡力测量。也就是有沿斜面向上的力。
	选择测量各物理量的实验仪器	(1) 力:弹簧测力计 (2) 加速度:光电门、计时器	
	确定每次实验中的条件(如物理量的变化方式)	保证同一物块,改变气垫导轨倾角	根据实验装置介绍改变力的方法:调节斜面的倾角
	确定实验仪器连接方式		可与上一步结合介绍实验装置

● 力的大小测量

子问题:滑块沿斜面下滑方向分力的测量

在牛顿第二定律学习前,学生并不掌握动力学和运动学一类习题解决方法(建立坐标系;受力分析;受力分解;沿坐标轴列方程;求解方程)。所以只能用物理习题解决的一般方法(审题、分析题、列方程、求解)、逆推法、向前推理等弱方法求解。

审题、分析题

已知,滑块在斜面上下滑,滑块有重力、受斜面的弹力等;

待求,滑块沿斜面下滑的分力。

审题、分析题后并不能直接获得解决的途径,可遵循逆推法等引导进一步思考。

("力的分解"的视角)

待求的是沿斜面下滑方向的分力,应该先确定

<u>滑块的受力</u>

滑块受几个力

受两个力，一为重力，一个是斜面的支持力（可画出示意图）

那么，要求滑块沿斜面方向的力，如何求……

可以将力进行分解

将哪个力分解……

将重力分解为沿斜面方向和垂直斜面方向

重力沿分解沿斜面方向等于……

$mg\sin\theta$

重力可以用弹簧测力计测量，气垫导轨倾斜角正弦 $\sin\theta$ 可以获得吗？

提供的仪器似乎无法获得

那么还可以用什么办法来获得滑块的下滑方向的力？

学生思考

前面测量静摩擦力时，当摩擦力无法直接测量，我们如何……

在物体平衡状态下，利用二力平衡，将摩擦力的测量转化为拉力测量

那么现在要求的是滑块沿斜面下滑方向的力，可以如何求……

将弹簧秤沿斜面向上拉住滑块，当滑块静止时，拉力等于重力沿斜面方向的分力，这样通过拉力，就能确定滑块沿斜面下滑方向分力的大小。

（"力的合成"的视角）

待求是下滑力，那么滑块受几个力……

受重力和斜面支持力。

重力、支持力作用效果是……

滑块沿斜面下滑

那么这个合力如何测量……

学生思考

前面测量静摩擦力时，当摩擦力无法直接测量，我们如何……

在物体平衡状态下，利用二力平衡，将摩擦力的测量转化为拉力的测量

那么现在要求的是滑块沿斜面下滑方向的力，可以如何求……

将弹簧秤沿斜面向上拉住滑块，当滑块静止时，拉力等于重力沿斜面方向的分力，这样通过拉力，就能确定滑块沿斜面下滑方向分力的大小。

● 加速度测量方案$\left(\text{选择测量原理} \ a = \dfrac{v_2 - v_1}{t}\right)$

选择该方案，所需必要技能见下"加速度测量的多样化"部分分析

2. 加速度测量的多样化

加速度直接测量可采用不同的测量原理，如

$$a = \frac{v_2 - v_1}{t} \cdots\cdots(1)$$

$$\Delta S = S_{n+1} - S_n = aT^2 \cdots\cdots(2)$$

$$a = \frac{v_2^2 - v_1^2}{2S} \cdots\cdots(3)$$

通过 v - t 图 $\cdots\cdots(4)$

2.1 加速度测量方案一 $\left(选择测量原理 \ a = \dfrac{v_2 - v_1}{t}\right)$

选择该方案,所需必要技能如下:

(1) 理解匀变速直线运动速度与时间的关系;能解释其基本性质以及关系形成的依据。

(2) 如果采用方案一,需要确定两个位置,测量在这两个位置的速度,因此应有测量速度的仪器,如光电门(配合数字毫秒计)。学生应理解光电门测量速度的原理,以及光电门的使用方法。

- 光电门测量速度原理:极短时间内的平均速度大小可以近似认为是该时刻的瞬时速度大小。光电门测量瞬时速度时需要配一块挡光片,初始时激光器发射的激光被传感器接收到,计时器不工作;挡光片经过时挡住激光,计时器开始计时;挡光片离开后,激光再次被传感器接收到,计时器就停止计时。通过这段时间和挡光片的尺寸就可以求出挡光片经过光电门时的瞬时速度大小,将挡光片固定在物体上则能测出物体的瞬时速度。

- 光电门使用方法:为了测定气垫导轨上滑块的加速度,滑块上安装了宽度为 3.0 cm 的遮光板。滑块在牵引力作用下匀加速先后通过两个光电门,配套的数字毫秒计记录了遮光板通过第一个光电门的时间为 $\Delta t_1 = 0.30$ s,通过第二个光电门的时间为 $\Delta t_2 = 0.10$ s,遮光板从开始遮住第一个光电门,到开始遮住第二个光电门的时间间隔为 $\Delta t = 3.0$ s。如此通过第一个光电门时速度为 $3/3 = 1$(cm/s),通过第二个光电门的速度为 $3/1 = 3$(cm/s),于是可求出加速度为 $(3-1)/3 = 2/3$(cm/s^2)。

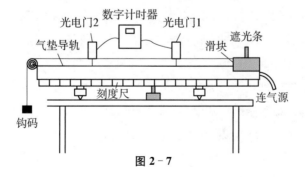

图 2 - 7

2.2 加速度测量方案二(选择测量原理 $\Delta S = S_{n+1} - S_n = aT^2$)

选择该方案,所需必要技能如下:

(1) 理解匀变速运动连续相等时间间隔位移差的关系;能解释该关系的物理性质以及关系的由来。

从任一时刻开始,在连续相等的时间间隔 T 内的位移差都相等。

数学表达式:$\Delta S = S_{n+1} - S_n = aT^2$

证明 1:如图 2-8 所示,将匀变速直线运动分成若干时间段,每段时间都为 T,设质点在每段时间内通过的位移大小分别为 S_1、S_2、S_3、…

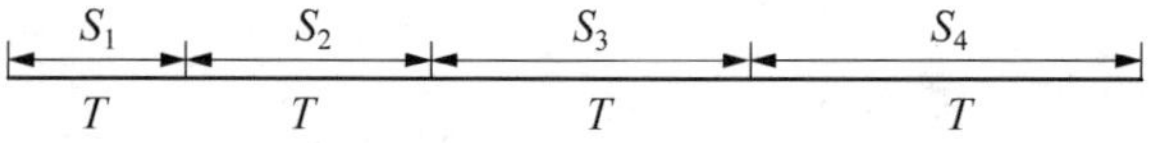

图 2-8

由位移公式可得 $S_1 = v_0 T + \dfrac{1}{2}aT^2$

$$S_2 = (v_0 + aT)T + \frac{1}{2}aT^2$$

$$S_3 = (v_0 + 2aT)T + \frac{1}{2}aT^2$$

……

得 $\Delta S = S_2 - S_1 = S_3 - S_2 = \cdots = aT^2$

(2) 理解 $\Delta S = S_{n+1} - S_n = aT^2$ 的数学表达式,能解释公式中各量的含义。

即能解释 S_{n+1}、S_n、a、T 各量的含义,a 是做匀变速直线运动物体的加速度、T 是匀变速运动相等的时间间隔,S_{n+1} 是第 $(n+1)T$ 时间段物体位移,S_n 是第 nT 时间段物体位移,且它们之间满足以上关系。

理解"匀变速直线运动相等时间间隔内位移差的关系"(性质),与理解其数学表达式是不同的。无论学习者是理解"匀变速运动连续相等时间间隔位移差的关系",还是理解其数学表达式,都可以运用这一规则计算匀变速直线运动的加速度。

(3) 如果采用方案二,则需获得匀变速直线运动物体在相等时间间隔时运动的轨迹,根据已有学习经验,可用打点计时器、频闪照相、位移传感器等方法实现。

如采用打点计时器,需要学生理解打点计时器的工作原理,以及具备使用打点计时器的技能。

● 打点计时器工作原理:

电磁打点计时器是一种使用交流电源的计时仪器,其工作电压小于 6 V,一般是 4～6 V,电源的频率是 50 Hz,它每隔 0.02 s 打一次点。即一秒打 50 个点。

● 打点计时器使用方法:

① 把长木板平放在实验桌上,并使滑轮伸出桌面。

② 把打点计时器固定在木板没有滑轮的一侧,并连好电路。

③ 把一条细绳栓在小车上,细绳跨过定滑轮,下边吊着合适的钩码。

④ 把穿过打点计时器的纸带固定在小车后面。

⑤ 使小车停在靠近打点计时器处，接通电源，放开小车，让小车运动。

⑥ 断开电源，取出纸带。

2.3 加速度测量方案三（通过 v-t 图）

选择该方案，所需必要技能如下：

（1）理解匀变速直线运动 v-t 图的意义；能解释 v-t 图表达的性质与依据。

（2）如果采用方案三，则需要测量不同时间对应的速度。比较容易想到的是：在不同位置设置光电门，测出其速度及各位置的时间。（这种解决思路在传统实验中很难实现，因为对物体经过连续不同位置的时间测量存在困难）其二，运用打点计时器的纸带，计算每点对应的速度，因每点的时间间隔相等，可获得 v-t 图。

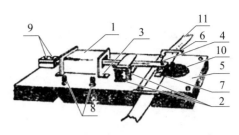

1. 线圈　2. 永久磁铁的两极　3. 振动片　4. 打点针　5. 打点基板　6. 纸带限位孔　7. 压纸框架　8. 电源输入接线柱　9. 固定螺线　10. 复写纸　11. 纸带

图 2-9

表 2-19

间隔编号	相等时间间隔位移	即时速度 $v=\dfrac{s_i+s_{i+1}}{2t}$
1	7.70	246.75
2	8.75	278.25
3	9.80	309.75
4	10.85	342.60
5	11.99	376.20
6	13.09	409.05
7	14.18	441.00
8	15.22	472.95
9	16.31	506.40
10	17.45	539.55

因此，学习者还应具备计算打点计时器纸带上各点对应的速度的技能。

（3）理解匀变速直线运动中相等时间间隔内相邻位移与两段位移交点处位置速度的关系，能解释该关系的性质以及由来。

证明：如图 2-10 所示，将匀变速直线运动分成若干时间段，每段时间都为 T，设质点在每段时间内通过的位移大小分别为 S_1、S_2、S_3、…

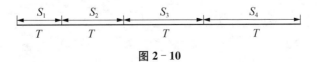

图 2-10

由位移公式可得：

$$S_1 = v_0 T + \frac{1}{2}aT^2, \ S_2 = (v_0 + aT)T + \frac{1}{2}aT^2, \ S_3 = (v_0 + 2aT)T + \frac{1}{2}aT^2, \cdots$$

得 $\dfrac{S_1 + S_2}{2T} = \dfrac{v_0 T + \frac{1}{2}aT^2 + v_0 T + \frac{3}{2}aT^2}{2T} = v_0 + aT = v_1$

$$\frac{S_2 + S_3}{2T} = \frac{v_0 T + \frac{3}{2}aT^2 + v_0 T + \frac{5}{2}aT^2}{2T} = v_0 + 2aT = v_2$$

$\cdots$

$$\frac{S_n + S_{n+1}}{2T} = \frac{v_0 T + \frac{1}{2}(2n-1)aT^2 + v_0 T + \frac{1}{2}\left[2(n+1)-1\right]aT^2}{2T} = v_0 + naT = v_n$$

（4）能运用图像法做出 v-t 图。

（5）能运用 v-t 图求出加速度。（理解 v-t 图的斜率是加速度）

2.4 传感器技术

目前因为传感器技术的发展，可以有效增加数据采集的数量，减少人工处理数据的工作量。

（1）DIS 系统。

传感器经数据采集器后可以输入计算机，从而可以利用计算机强大的数据处理功能对采集到的数据进行处理。DIS 厂家一般为了与中学物理教学相匹配，都会设计专门针对传感器使用的专用软件。软件构成人机交互的窗口。

（2）位移传感器。

利用位移传感器可以实现对不同位置速度的计算。

位移传感器由发射器和接收器组成，发射器内装有红外线和超声波发射器；接收器内装有红外线和超声波接收器。测量时，位移传感器的发射器与被测物体固定在一起，发射器按照一定的时间间隔发射超声波，同时发射相应的红外线信号。位移传感器的接收器接收到红外线信号时开始计时，接收到超声波信号时停止计时。由于红外线的传播速度为光速，近距离内传播时传播时间可忽略不计，故可认为位移传感器收到的红外线的时间等同于发射器发射红外线的时间，把位移传感器的接收器记录的时间乘以声速就得到发射器和接收器之间的距离。

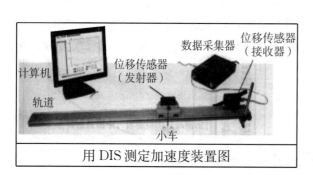

用 DIS 测定加速度装置图

图 2 - 11

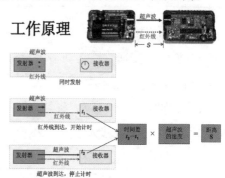

图 2 - 12

（3）所需必要技能。

显然，同样采用测量原理三（v-t 图），可采用 DIS 系统，测出一次运动的加速度。与前打点计时器实现方式相比，

① 等时间间隔位移获得。

前者通过打点计时器打出纸带，用直尺测出等时间间隔的位移值；

后者将传感器获得各相等时间（发射频率）的信息，传输到计算机中，计算机通过其强大的计算能力计算发出和接收超声的时间差，乘以声速，获得相应的位移。（无需学生直接操作等间隔位移差以及相应的计算）

学生应理解计算机屏幕上出现一组位移数据，具体对应物体运动哪个阶段。

② 相等时间间隔各交点处的速度

前者通过打点纸带，学生运用 $\dfrac{S_n + S_{n+1}}{2T} = v_n$，计算获得各位置处的速度。

后者选择 DIS 提供软件的公式计算功能，选择相应公式由计算机计算获得。

学生应理解计算机屏幕上一组速度值是如何获得的。

③ v-t 图

前者运用图像法，学生通过实际描点作图做出 v-t 图。

后者选择 DIS 提供软件的图像功能，点击"图线拟合"（选择自变量和因变量），计算机就可输出根据这组数据和自变量间的图像（经过拟合后的）。

学生应理解计算机图像是运用何种方法通过一组 v 值获得的。

④ 求出加速度

前者做出 v-t 图后，计算出斜率——物体运动的加速度。

后者选择 DIS 提供计算功能，点击计算斜率，即可获得加速度值。

学生应理解计算机中给出的加速度值是运用何种规律。

显然，运用 DIS 系统，学生应：

● 理解实验小车运动后，计算机呈现的等间隔小车位移是如何获得的；

● 理解小车等时间间隔位置处的速度是如何获得的；（这在选择计算公式时可实现）

● 理解计算机中是通过运用何种方法（此处是图像法）获得 v-t 图的；（运用的"方法"及运用的过程是隐含的）

● 理解通过 v-t 图如何求出加速度。（DIS 中通过点击求斜率实现，基本公式是隐含的）也就是说，全体学生具备上述技能或方法，才可能真正能够通过 DIS 系统来进行学习。

概括一下，以上方案实施中需要学生理解或掌握的技能或策略如下表：

	必要技能(理解测量原理)		必要技能(采用相应测量原理，测量中所需技能)
确定各物理量测量的原理；(直接测量加速度)	$a = \dfrac{v_2 - v_1}{t}$　(1)	理解匀变速直线运动速度与时间的关系；能解释其基本性质以及关系形成的依据。 或理解匀变速运动速度与时间关系的数学表达式	如果采用光电门,还应 1. 理解光电门测量速度的原理； 2. 理解光电门测量速度的使用方法
	$\Delta S = S_{n+1} - S_n = aT^2$　(2)	理解匀变速运动连续相等时间间隔位移差的关系；能解释该关系的物理性质以及关系的由来。 或理解匀变速运动连续相等 Δt 位移差关系的数学表达式	如果采用打点计时器,还应 1. 理解打点计时器工作原理； 2. 理解打点计时器使用方法
	通过 $v\text{-}t$ 图　(3)　理解匀变速直线运动 $v\text{-}t$ 图的意义；能解释 $v\text{-}t$ 图表达的性质与依据	如果采用打点计时器,还应 1. 理解匀变速直线运动中相等时间间隔内相邻位移与两段位移交点位置速度的关系；能解释该关系的性质以及由来 $\left(\dfrac{S_n + S_{n+1}}{2T} = v_n\right)$ 2. 能运用图像法做出 $v\text{-}t$ 图	若用 DIS 系统,学生还应： 1. 理解位移传感器原理； 2. 理解 DIS 接收并处理传感器信息获得数据的方法；(等时间间隔一组位移) 3. 掌握 DIS 软件"公式调用"功能,能根据研究目的选择适当的公式,通过计算机计算获得需要的物理量数据； 4. 掌握 DIS 软件"图像拟合"功能,能选择适当的自变量和因变量,通过计算机"图像拟合"功能,获得相应的物理量图像
	$a = \dfrac{v_2^2 - v_1^2}{2S}$　(4)	......	......

显然,通过教学任务分析,可以揭示出学习途径上每一子环节的子问题、解决子问题的策略,以及解决子问题需要的必要技能。因此,教师可以根据所教学生掌握必要技能和相应解决问题策略的实际情况,选择适当的方案。

本节课主要是研究物体加速度与受力、质量的关系,因此教学中应保证将学生的最佳注意力集中于研究加速度和力、质量的关系。

采用加速度测量原理一,获得加速度的原理和步骤都相对简单,在实验精度允许的范围内采用该方案,一般的学生应该都能够接受。

采用加速度测量原理二,公式 $\Delta S = S_{n+1} - S_n = aT^2$ 是由两个基本公式推出的推论公式,学生习得的程度显然低于基本公式 $a = \dfrac{v_2 - v_1}{t}$,同时还要会使用打点计时器,会对打出的纸带各点位移进行测量,代入公式求出加速度,步骤比采用原理二更复杂,对于学习程度整体相对较好的班级可以采用。

采用加速度测量原理三,需要学生理解 v-t 图,同时还需要应用推论公式 $\dfrac{S_n + S_{n+1}}{2T} = v_n$ 计算各位置的速度,需要学生能运用图像法做出 v-t 图,并根据图线求出斜率。测量原理和测量步骤较方案一更多,计算出加速度需要时间更长,若学生将较多时间和注意力花费在加速度的获得上,这可能会使学生模糊要研究的问题"加速度与受力的关系",有些本末倒置,不利于本节课教学目标的达成。如果学习程度非常好的班级(如当地最好学校的学生),思维活动较一般同学活跃,注意力集中时间长,专注度高,当然亦可采用这种方案。

采用加速度测量原理三,并选择 DIS 系统,实施中可以较有效地节省获得加速度的时间。而运用 DIS,需要学生理解 DIS 传感器工作基本原理、掌握 DIS 软件各功能。由于在使用过程中,如"初始数据的采集""由数据做出图像并拟合"等通常无需学习者直接测量,无需运用图像法做出图像,也就是说,当学生已经掌握由相应传感器获得初始数据的原理、熟练运用图像法后,这部分交给计算机软件处理,才会真正节约研究的时间。否则学生图像法还未真正习得(图像法是物理学习中整理数据的基本方法,也是学习者应该习得的基本目标),学生就不能很好地理解软件处理数据的各环节,虽然执行 DIS 步骤能很快获得加速度的值,但学生可能处于"不知其所以然"的境地。所以建议在最初的实验中,还是以学习者习得各种研究方法为主,待学生基本习得后,告诉学生这些复杂的计算、作图的工作可以交给计算机完成。比如在加速度、牛顿第二定律学习中,帮助学生学习设计实验通用策略、图像法处理数据的方法等,在研究动能定理、动量定理时,就可以用 DIS,只要在需要时点到每环节所用的方法即可。在高一的前期,多数学生尚未熟悉研究和解决相关物理问题的方法,不太适合采用这一方案。当然学习程度非常好的班级可以采用,也可作为学生课外的兴趣活动。

第三章　物理概念和规律意义学习的教学设计样例

说明：

教学是教师依据各环节策略，引导学生选择适当的必要技能解决子问题，最终习得知识的过程。教学任务分析已揭示学习过程中各环节所用的策略，如何尊策略进行教学，可参见本书第二章第一节"三、教学方法选择"中的具体教学样例，故本部分的教学设计不以详案方式呈现。

样例一："自由落体运动"教学设计

设计者：孔　云　上海市七宝中学

一、教学任务分析

(一) 写图式

1. 自由落体运动概念图式

表 3 - 1

物理意义	最基本的一种(运动规律相同)下落运动
内容	物体只受重力作用下由静止下落的运动
物理性质	从高处、由静止、下落运动、只受重力
符号或模型	初速为零的匀加速直线运动
典型实例	成熟的果实从树枝下落、悬崖上的松脱的石块竖直落下、人或物体从悬停的直升机中落下等

注：自由落体是最基本的一种下落运动形式。不同物体在只受重力作用下的运动规律相同。这一事实使清晰界定该对象特征、研究该运动规律成为可能。

2. 自由落体运动规律图式

表 3 - 2

物理意义		描述只受重力作用，由静止下落物体的运动规律
内容		自由落体是初速为零的匀变速直线运动
物理性质	物理对象及过程	物体做自由落体运动
	存在规律	运动是初速为零的匀加速直线运动
	规律建立的依据	实验中，自由落体运动的加速度是恒定值

数学表达式	$a = g \approx 9.8 \text{ m/s}^2$
定律适用条件	宏观、低速（经典物理范围）
与其他物理概念间的关系	$s = \dfrac{1}{2}gt^2$，$v = gt$

（二）定内容

1. 自由落体运动的概念

自由落体运动：物体只受重力，由静止下落的运动。

本例学习中可从落体运动研究，分析影响落体运动规律的相关因素，然后突出主要因素、排除次要或无关因素。

在概括自由落体运动本质属性的过程中，需要获得三个子结论——子结论1：物体下落快慢与重量无关；子结论2：物体下落快慢与形状（阻力）有关；子结论3：不同重量物体下落规律与阻力有关，阻力越小，下落规律越接近。

结论：不同重量物体，在只受重力作用时，由等高静止下落，其下落规律相同。

由此，将此类运动规律相同的下落运动，称为自由落体运动。

2. 自由落体运动的规律

自由落体是初速为零的匀加速直线运动。

（三）析途径

1. 自由落体运动概念的学习：实验探究途径—共变法

实验1：一个铁夹＋降落伞、三个铁夹，同时静止等高下落。

实验2：一个铁夹、三个铁夹＋降落伞，同时静止等高下落。

实验3：一个铁夹、三个铁夹＋折叠后降落伞，同时静止等高下落。

2. 自由落体运动规律的学习：实验探究途径，如图3-1。

（四）清序列

● 自由落体概念的学习

1. 各结论逻辑分析

（1）从实验1、实验2中，识别的信息不同，可获得的结论不同。

① 识别重量因素，通过演绎推理获得子结论1

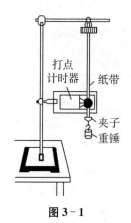

打点计时器　纸带

夹子
重锤

图 3-1

表 3-3

	先行情况		物体重量	物体下落快慢	结果
1	一个铁夹＋伞	等高静止下落	重量小	下落慢	重量大的下落快
	三个铁夹		重量大	下落快	

	先行情况		物体重量	物体下落快慢	结果
2	一个铁夹	等高静止下落	重量小	下落快	重量小的下落快
	三个铁夹＋伞		重量大	下落慢	

排除因果联系的演绎推理,推理过程如下:

$$\frac{\text{如果物体下落快慢与重量存在因果关系,则其对应关系应不变(因不变果不变)}}{\text{重的物体有时下落快,轻的物体有时下落快}}$$
$$\text{故,物体下落快慢与重量无必然关系}$$

(注:关于排除因果联系的这部分讨论,可参见本样例最后"备注"部分中归缪法论证的讨论)

② 识别形状(阻力)因素,通过共变法、求同法获得子结论 2。

表 3 - 4

	先行情况		受阻力大小	物体下落快慢	结果
1	一个铁夹＋伞	等高静止下落	受阻力大	下落慢	阻力大的下落慢
	三个铁夹		受阻力小	下落快	
2	一个铁夹	等高静止下落	受阻力小	下落快	阻力大的下落慢
	三个铁夹＋伞		受阻力大	下落慢	
不同重量的物体下落快慢与阻力有关。阻力大的下落慢。					

(2) 在实验 3 后,依据实验 2、实验 3,通过共变法获得子结论 3,即:轻、重不同的物体,在阻力较小时,下落规律相近。不同重量的物体下落,其下落规律与所受阻力有关。

表 3 - 5

	研究现象	变化条件	不变条件	变化结果
2	一个铁夹、三个铁夹带降落伞	(对两物体)阻力影响大	等高、静止、质量比相同的不同物体下落	下落快慢不同(规律不同)
3	一个铁夹、三个铁夹夹住折叠后的降落伞	(对两物体)阻力影响小		下落快慢接近相同(规律接近)
重量不同的两个物体下落快慢,与其所受阻力有关,阻力影响越小,下落规律越接近。				

(3) 由子结论 3"重量不同的两个物体下落规律,与其所受阻力有关,阻力影响越小,下落规律越接近",可推知结论 4"没有阻力时,不同重量物体下落规律相同"。

推理方法:极限推理法

其基本思维是:如果 A 和 B 有关,且有程度上的连续变化,可通过将 B 条件极端化(极大或极小),从而推测在此条件下 A 所达情形。

由于 B 条件极端化,往往在现实生活中无法实现,故有时也称为"理想实验法"。

2. 教学说明

如上分析,学生难以设计研究"物体下落规律的相关因素"实验,故此处采用演示实验,即由教师主导的实验,引导学生从实验中识别相关信息,并遵循逻辑过程,依次合理获得相关结论。

(参见"析途径"1. 中的实验 1、2、3)

● 自由落体运动规律意义的学习。

1. 自由落体运动规律形成的逻辑过程

演绎推理:

如果物体做匀加速直线运动,连续相等时间间隔的相邻位移差为恒定值

自由落体满足连续相等时间间隔的相邻位移差为恒定值
_____

自由落体运动是匀加速直线运动

由于自由落体是静止下落,故自由落体运动是初速为零的匀加速直线运动。

2. 各子环节策略分析

【提出问题环节】

本例中要研究:自由落体运动的规律为何?

【假设与猜测环节】

"猜测"环节不存在有效的方法,即只要学生遵循该方法的指引,就可比较准确地猜测出相关的影响因素。学生可能依据物体下落越来越快,猜测可能是匀加速直线运动。

【规划方案环节】

本环节需要确定如何研究"自由落体运动是否是匀加速直线运动"的方案。

方案形成是以匀变速直线运动的性质为依据,进行演绎推理。

如果物体做匀加速直线运动,连续相等时间间隔的相邻位移差为恒定值

自由落体满足连续相等时间间隔的相邻位移差为恒定值
_____

自由落体运动是匀加速直线运动

【设计实验环节】

教学中,教师提供基本的实验仪器,因此可遵循设计实验通用策略设计实验。

实验装置:重锤、打点计时器、刻度尺、纸带等

此课题中实验装置,在加速度一节教学中已有使用,故本环节教学可引导学生回忆测量加速度的实验装置及使用方法,由此得出本节需要的实验仪器和装置。

表 3 - 6

（1）确定实验目的	自由落体运动中,连续相等时间间隔的相邻两段位移差是否恒定？

(2) 确定实验中的研究对象	重锤
(3) 确定实验中研究物体的过程、状态和实现方式	重锤做自由落体运动；能出现等时间间隔的运动轨迹； 实现方式：打点计时器
(4) 确定需要测量的物理量及测量的原理	测量重锤运动相等时间间隔的相邻两段的位移
(5) 选择测量各物理量的实验仪器	重锤等时间间隔的运动轨迹——打点计时器 测量位移——刻度尺
(6) 确定每次实验中的条件（如物理量的变化方式）	用不同质量的重锤做自由落体运动，分别验证其是否满足连续相等时间间隔的相邻两段位移差恒定
(7) 确定实验仪器的连接方式	打点计时器的连接方法

【执行实验，获得数据环节】

依据实验原理和装置，确定实验步骤，形成实验表格：

表 3 - 7

计数点	连续相等时间间隔的各段位移	连续相等时间间隔的相邻两段位移差
0		
1	S_1	
2	S_2	$S_2 - S_1 =$
3	S_3	$S_3 - S_2 =$
4	S_4	$S_4 - S_3 =$

【处理数据，获得结论环节】

由 3 - 7 表中数据，尊前述"自由落体运动规律形成的逻辑过程"所讨论的演绎推理获得结论。

二、教学目标

1. 物理观念

理解自由落体运动的物理性质；能举例解释自由落体运动的基本属性。

理解自由落体运动的规律；能有依据地解释自由落体运动是初速为零的匀变速直线运动。

应用自由落体运动的规律；在需要的场合，能正确执行自由落体运动规律所含的规则，解决相应的问题。

增加运动和相互作用观的核心构成成分。

2. 科学思维

在自由落体运动概念的学习过程中，运用共变法、演绎法、极限推理法等逻辑推理方法获得结论。

如果在教学中，没有显性化的"方法"教学，科学思维目标可表述为：

经历自由落体概念的学习过程，体会探究因果联系归纳法、极限推理法等的运用。增加科学思维素养之科学推理要素实现的经验。

3. 科学探究

在自由落体运动规律的学习过程中，遵循实验归纳途径，进行科学探究，经历运用演绎法规划方案，运用设计实验通用策略设计实验等。

如果在教学中，没有显性化的"方法"教学，科学探究目标可表述为：

经历自由落体运动规律的学习过程，体会科学探究各环节中设计实验通用策略、图像法等的运用。增加科学探究素养中证据、解释等要素实现的经验。

4. 科学态度与责任

经历自由落体运动的学习过程，体会理性、实事求是的科学态度。

三、教学规划

（一）教学重难点

重点：掌握自由落体运动概念的物理性质；掌握自由落体运动规律的物理性质。

难点：

（1）在"自由落体运动概念"学习中，需要学习者转换不同的注意视角，识别相应的因素，来排除物体下落快慢与重量有关或形成物体下落快慢受阻力影响等多个结论。教师应清晰地分析出各结论获得的逻辑过程，确定各结论的相应关系以及所需识别的信息，从而在教学中有序引导学生识别一组信息，获得一个结论；识别另一组信息，获得另一个结论；体现出教学的逻辑性。

（2）在"自由落体运动规律"的学习中，选择实验探究途径，在设计实验环节中，通常学习者不熟悉设计实验的通用策略（节点一），未掌握物理量如加速度的测量原理（节点二）、未掌握打点计时器的操作技能（节点三）等。这就需要教师理解设计实验通用策略的步骤，以及物理量测量原理和仪器操作技能。在教学中，教师可以对所需必要技能进行适当复习，在设计实验环节，遵循通用策略的步骤有序引导学生的思考方向，选择相应的必要技能完成实验设计任务。

（二）教学方法：启发式教学

（三）教学结构图

1. "自由落体运动概念"教学流程图

提出问题	· 呈现各种下落运动 · 【教学】教师引导学生从上述实例中，识别出下落的快慢不同，提出问题：影响物体下落快慢或规律的因素为何？
假设猜测	· 学生根据已有的生活经验，一般可猜测："物体下落快慢与物体重量有关，物体越重，下落越快"
实验1	· 完成实验1、实验2 · 【教学】教师引导学生关注实验中物体重量等信息，从实验1获得信息"重的物体下落快"；由实验2获得信息"轻的物体下落快" 由此，教师引导学生通过演绎推理获得结论"物体下落快慢与重量无必然关系"（结构见清序列之逻辑分析）
实验2	· 【教学】教师引导学生识别两次实验中物体形状等信息，从实验1获得信息"形状大的物体，下落慢"；由实验2同样可得"形状大的物体下落慢"。由此，引导学生通过求同法获得结论"物体下落快慢与形状（也就是阻力）有关，形状越大下落越慢"
实验3	· 完成实验3 · 【教学】教师引导学生分析实验2、3中的现象，识别出信息"不同重量物体下落时，受阻力影响大，则两物体下落规律不同""受阻力影响小时，两物体下落规律接近"，由此通过共变法获得结论"不同重量的物体下落，其规律与阻力影响有关，阻力小，两物体下落规律越接近"
形成结论	· 【教学】教师引导学生遵循极限推理法，由子结论3推理获得结论4"没有阻力时，不同重量物体下落规律相同"
实验4	· 完成牛顿管实验 · 【教学】教师引导学生概括：不同重量的物体，不受阻力时，下落规律确实相同。由此，确定可学习的运动对象：满足不受阻力，只受重力，并静止开始下落的运动，即自由落体运动

图 3 - 2

2."自由落体运动规律"教学流程图

提出问题	· 【教学】在学习自由落体运动概念后，教师引导学生提出问题"自由落体运动满足何种运动规律"
假设猜测	· 学生都有经验，一般来说，物体下落越来越快 · 【教学】教师引导学生不难猜测出"自由落体运动可能是匀变速直线运动"
规划方案	· 如何研究"自由落体运动是否是匀变速直线运动"？ · 【教学】教师引导学生根据匀变速直线运动的性质，遵循演绎推理，提出方案："根据其是否满足匀变速直线运动的性质，如相邻位移差是恒量，来做出判断"
设计实验	· 呈现实验仪器、重锤、打点计时器、纸带、用于固定打点计时器的长木板等 · 【教学】教师引导学生遵循设计实验通用策略，完成实验装置的组合
获得数据	· 执行实验 · 【教学】教师引导学生由实验装置，确定实验步骤，并执行步骤获得数据
形成结论	· 呈现实验数据 · 【教师】教师引导学生遵循演绎推理获得结论

图 3 - 3

四、其他教学方案评析

（一）其他实验方案

自由落体概念学习。

子结论1：物体下落与重量无关。

子结论2：物体下落与形状（即阻力）有关。

实验方案一：同等质量的纸团和纸片从相同高度静止下落。

现象：纸团比纸片下落快

根据这一实验现象，可以得出结论1：物体下落快慢不是仅取决于物体的质量。

该结论通过如下演绎推理获得：

$$\frac{\text{如果下落速度仅取决于质量，那么质量相同的纸片和纸团同高度静止下落应同时落地}}{\text{质量相同的纸片和纸团，团成团的纸团下落较纸片快}}$$
$$\text{所以，下落不仅取决于物体的质量}$$

由实验识别形状等信息，可得子结论2：物体下落与物体形状有关。运用共变法获得：

表 3-8

场合	变化条件	不变条件	结果
1	形状（与空气接触面积小）	质量、下落高度、初速度	团成纸团下落快
2	形状（与空气接触面积大）		纸片下落慢
	所以，物体下落快慢与形状（与空气接触面积，实际为阻力）有关		

实验方案二：形状相同的纸片和金属片，从等高处静止下落；

将纸片握成纸团，将纸团和金属片从等高处静止下落。

现象：纸片下落较金属片慢；

纸团下落较金属片快。

根据上述实验现象，可以得出结论1：物体下落快慢不是取决于物体重量。该结论通过如下演绎推理获得：

$$\frac{\text{如果物体下落快慢与重力有关，则轻的物体要么都下落快，要么都下落慢}}{\text{实验中，轻的物体有时下落慢、有时下落快}}$$
$$\text{所以，下落不仅取决于物体的重量}$$

由上述实验，得出子结论2：物体下落与物体形状有关。需要经过一次归纳推理，一次演绎推理。

由"下落快慢改变""纸张形状改变""从等高处下落""静止下落"等信息获得结论"物体下落快慢与物体形状有关"，经过共变法的归纳推理，如下：

表 3 - 9

	研究现象	变化条件	不变条件
1	纸片—下落慢	形状大	等高、静止
2	纸团—下落快	形状小	
物体下落快慢与物体形状有关—即与空气阻力有关			

本实验中,并不是直接通过实验比较纸团和纸片下落的快慢,而需要通过与同一对象金属片比较获得,实际经历演绎推理过程:

$$如果 A > B, C < B, 则 A > C \qquad (大前提)$$

$$\underline{纸团下落比金属片快,纸片下落比金属片慢 \qquad (小前提)}$$

$$纸团下落比纸片快 \qquad (结论)$$

(二)教学途径和方法的选择

1. 教学途径

处理方案一(如教材所示)

教师以牛顿管实验,展现没有阻力时,重物、轻物下落规律相同。

教师指出:这种没有阻力作用的下落运动,物体下落规律是相同的,是我们需要研究的一类运动,同时从最简单的情况,即静止下落进行研究,则此类运动称为自由落体运动。

处理方案二

演示实验:物体下落规律与阻力有关,阻力越小,不同物体下落规律越接近。

表 3 - 10

场合		运动轨迹	下落快慢	不变条件
1	一枚硬币、一张纸片(等高,静止下落)	硬币(轨迹直线) 纸片(轨迹曲线)	硬币下落较纸片快	质量、下落高度、初速度
2	一枚硬币、对折纸片(等高,静止下落)	硬币(轨迹直线) 对折纸片(近直线)	硬币下落略快于对折纸片	
3	一枚硬币、团成小纸团(等高,静止下落)	硬币(轨迹直线) 纸团(轨迹直线)	两者下落轨迹近似相同	
物体下落规律与物体受到空气阻力有关,阻力越小,规律越接近				

由结论"不同物体下落规律的接近程度与所受阻力有关",得出结论:"没有阻力时,下落遵循相同规律。"(其运用的是极限推理方法,由于其实验条件无法真实实现,所以亦可称为运用理想实验法得出结论。)

随后可用牛顿管实验证实:不同物体在没有空气阻力时,下落规律相同。

在研究不受阻力的物体下落运动时,从最基本的情形—初速为零、忽略物体的不同形状

以下落的质点开始研究。（模型法）

处理方案二中首先建立"不同物体下落规律与所受阻力有关"，然后运用极限推理方法建立"无阻力，不同物体下落规律相同"，即从两者"有关"过渡到两者"有何关系"，较处理方案一中直接呈现"无阻力，下落规律相同"这种关系，更切合物理概念形成的过程，比较适合教学时采用。并且在处理方案二的学习中，学生经历共变法、极限推理法以及模型法等，也可丰富学生的思考。

2. 教学方法选择

在自由落体运动规律的学习中，设计实验环节需要学生运用设计实验通用策略等，需要运用匀变速直线运动的性质，所需策略和技能相对较多，对于学习程度较好的班级，可采用探究式教学。教师可针对重难点分析中各节点，准备相应的策略单、技能单，以便学生在设计实验过程中遇到困难时可以提供给学生，引导其完成设计实验任务。

备注：

关于"物体下落快慢与重量无关"，用下述逻辑排除其间的关系是比较勉强的：

$$如果\,A\,与\,B\,有关，则\,A\,不变，B\,亦不变$$
$$（物体下落快慢与重量存在因果关系，则其对应关系应不变）$$
$$\frac{重的物体有时下落快，轻的物体有时下落快}{故，物体下落快慢与重量无必然关系}$$

此种推理仅对只考虑"重量"一个因素（这也是绝大部分同学在没有学习这部分内容时最直接的经验：重的下落快）来说，是一种学习者可用的排除因果关系的方式，但说服力较弱。

从论证合理性角度，显然伽利略运用反证法的论证更具有说服力。（见下分析）

当然，在完成牛顿管实验后，学习者观察到：不同重量物体在没有阻力时，下落规律相同。自然会得出：物体下落快慢与重量无关。教师也比较容易解释物体下落快慢与阻力的关系。

● "物体下落快慢与重量无关"反证法论证过程

证明：物体下落快慢与重量无关

1. 反设：物体下落快慢与重量有关，重的物体下落快。

2. 归谬

2.1 根据"重的物体下落快"，重物下落速度快，轻物下落速度慢。

将两个物体连接在一起，物体较原重物更重。

根据"重物下落快"，可得"轻重不同的两个物体连在一起下落，应该比原先单一重的物体下落快"——推论一

2.2 根据"重的物体下落快"，推理获得：重物下落速度快，轻物下落速度慢。

而实际生活经验，一个速度快的物体和一个速度慢的物体连在一起按同一方向运动，速

度快的会被拖慢,速度慢的会被拖快,所以,"轻重不同的两个物体连在一起下落,应该比原先单一重的物体下落慢"——推论二。

2.3 两推论或之一不正确

由矛盾律(两个矛盾或反对的命题,至少有一假),所以推论一和推论二不正确,或其中一个不正确。

3. 结论

3.1 反设不正确

两个推论都是通过"物体下落快慢与重量有关"推论获得,两者不正确或其一不正确,则其推论的前提(也就是反设)就不正确,即论断"物体下落快慢与重量有关"不正确。

充分条件假言命题的否定后件式。

$$如果\,A,则\,B$$
$$非\,B$$
$$\overline{}$$
$$则,非\,A$$

3.2 待证命题正确

根据排中律(排中律:两个互相矛盾的命题,不可能同时为假,必有一真),反设不正确,则原论题正确。所以:"物体下落快慢与重量无关"

故物体下落与重量无关。

此论证是依据反设,推出两个相互矛盾的推论,并由此排除反设,从而肯定待证命题的路径实现。归谬法此种运用的流程图以及各步骤依据如图3-4所示。

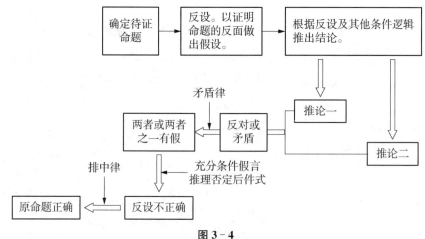

图 3-4

样例二:"牛顿第三定律"教学设计

设计者:罗凤丽　广西省南宁市第三中学

一、教学任务分析

(一)写图式

表 3-11　牛顿第三定律的图式

物理意义		指出了物体间一对作用力与反作用力的大小定量关系和方向关系
内容		两个物体间的作用力与反作用力总是大小相等、方向相反、作用在同一条直线上
物理性质	物理对象及过程	空间中的两个物体;两个物体间存在相互作用
	存在规律	两个物体间的作用力与反作用力满足大小相等、方向相反、作用在同一条直线上
	特征	相互性、同时性、同一性、异体性
数学表达式		$F = -F'$
定律适用条件		适用于惯性系中实物物体之间的相互作用
典型实例		向后划船船往前走、向后蹬地人往前跑、火箭发射等
与其他物理概念间的关系		1. 牛顿第三定律是用力的语言表达的动量守恒定律 2. 牛顿第一定律引入力的概念和阐明惯性属性,定性揭示力和运动的关系,为第二定律作了铺垫。第三定律进一步给出作用力的性质,揭示物体运动的相互制约机制。 3. 相互作用力与平衡力之间共同之处:等大、反向、共线;不同之处:前者作用对象为两个物体,后者是同一物体
物理体系中的价值		牛顿第三定律研究的是物体之间相互作用制约联系的机制,研究的对象是两个物体。多于两个以上的物体之间的相互作用,总可以区分成若干个两两相互作用的物体对,于是由仅关注单一物体(只研究一个物体)的牛顿第一定律和第二定律出发,第三定律扩展了研究对象,是解决复杂系统的动力学问题的基础

(二)定内容

根据图式,本节课主要学习作用力与反作用力的概念(命题学习),牛顿第三定律的物理性质(命题学习),牛顿第三定律的数学表达式(符号表征学习),以及牛顿第三定律的特征,相互作用力与平衡力之间的区分。

1. **作用力与反作用力的概念**

两个物体间的作用总是相互的。

一个物体对另一个物体施加了力,后一物体一定同时对前一物体也施加了力。我们把这一过程中出现的两个力分别叫做作用力和反作用力。

2. **牛顿第三定律的物理性质**

两个物体间的作用力与反作用力总是大小相等、方向相反、作用在同一条直线上。

3. **牛顿第三定律的数学表达式**:$F = -F'$

4. 作用力与反作用力相互关系的基本特征

相互性：相互依存，互以对方作为自己存在的前提。

同时性：同时产生、同时变化、同时消失。

同一性：性质相同。

异体性：分别作用在两个物体上。

5. 相互作用力和平衡力之间的关系

表 3 - 12

	一对作用力与反作用力	一对平衡力
相同点	大小相等	
	方向相反	
	作用在一条直线上	
不同点	作用在两个相互作用的物体上	作用在同一物体上
	一定是同性质的力	力的性质不一定相同
	一定同时产生，同时消失	不一定同时产生、同时消失
	力的作用效果不能抵消	力的作用效果可以相互抵消

（三）析途径

1. 作用力与反作用力概念的学习途径：实验途径——求同法

举出作用力存在的多个场合，都能找到相应的反作用力，运用求同法概括出：只要有力存在，力的作用就是相互的。

2. 牛顿第三定律物理性质的学习：实验探究途径

大小关系：实验探究途径（实验装置如图 3-5）

方向关系：实验途径——求同法

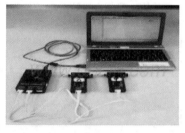

图 3 - 5

作用力与反作用力是否作用在同一条直线上：实验归纳途径——求同法

3. 牛顿第三定律数学表达式的学习：符号表征学习

在物理性质已习得的条件下，用符号对应物理性质中的物理概念，是一种最简单的学习。

4. 牛顿第三定律特征的学习途径：实验途径（简单枚举或求同法）

由实验或生活实例，通过简单枚举或求同法，抽象相互作用的特征，学生应不难理解。

5. 相互作用力和平衡力之间的关系学习：列表法

（四）清序列

1. 作用力与反作用力概念的建立：实验途径——求同法

演示实验 1：A 弹簧秤拉 B 弹簧秤。实验现象：两弹簧都伸长。

演示实验 2：启动停在木板车上的遥控车。实验现象：小车运动，木板车向相反方向运动。

演示实验3：A 小磁针靠近 B 小磁针。实验现象：两小磁针均偏转。

由以上实验及现象，获得结论："有力的场合，力的作用就是相互的"的逻辑过程如下：

表 3-13

场合	先行情况	被研究的现象
1	A 拉 B，存在作用力	B 弹簧伸长，受到测力计 A 施加的力。同时，A 弹簧也伸长，受到测力计 B 施加力。作用是相互的
2	遥控车静止到运动，存在作用力	小车由静止到运动，受到木板车对其摩擦力；同时，木板车由静止到运动，受到小车对其的摩擦力。作用是相互的
3	B 小磁针偏转，存在作用力	小磁针 B 转动，受到磁针 A 的作用力；同时，小磁针 A 转动，受到磁针 B 的作用。作用是相互的
		故，"有力"与"力的作用是相互的"有关

其中，实验2、3中需要根据运动状态改变判断物体受力，需要运用演绎推理，

如果物体发生形变或运动状态发生变化，则物体受到力的作用（大前提）
实验2中遥控车、木板车都由静止到运动；实验3中两个小磁针都转动（小前提）
故，两者都受到力的作用

相互作用的力，其中一个称为作用力，另一个就称为反作用力，反之亦可。

2. 牛顿第三定律物理性质的获得：实验探究

（1）作用力与反作用力方向之间的关系：实验途径—求同法。

表 3-14

序号	实验内容	力之间的关系（共同条件）	受力情况（共同结果）
1	水平对拉的两个弹簧	$F_{甲对乙}$ 与 $F_{乙对甲}$ 是一对相互作用力	$F_{乙对甲}$：水平向右、$F_{甲对乙}$：水平向左，两力方向相反
2	启动停在木板车上的遥控车	$f_{车对滑板}$ 与 $f_{滑板对车}$	$f_{滑板对车}$：水平向右、$f_{车对滑板}$：水平向左，两力方向相反
3	水平放置的两个条形磁铁（N 极、S 极相对）	$F_{甲对乙}$ 与 $F_{乙对甲}$ 是一对相互作用力	$F_{乙对甲}$：水平向右、$F_{甲对乙}$：水平向左，两力方向相反
		故，存在相互作用时，相互作用的两个力方向相反

（2）作用力与反作用力是否作用在同一条直线上：实验途径—求同法。

表 3-15

实验内容	变化条件	共同条件	共同结果
两个互相靠近的小磁针（N 极、S 极相对），一个静止，另一个绕着它旋转一圈	力的作用方向	始终存在相互作用	静止的小磁针也跟着旋转，N 极与 S 极始终保持在一条直线上，即相互作用力始终在同一直线上
故，存在相互作用时，作用力与反作用作用在同一条直线上

（3）作用力与反作用力大小之间的关系：实验探究途径。

结论获得的逻辑过程（求同法）：

表 3 - 16

变化条件	不变条件	结　果
力的大小、方向（推、压）的变化、力作用的形式（如物体静止、运动等）	两个力传感器始终存在作用	两个力大小始终相等 （F-t 和 F'-t 的图像关于 x 轴对称）
故，相互作用力大小相等		

● 实验归纳途径各子环节运用策略分析：

【提出问题环节】

本环节需要提出的问题是：作用力和反作用力的大小有何关系？

学生有很多有关物体间存在相互作用的生活经验，只是通常不会关注到，故此处可由教师或教师引导学生提出存在相互作用力的场合，引导学生识别：存在相互作用时，每组相互作用力的大小通常不一样。由此提出问题：作用力与反作用力的大小之间存在怎样的关系？

【假设与猜测环节】

本课例中，学生具有相互作用的生活经验，教学可提供相应生活经验或演示实验，引导学生遵循相应的逻辑（求同、共变、差异、以及演绎等）并做出猜测。

① 作用力与反作用力大小可能相等。（求同法）

演示实验：以用较大的力挤压海绵时，两块海绵都发生较大形变（即受到的力同时变大）；用较小的力挤压海绵时，两块海绵都发生较小形变（即受到的力同时变小）等为例进行猜测。

表 3 - 17

变化条件	不变条件	不变结果
用较大力互压海绵、用较小力互压海绵（相互作用大小改变）	存在相互作用	力的大小不同，两对象形变接近相同
故，相互作用力大小可能相等		

② 作用力与反作用力大小不等。

以"鸡蛋砸石头，鸡蛋碎了而石头完好"为例进行猜测："作用力与反作用力可能不等"。

【规划方案环节】

如前分析，本课例中，"作用力和反作用力相等"的结论是通过求同法获得的，而经过猜测，"作用力和反作用力可能（不）相等"。学生应不难提出：多做几组实验，观察两者是否相等（也就是遵循求同法来规划方案）。

可完成如下数据表：

表 3－18

	A 对 B 的力的大小	B 对 A 的力的大小	两者的关系
1			
2			
......			

【设计实验环节】

本环节需要设计用于研究的实验装置，参见【图 3－5】。

教学中一般都提供有相应的实验仪器，在此基础上可遵循设计实验通用策略来设计实验。

实验装置：DIS 力传感器 2 个、数据采集器、通用软件、计算机等

表 3－19

(1) 确定实验目的	研究作用力与反作用力大小之间的关系
(2) 确定实验中的研究对象	两个相互作用的力传感器
(3) 确定实验中研究物体的过程、状态	两支力传感器手柄平行，测钩互相勾住，用力向外对拉或者向内对压等各种存在相互作用的场合
(4) 需要测量的物理量以及测量原理	力传感器甲受到的力 F；力传感器乙受到的力 F'； 测量原理：传感器(材料受力形变与电压关系)。在计算机软件界面可显示 F-t 和 F'-t 图线
(5) 选择测量各物理量的实验仪器	DIS 力传感器、数据采集器、计算机、通用软件
(6) 确定每次实验的条件（如物理量的变化方式）	先对拉，再对压，运动中对压等
(7) 确定实验仪器连接方式	如图 3－5

主要技能：使用 DIS 力传感器技术。其一，传感器的连接技术；其二，传感器的测量操作技术。

【获得与处理数据环节】

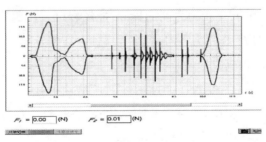

图 3－6

观察上图可得：$F-t$ 和 $F'-t$ 的图像关于 0 刻线水平时间轴对称。即两个物体间的作用力与反作用力总是大小相等。（如果未设置镜像显示，则两条线基本重合）

获得结论：求同法（表 3-16）

3. 牛顿第三定律数学表达式的建立：符号表征学习

用 F 表示作用力，F' 表示反作用力，则根据牛顿第三定律的物理性质有 $F=-F'$

4. 牛顿第三定律特征的学习：实验途径（简单枚举或求同）

可通过一对作用力、反作用力，分析获得如下特征（简单枚举）。如绳对灯的拉力、灯对绳的拉力；地铁或公交中，挤在一起的两个人之间相互作用力等。

相互性：相互依存，互以对方作为自己存在的前提

同时性：同时产生、同时变化、同时消失

同一性：性质相同

异体性：分别作用在两个物体上

5. 相互作用力与平衡力之间的关系：列表法

列表法的适用条件：当知识间存在相同的属性，但同种属性上有相同与相异点，这部分知识就适宜采用列表法来组织。

列表法的步骤：一般可以将比较的知识点列成一维，属性列一维，然后在对应的空格中填入适当内容。

实例：以吊灯实例分析一对作用力反作用力（绳对灯的拉力、灯对绳的拉力）、一对平衡力（绳对灯的拉力、灯受到的重力）进行分析比较。

（表格参见表 3-12）

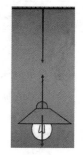

图 3-7

二、教学目标

1. 物理观念

理解作用力与反作用力；能解释作用力和反作用力的关系。

理解牛顿第三定律的性质；能解释作用力和反作用力在力的三要素方面满足的规律。

理解作用力和反作用力的相互依存关系；能解释作用力和反作用力的相互性、同一性、同时性等关系。

理解作用力与反作用力、平衡力之间的异同；能解释（区分、比较）一对作用力和反作用力与一对平衡力在作用对象、作用力方向、大小等属性存在的异同。

增加相互作用观核心构成成分。

2. 科学探究

在牛顿第三定律学习过程中，遵循实验归纳途径，进行科学探究，运用求同法等做出猜测、规划方案，运用设计实验通用策略设计实验等。

（1）如果在教学中，没有显性化的"方法"教学，科学探究目标可表述为：

经历牛顿第三定律的学习过程,体会科学探究各环节中求同法、设计实验通用策略的运用。增加科学探究素养问题、证据、解释等要素实现的经验。

（2）如果在教学中,拟将设计实验通用策略显性化教学（即教学中有教"设计实验通用策略"的环节）,则相应的教学目标可改写为:

理解设计实验通用策略。能举例解释设计实验通用策略应用的条件和相应的步骤。

3. 科学思维

在牛顿第三定律的学习过程中,运用求同法、演绎推理等逻辑推理方法获得结论。科学思维目标可表述为:经历牛顿第三定律的学习过程,体会演绎推理、求同等归纳方法的运用。增加科学思维要素实现的经验。

在平衡力、作用力与反作用力的关系学习中,运用列表法。

（1）如果在教学中,没有显性化的"方法"教学,科学思维目标可表述为:

经历平衡力、作用力与反作用力关系的学习,体会列表法的运用。

（2）如果在教学中,拟将列表法显性化教学（即教学中有教"列表法"的环节）,则相应的教学目标可改写为:

理解列表法。能举例解释列表法应用的条件和相应的步骤。

4. 科学态度与责任

经历牛顿第三定律学习过程,体会理性、实事求是的科学态度。

三、教学规划

（一）教学重难点

重点:掌握牛顿第三定律的物理性质及特征;区别平衡力与作用力和反作用力。

难点:

（1）在"力的作用是相互的"学习中,需要做多个演示实验,学生需要识别较多信息（表3-13）,且有些信息的获得还要经过演绎推理,所以教学应依次呈现每一实验的实验现象,根据物体的形变或运动特征判断其受力（演绎推理）,然后遵循求同法结构引导学生识别共同结果、共同条件,并获得结论。

（2）在"相互作用力大小相等"的设计实验环节中,需要学生具备运用 DIS 力传感器的技能。由于 DIS 设备涉及到传感器、数据采集器、计算机、运行于计算机上的通（或专）用软件,在学习牛顿第三定律时,学生可能刚刚接触 DIS 力传感器的使用,其使用规则学生不太熟悉,构成一个学习上的难点（节点一）。学习前,建议教师引导学生复习 DIS 力传感器使用的步骤。

（3）在"相互作用力大小相等"学习中,学生要使用 DIS 力传感器,因此首先需要学生识别两传感器间存在相互作用力。但两传感器间的相互作用不能根据形变现象来识别,只能通过计算机屏幕上的图像来说明,因此应该先给学生建立起传感器受力与图像间的联系。

学习前,建议教师先用手拉 DIS 力传感器,显示屏上出现一个点表示传感器受到的力的大小;再用更大的力拉 DIS 力传感器,显示屏上又出现一个对应的点。用这样的方法给学生建立起传感器受力与图像间的联系,有了这样的前提知识后,在后面对图像进行分析才有据可依。

(4) 作用力与反作用力和平衡力的关系。

因为此两个概念均涉及两个力,且都满足大小相等、方向相反、同一直线等特征,建议运用列表的方式清晰地呈现两者异同,并运用具体事例加以说明解释。

(二) 教学方法:启发式教学

(三) 教学结构图

牛顿第三定律学习层级图:参见【案例 2-7】。

"相互作用力为等大"教学流程图:参见【案例 2-8】。

四、其他教学方案评析

(一) 教学途径和方法的选择

1. 教学途径的选择

在"作用力和反作用力大小相等"关系建立时,可采用假设猜测+实验验证途径。

经过假设环节,学生猜测"作用力和反作用力大小可能相等"。

教师呈现可用于验证的实验装置,如 DIS 实验装置。

提问:假设作用力和反作用力大小相等,那么当两个力传感器相互作用(拉、压)时,通用软件采集力传感器的界面,界面上出现的图形应有何种特征?

引导学生做出理论分析:

(1) 传感器受力显示。

传感器 A 受到的拉力 F 大小,在通用软件界面上,红色实时显示,可得 F-t 图像;

传感器 B 受到的拉力 F' 大小,在通用软件界面上,蓝色实时显示,可得 F'-t 图像。

(2) 两传感器相互作用(拉、压)时受力显示。

假设两传感器受力相等,则显示图形应相对时间轴对称。

(3) 完成实验,验证假设的真实性,从而说明假设正确。

2. 教学方法的选择

对层次较好的班级,设计实验环节可采用探究式教学,此环节节点一如前教学难点(2)。如果请学生根据课堂提供的仪器设计实验,还需要学生具有设计实验的策略。如果学生尚不熟悉,会在设计实验时行为无序,此为节点二。教师可事先准备针对各节点的工作单,用于在学生遇到困难时,引导学生完成任务。

针对各节点的工作单,

工作单一:设计实验通用策略,针对节点二;

工作单二：技能单，针对节点一；

工作单一

1. 本研究的目的：＿＿＿＿＿＿＿＿＿＿；

2. 实验中需要研究的对象为：＿＿＿＿＿＿；

3. 实验中需要测量的量有：

＿＿＿＿＿＿＿＿＿＿；＿＿＿＿＿＿＿＿＿＿；

4. 待测物理量的测量原理或技术：

＿＿＿＿＿＿＿＿＿＿＿＿＿＿＿＿；

5. 测量各量的仪器为：＿＿＿＿＿＿；＿＿＿＿＿＿；

6. 上述仪器如何组合？

工作单二

DIS 力传感器使用说明

1. 力传感器与＿＿＿＿＿＿连接；

2. 数据采集器与＿＿＿＿＿＿连接；

3. 打开计算机上＿＿＿＿＿＿；

4. 力传感器受力，在计算机软件界面上呈现＿＿＿＿＿＿；

5. 力传感器使用前需要＿＿＿＿＿＿。

当学生面对最初"设计出研究力的大小关系实验装置"的任务时表现出无序行为，说明学生没有设计的基本思路，可提供工作单一，帮助学生有序思考。

如果学生选填到 3 而无法完成，说明学生对 DIS 力传感器使用步骤不熟悉，可提供工作单二给小组成员，引导学生完成任务。

（二）其他实验方案

1. 传统实验（"作用力与反作用力大小相等、方向相反"）

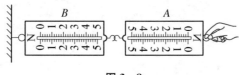

图 3-8

通过求同法，可得：

表 3 - 20

	A 与 B 间是否存在相互作用	A 对 B 的力大小	B 对 A 的力大小	两者的关系
1	存在相互作用	5 牛	5 牛	相等
2		10 牛	10 牛	
3		15 牛	15 牛	
则,"存在相互作用"与"相互作用相等"有关				

通过求同法,可得:

表 3 - 21

	A 与 B 间是否存在相互作用	A 对 B 的力方向	B 对 A 的力方向	两者的关系
1	存在相互作用	向左	向右	相反
2		向右	向左	
3		向左	向右	
则,"存在相互作用"与"相互作用力方向相反"有关				

2. 学习"作用力与反作用力是否作用在同一条直线上"实验方案(求同法)

表 3 - 22

实验内容	共同条件	变化条件	实验结果(共同结果)
两个对拉的橡皮筋	始终存在相互作用	力的作用方向	两根橡皮筋始终保持在一条直线上
故,存在相互作用时,作用力和反作用力必满足同一直线			

样例三:"太阳与行星间的引力"教学设计

设计者:郑睿雯 浙江省杭州市萧山中学

一、教学任务分析

(一) 写图式

表 3 - 23

物理意义	描述太阳与各行星间的相互作用力
内容	太阳与各行星间存在的相互作用力称为太阳与行星间的引力

物理性质	大小	定性	太阳与行星间的引力与太阳质量、行星质量有关,与行星做椭圆(部分近圆周)运动的半径有关
		定量	太阳与行星间的引力与太阳质量、行星质量成正比,与行星做椭圆(部分近圆周)运动的半径的平方成反比
	方向	定性	太阳对行星的引力方向从行星指向太阳; 行星对太阳的引力方向从太阳指向行星; 行星绕太阳做椭圆(部分近圆周)运动时,太阳与行星间引力方向不断变化
数学表达式			$F_{阳-星} \propto \dfrac{m_阳\, m_星}{r^2}$,$F_{阳-星} = G\dfrac{m_阳\, m_星}{r^2}$
单位			牛顿(N)
量的性质			矢量,大小和方向如上
状态量/过程量			状态量

(二)定内容

根据图式,本节课主要建立太阳与行星间引力的一般关系,获得结论:太阳和行星间引力为 $F_{阳-星} \propto \dfrac{m_阳\, m_星}{r^2}$,$F_{阳-星} = G\dfrac{m_阳\, m_星}{r^2}$。

(三)析途径

理论分析途径。

(四)清序列

1. 显过程

(1)确定要研究的问题。

建立太阳与行星间引力的一般关系。太阳和行星间引力 $F_{阳-星} = G\dfrac{m_阳\, m_星}{r^2}$。

(2)确定研究对象:太阳和行星间的引力。

(3)确定解决问题的过程。

问题目标:太阳和行星之间的引力(最一般的关系)

解决过程:

步骤1:将行星绕太阳的运动看作匀速圆周运动,根据匀速圆周运动的条件,有 $F_{阳\to星} = m_星\dfrac{v^2}{r}$ ……(1)

步骤2:匀速圆周运动周期和速度存在关系:$T = \dfrac{2\pi R}{v}$ ……(2)

可将(1)式中的速度用周期替代,有 $F_{阳\to星} = m_星\dfrac{4\pi^2 r}{T_星^2}$ ……(3)

步骤 3：根据开普勒定律，有 $\dfrac{r^3}{T_星^2} = k_阳 \cdots\cdots(4)$

由（3）、（4）式可得，$F_{阳\to星} = m_星 \dfrac{4\pi^2}{r^2} \cdot k_阳 \cdots\cdots(5)$

步骤 4：开普勒常数 k 与中心天体的质量的比值是一个常量，即 $\dfrac{k_阳}{m_阳} = C \cdots\cdots(6)$

由（5）、（6）式可得 $F_{阳\to星} = m_星\, m_阳 \dfrac{4\pi^2 C}{r^2} \cdots\cdots(7)$

步骤 5：（7）式中 $4\pi^2 C$ 是一个常量，令 $G = 4\pi^2 C$，则 $F_{阳\to星} = G\dfrac{m_星\, m_阳}{r^2} \cdots\cdots(8)$

步骤 6：根据牛顿第三定律，则有 $F_{星\to阳} = G\dfrac{m_星\, m_阳}{r^2} \cdots\cdots(9)$

步骤 7：由（8）、（9）式，可得 $F_{阳-星} = G\dfrac{m_星\, m_阳}{r^2}$

2. 清技能

理解行星围绕太阳运动形式（椭圆运动，但为了简化研究近似看成圆周运动）；掌握牛顿第二定律、第三定律；掌握圆周运动向心力与速度、半径的关系；掌握开普勒三大定律。

3. 析策略

分析学习者在解决该问题时，所需的必要技能以及可能运用的策略。解决问题式根据已有条件，运用一定的策略，选择必要技能的过程。

【审题】

已知：（关于天体运动的相关知识）

①行星围绕太阳的运动轨迹是椭圆（部分近似圆周运动）；②牛顿定律：牛顿第二定律、牛顿第三定律；③圆周运动向心力与速度、半径的关系；④开普勒三定律。

开普勒第三定律：以太阳为焦点的椭圆轨道运动的所有行星，其各自椭圆轨道的半长轴的立方与周期的平方之比是一个常量。若用 a 代表椭圆轨道的半长轴，T 代表公转周期，则开普勒第三定律可表示为 $\dfrac{a^3}{T^2} = k$，比值 k 为开普勒常量。

待求：太阳与行星间引力的一般形式。

确定已知待求后，并不能直接看出解决此问题的必要技能，可遵循逆推、向前推理等弱方法，进一步引导解决者的思考方向，选择解决问题所需的技能。本例中，可遵循"手段—目标法"，根据已有条件，结合待求目标，尽可能一步步接近最终的解决目标。

（1）因为行星绕太阳的运动可以近似为圆周运动（已知）

根据圆周运动的条件，可得 $F_{阳\to星} = m_星 \dfrac{v^2}{r}$。

对于将因为行星绕太阳的运动近似为圆周运动，运用了策略—模型法：行星到太阳的距离远大于太阳的半径,行星绕太阳运动轨迹是椭圆,从各行星的偏心率(如表 3 - 24 所示)来看近似为圆,因此近似为圆周运动研究。(简化—模型法)

表 3 - 24

行星	偏心率	行星	偏心率
水星	0.206	木星	0.048
金星	0.007	土星	0.056
地球	0.017	天王星	0.046
火星	0.093	海王星	0.008

必要技能:圆周运动速度与向心力的关系。

(2) 在步骤 2 中,遭遇的子问题是:速度无法精确测量。(因此该公式不能作为通式)

解决:用已知代换(解决习题常用的代换策略),找与圆周运动速度有关的物理规律。

行星运动的速度较难精确测定,而周期相对易测,两者关系有 $T = \dfrac{2\pi R}{v}$。

必要技能:圆周运动周期与速度的关系。

(3) 在步骤 3 中,代入 $T = \dfrac{2\pi R}{v}$ 后有 $F_{阳 \to 星} = m_{星} \dfrac{4\pi^2 r}{T_{星}^2}$

那么距离无限远的行星,受到的力无限大吗? 这显然是违背客观事实的。其原因为何? 可能的情况是物理量间不独立,如 r 和 T 间存在某定量关系,当 r 越大,T 变化的更大?

子问题:相关物理量不独立。(因此该公式也不能作为通式)

因为要求的是两者间引力通式,因此式中的物理量应该是相互独立的,而天体圆周运动中的周期 T 与运动半径 r 存在相依关系。

解决:用已知代换,寻找周期、半径间关系的物理规律。

开普勒第三定律总结行星运动轨道半长轴和公转周期的关系,有 $\dfrac{r^3}{T_{星}^2} = k_{阳}$。

必要技能:开普勒第三定律。

(4) 在步骤 4 中,代入 $\dfrac{r^3}{T_{星}^2} = k_{阳}$ 后有 $F_{阳 \to 星} = m_{星} \dfrac{4\pi^2}{r^2} \cdot k_{阳}$

式中的 $k_{阳}$ 只是一个常数吗? 如果只是一个数字,与太阳没有关系,那么两者间引力与源(太阳)无关,难道将太阳换成其他任何物体(例如乒乓球)也可以吗?

子问题:公式中 $k_{阳}$ 的物理意义。

解决:收集各行星、卫星的公转半长轴和周期,并计算其开普勒常量 k。

表 3 - 25

行星、卫星	中心天体	半长轴 $a / \times 10^9$ m	周期/天	$k / \mathrm{m}^3 \cdot \mathrm{s}^{-2}$
水星	太阳	57	87.97	3.363×10^{18}

行星、卫星	中心天体	半长轴 $a/\times10^9$ m	周期/天	$k/\text{m}^3\cdot\text{s}^{-2}$
金星	太阳	108	225	3.363×10^{18}
地球	太阳	149	365	3.363×10^{18}
火星	太阳	228	687	3.363×10^{18}
木星	太阳	778	4 333	3.363×10^{18}
土星	太阳	1 426	10 759	3.363×10^{18}
天王星	太阳	2 870	30 660	3.363×10^{18}
海王星	太阳	4 498	60 148	3.363×10^{18}
月球	地球	0.384 4	27.3	1.020×10^{13}
地球同步卫星	地球	0.042 4	1	1.020×10^{13}

结论 1：开普勒常量 k 与行星无关。

采用排除因果联系的演绎推理，推理过程如下：

$$\frac{\text{如果开普勒常量 }k\text{ 与行星存在因果联系，则行星变化，开普勒常量 }k\text{ 也变化}}{\text{绕太阳公转的行星发生变化，开普勒常量 }k\text{ 不变}}$$
$$\text{故，开普勒常量 }k\text{ 与行星无关}$$

结论 2：开普勒常量 k 与中心天体有关。

采用求同求异法得出结论，推理过程如下：

表 3 - 26

	行星、卫星	中心天体	开普勒常量 $k/\text{m}^3\cdot\text{s}^{-2}$
1	地球	太阳	3.363×10^{18}
2	火星	太阳	3.363×10^{18}
3	月球	地球	1.020×10^{13}
4	地球同步卫星	地球	1.020×10^{13}
		开普勒常量 k 与中心天体有关。	

此时我们已经知道开普勒常量 k 并非只是一个数字，它应该是一个与中心天体有关的物理量，不同中心天体的开普勒常量 k 不同，那么该 k 值与中心天体的关系到底为何？

子问题：开普勒常量 k 与中心天体的关系。

猜想：开普勒常量 k 可能与中心天体的质量、体积、密度等物理量有关。

表 3 - 27

中心天体	质量 m/kg	体积 V/m^3	密度 $\rho/\text{kg}\cdot\text{m}^{-3}$	开普勒常量 $k/\text{m}^3\cdot\text{s}^{-2}$
太阳	1.989×10^{30}	$\frac{4}{3}\pi\times6.96^3\times10^{24}$	1.408×10^3	3.363×10^{18}

中心天体	质量 m/kg	体积 V/m^3	密度 $\rho/\mathrm{kg \cdot m}^{-3}$	开普勒常量 $k/\mathrm{m}^3 \cdot \mathrm{s}^{-2}$
地球	5.976×10^{24}	$\frac{4}{3}\pi \times 6.378^3 \times 10^{18}$	5.508×10^3	1.020×10^{13}
月球	7.342×10^{22}	$\frac{4}{3}\pi \times 3.476^3 \times 10^{18}$	3.344×10^3	1.248×10^{11}

结论：开普勒常量 k 与中心天体的质量成正比。

发现随着中心天体质量的增加，开普勒常量变大，猜想开普勒常量是否与中心天体的质量有关。通过图像法及演绎推理获得结论，推理过程如下：

$$\frac{如果是正比例函数，则其图象为通过原点的一条直线}{开普勒常量 k 与中心天体的质量 m 的图象为一条通过原点的直线}$$
所以，开普勒常量 k 与中心天体的质量 m 成正比

（该结论同时也说明开普勒常量 k 与中心天体的体积、密度等其他物理量无关。）

至此，已知开普勒常数 k 与中心天体的质量成正比，其比值是一个常量，即 $\dfrac{k_{阳}}{m_{阳}} = C$，其中比值 C 是一个对所有天体都适用的常量。

必要技能：图像法。

（5）在步骤 5 中，代入 $\dfrac{k_{阳}}{m_{阳}} = C$ 后有 $F_{阳 \to 星} = m_{星} \, m_{阳} \dfrac{4\pi^2 C}{r^2}$

其中，$4\pi^2 C$ 是一个对所有天体都适用的常量，令 $G = 4\pi^2 C$，代入后有 $F_{阳 \to 星} = G\dfrac{m_{星} \, m_{阳}}{r^2}$ ……（1）。

（6）根据牛顿第三定律，太阳对行星的引力 $F_{阳 \to 星}$ 与行星对太阳的引力 $F_{星 \to 阳}$ 是一对相互作用力，因此大小相等，即 $F_{星 \to 阳} = G\dfrac{m_{星} \, m_{阳}}{r^2}$ ……（2）

必要技能：牛顿第二定律。

（7）结合（1）、（2）式，有 $F_{阳-星} = G\dfrac{m_{星} \, m_{阳}}{r^2}$。

分析：从以上讨论可知，本题的求解可根据已有条件，结合待求目标，尽可能一步步接近最终的解决目标，也就是选择出解决问题所需技能，采用的策略是手段—目标法。

二、教学目标

1. 物理观念

掌握太阳与行星间引力的关系；能有依据地解释太阳与行星间引力关系的由来和意义；在可以运用的场合，能执行其中的规则解决相应的问题。

增加运动和相互作用观的核心构成成分。

2. 科学思维

在理解问题时运用审题、分析题的方法；在解决问题过程中应用模型法简化研究的问题，应用手段—目标法引导解决的方向；在具体解方程时运用已知代换等具体方法。

（1）如果在教学中没有显性化的方法教学，科学思维目标可如下：

经历理论分析太阳与行星间引力关系的过程，体会理论分析解决物理问题的一般方法、简化研究问题的模型法、解方程过程中的代换方法等。增加科学思维素养中科学论证、科学思维等要素实现的经验。

（2）如果没有分析出解决过程所用的具体方法，科学思维目标如下陈述也可以：（这种笼统的目标陈述方式可以用在所有通过理论分析途径学习的教学目标中）

经历理论分析太阳与行星间引力关系的过程，体会理论分析解决物理问题的方法。

（3）如果在教学中有显性化的方法教学，比如模型法，科学思维目标可陈述如下：

理解简化研究物理问题的模型法；能举例解释模型法的适用条件和基本步骤。

3. 科学态度与责任

经历理论分析建立太阳与行星引力的过程，体会求真、理性的科学态度。

三、教学规划

（一）教学重难点

（1）教学重点：太阳与行星间引力的性质、数学表达式的学习。

（2）教学难点：本课例解决问题所需的必要技能相对较多，学生往往也不具备解决问题的策略，所以初次接触到该问题，可能会无从下手。

据前教学任务分析，学习者要解决这一问题，需要对物理规律的一般实用性特征（即成为通式要满足的条件）有初步的认识。实际情况是，学生有基本的认识，但无法清晰、准确地阐述出来。如果教师给出相应的标准，学生是可以接受、理解的。

解决这一问题需要学生具备代换这一解决问题的策略，学生都基本具有。

解决这一问题，需要学生具备已知条件中的必要技能，因为这些技能学生都是前期学习的，因此可安排一个复习阶段将上述必要技能概述一下。

解决这一问题，需要学生具有手段—目标解决问题的策略，这一策略是人类最常使用的弱方法之一（尽量缩小已知和目标间的差距），因此教师遵循该策略引导学生逐步解决问题，学生应该可以接受。

（二）教学方法：启发式教学

(三) 教学流程图

复习	·【教学】教师引导学生有序复习向心力的规律、开普勒三定律等知识
提出问题	·呈现行星运动的情形（图片或视频） ·【教学】教师指导学生观察运动特征，引导学生根据向心运动，提出问题：使行星围绕太阳运动的力有何规律？因为力的作用是相互的，也可以设问：太阳和行星间引力满足何种规律
理解问题	·【教学】教师引导学生，分析已知的条件，包括：行星围绕太阳做类圆周运动、行星做圆周运动满足开普勒三定律，以及圆周运动向心力的规律等
选择策略	·【教学】教师引导学生，遵循手段—目标法，并结合物理规律的一般实用性特征，逐步选择解决该问题所需的技能（模型法、已知代换）
求解	·【教学】教师引导学生，从列出的方程中求出太阳和行星引力满足的规律

图 3 - 9

四、其他教学方案评析

学习途径和教学方法的选择。

对层次较好的班级，可采用探究式教学，即给予学生充分的时间，自己尝试解决。有些学生阅读教材后可以很快写出，教师可逐步追问其每一步的依据，帮助其有逻辑地解决问题。

对于不能完成的学习者，可要求学生先理解问题，即分析已知、待求；如果学生分析后还没有思路完成，可提供物理规律的一般实用性特征，要求其根据已知，结合物理规律的一般实用性特征，来尝试解决。有一部分学生完成，也可能会有部分学生未完成，故教学的最后应安排一个教学环节，教师自己遵循相应策略介绍问题的解决。

样例四："电势能与电势"教学设计

设计者：吴林洪　福建省厦门第一中学

一、教学任务分析

(一) 写图式

1. 电势能的图式

表 3 - 28

物理意义	描述带电体在静电场中由于与静电场之间存在相互作用而具有的能量，可用来描述静电场力做功

内容		电荷在电场中由于受电场作用具有的与其空间位置相关的能量叫电势能
物理性质	定性	电势能与电荷在电场中的位置、零电势点、电荷所带电荷量以及电性有关
	定量	在数值上等于将带电体从电场中某一位置移动至零电势点处(无穷远处)时,电场力所做的功
定义式		带电体从电场中位置 a 移动至无穷远处,电场力所做的功,即: $W_{AO} = E_{pA} - E_{pO} = E_{场} \, ql\cos\theta$ $(V_a = W_{a\infty} = \int_a^\infty q\vec{E}\cdot\mathrm{d}\vec{l}$,对正点电荷形成的电场:$V_a = W_{a\infty} = \int_a^\infty q\vec{E}\cdot\mathrm{d}\vec{l} = k_e q$ $\dfrac{Q}{r_a} - k_e q\dfrac{Q}{r_\infty} = k_e q\dfrac{Q}{r_a}$,其中 V_a 为电势能,$\vec{E}$ 为电场强度)
符号		E_P
单位		焦耳(J)
量的性质		标量
状态量/过程量		状态量
与其他物理量的关系		与电势的关系:$E_a = q\varphi_a$
在物理体系中的价值		为以后学习电功、电动势、电磁能等奠定了基础

2. 电势的图式

表 3 - 29

物理意义		描述静电场(场源电荷)在周围空间具有的、与其他带电体相互作用时能量变化相关的属性
内容		场源电荷电场中,某点电势能与它的电荷量的比值
物理性质	定性	电势与场源电荷电量有关、与到场源电荷的距离有关
	定量	某位置的电势,在数值上等于将单位正电荷从电场中该位置移至无穷远处(或势能零点),电场力所做的功
	特性	电势具有相对性,只有确定零电势点后,才能确定电场中其他位置的电势
定义式		单位正电荷从静电场中该位置移至无穷远处(势能零点),电场力所做的功,即: $\varphi = E_p / q$ $(U_a = W_{a\infty} = \int_a^\infty \vec{E}\cdot\mathrm{d}\vec{l}$,正点电荷形成的电场:$U_a = W_{a\infty} = \int_a^\infty \vec{E}\cdot\mathrm{d}\vec{l} = k_e \dfrac{Q}{r_a} -$ $k_e\dfrac{Q}{r_\infty} = k_e\dfrac{Q}{r_a}$,其中 U_a 为电势,$\vec{E}$ 为电场强度)
符号		φ
单位		V(伏特)

量的性质	标量
状态量/过程量	状态量
与其他物理量的关系	与电势能的关系：$\varphi_a = \dfrac{E_a}{q}$ 与电势差的关系：$U_{AB} = \varphi_A - \varphi_B$ 与电场强度的关系：$\vec{E} = -\nabla U$
在物理体系中的价值	从能量的角度反映了电场本身的性质，为以后学习电功、电动势、电磁能等奠定了基础

(二) 定内容

1. 静电力做功的特点

静电力移动电荷所做的功，只与电荷的始末位置有关，与电荷的运动路径无关。

2. 电势能

(1) 定义：电荷在电场中由于受电场作用具有的与空间位置相关的能量叫做电势能；数值上等于将电荷从电场中该点移至零电势点处电场力所做的功。

表达式：$W_{AO} = E_{pA} - E_{pO} = E_{pA} = E_{场}\, ql\cos\theta$

(2) 匀强电场（或点电荷电场）中，电场力做功等于电势能增量的负值。

(3) 规定无穷远处为势能零点。正点电荷电场中，正带电体（与电场间）的电势能为正，负带电体（与电场间）的电势能为负。负点电荷电场中，正带电体（与电场间）的电势能为负，负带电体（与电场间）的电势能为正。

3. 电势

(1) 定义：电荷在电场中某点的电势能与所带电荷量的比值。

表达式：$\varphi = E_p / q$

(2) 正点电荷电场中，电势为正；负点电荷电场中，电势为负。

(3) 沿电场线方向，电势减小。

4. 等势面及其性质

(1) 定义：电场中电势相等的点构成的面。

(2) 性质：

在同一电势面上各点电势相等，所以在同一等势面上移动电荷，静电力不做功

电场线与等势面一定垂直，并且由电势高的等势面指向电势低的等势面

各等势面不相交，不相切

(三) 析途径

(1) 静电力做功的特点：理论分析途径。（演绎推理）

(2) 电势能的学习：理论分析途径。（类比法＋穷举法）

(3) 电势的学习：理论分析途径。（向前推理＋穷举法＋求同法）

（4）等势面及其性质的学习：理论分析途径。（类比法＋反证法）

（四）清序列

1. 静电力做功的特点：静电力做功与路径无关。

演绎推理：

$$\frac{\begin{array}{c}\text{如果静电力做功与路径有关，则路径不同，静电力做功大小不同}\\\text{路径不同，静电力做功大小相同}\end{array}}{\text{故，静电力做功与路径无关}}$$

"路径不同，静电力做功大小相同"子结论的获得：理论分析途径。以点电荷电场为例。

● 显过程。

研究问题：试探电荷在点电荷电场中运动，运动路径不同，静电力做功大小是否相同？

研究对象：带电体在点电荷电场中移动时，静电力做功。

解决过程：

（1）在点电荷电场中，选择两点 A、B，从 A 点到 B 点随机选择两条路径，路径 1：$A-C-B$ 和路径 2：$A-D-B$；如图 3-10 所示。

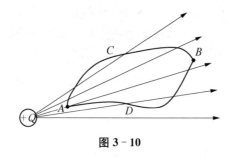

图 3-10

（2）比较路径 1：$A-C-B$ 和路径 2：$A-D-B$，静电力做功的大小；

① 带电体在该电场的运动过程中，所受的静电力大小不断发生变化，而且运动路径是曲线，为了方便计算做功大小，我们任意取其中微小的一段位移 l_i 进行分析。在这段微小的位移中，我们可以认为静电力不变，恒为 F_i。因此，静电力对带电体做功大小为：$A_{1i}＝F_i l_i \cos \alpha$。如图 3-11 所示。

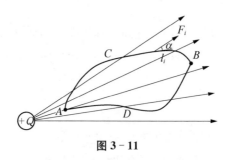

图 3-11

② 为了方便比较两个路径中静电力对带电体做功的大小，我们可以选取在静电力 F_i 相

等的情况下，比较在力的方向上移动的位移 d 的大小。根据点电荷电场的空间分布可知，我们以点电荷所在位置为圆心，以选取的研究点到圆心的距离为半径作圆弧，如图 3-12(a) 所示，两个平行的圆弧内可认为电场强度大小不变，故带电体所受的静电力的大小相等。

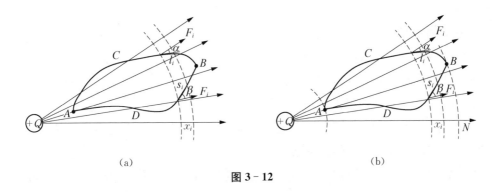

(a)   (b)

图 3-12

沿路径 1：ACB，带电体在微小位移 l_i 内做功为：$A_{1i} = F_i l_i \cos\alpha$

沿路径 2：ADB，带电体在微小位移 s_i 内做功为：$A_{2i} = F_i s_i \cos\beta$

③ 当两个圆弧之间的间隙很微小时，根据几何知识可知：$x_i = l_i \cos\alpha = s_i \cos\beta$

所以，$A_{1i} = A_{2i} = A_i = F_i x_i$

④ 带电体从 A 运动至 B，所做的总功：

沿路径 1：ACB：$A_1 = \sum_A^B A_{1i}$

沿路径 2：ADB：$A_2 = \sum_A^B A_{2i}$

所以，$A = A_1 = A_2 = \sum_N^M A_i$

如图 3-12(b)

(3) 获得结论"路径不同，静电力做功大小相同"

● 清技能

(1) 正点电荷的电场线分布，呈现辐射状向外至无限远；

(2) 静电力方向与电场强度方向的关系取决于电荷电性，正电荷的电场力方向与场强方向相同，负电荷则相反；

(3) 做功公式：力乘以质点沿力的方向上运动的位移，$A = Fl\cos\alpha$，（α 是力与位移的夹角）；

(4) 点电荷电场的场强大小 $E = k\dfrac{Q}{r^2}$，所以以点电荷为圆心的相同半径大小的同心球面场强大小相等；

(5) 电荷在静电场中的受力：$\vec{F} = \vec{E}q$；

(6) 几何知识 1：某个极微小的"圆弧"可近似为与"过该圆弧端点的径向直线"垂直的"线段"。故图 13-12(b) 中，线段 CB 段在两圆弧所夹的微元段、表示力的有向线段和圆弧虚线所围成的图形可以近似看成直角三角形。

（7）几何知识2：圆环之间的距离保持不变

（8）若两个量的各个部分数值都相等，则这两个量相等。

● 析策略

（1）确定问题的策略。

（2）确定研究对象的策略。

策略：研究问题的科学、可行的原则。

选择对象一般应遵从研究的简单、可行为标准。

确定本例中研究对象：正带电体在正点电荷电场中移动时，静电力做功。

（3）选择解决问题所需技能的策略。

问题：正带电体在正点电荷电场中运动，运动路径不同，静电力做功大小是否相同？

审题、分析题

已知：正点电荷电场、正带电体在点电荷电场中运动、运动路径不同；

待求：不同路径，点电荷电场力做功大小是否相同？

从已知待求并不能直接看出解决问题所需的必要技能，可遵循向前推理法、逆推法、手段－目标法等弱方法搜索解决问题所需技能。本例采用策略为：向前推理法、转换法。

求解过程：

如果要比较不同路径静电力做功的大小，首先应该……？

应该选出带电体运动的不同路径。可在点电荷电场中，任选择两点 A、B，从 A 点到 B 点随机选择两条路径，路径1：$A-C-B$ 和路径2：$A-D-B$；可以比较带电体在这两个路径下从 A 运动到 B 做功的大小，如图 3-10 所示。

如何求出带电体在这两个路径下从 A 运动到 B 做功的大小？

两个路径不是直线运动，且带电体受力一直在变化，所以静电力对其做功大小不易求解。

对于此类变化物理量的解决，我们以前有过什么样的解决思路？

可以用微元法，在匀变速直线运动位移与时间关系的学习中，我们通过将时间无限细分后，对各微元段位移求和，求出的和趋近 $v-t$ 图所围的面积，由此获得匀变速直线运动位移与时间关系的规律。

（关于微元法讨论，参见本段后的备注。如果此处学生无法正确回答，教师可做适当的复习讲解）

现在需要求解带电体在这两个路径下从 A 运动到 B 做功的大小，其中的力是变化，我们可以如何做？

我们任意取其中微小的一段位移 l_i 进行分析。在这段微小的位移中，我们可以认为静电力不变，恒为 F_i。因此，静电力对带电体做功大小为：$A_{1i}=F_i l_i \cos\alpha$，如图 3-11 所示。

在这种微小位移的情况下，如何比较带电体在这两个路径下做功的大小？

为了方便比较两个路径下，静电力对带电体做功的大小，我们可以选取静电力 F_i 相等的情况下,比较在力的方向上移动的位移 d 的大小。

什么情况下 F_i 相等?

场强大小相等时,同一带电体受到的电场力大小相等,根据点电荷电场的场强大小 $E = k\dfrac{Q}{r^2}$,所以以点电荷为圆心的相同半径大小的同心球面场强大小相等,电场力大小相等;如图 3-11 所示。沿路径 1:ACB,带电体在该段微小位移内做功为:$A_{1i} = F_i l_i \cos\alpha$;沿路径 2:$ADB$,带电体在该段微小位移内做功为:$A_{2i} = F_i s_i \cos\beta$。所以可以比较 $l_i \cos\alpha$ 与 $s_i \cos\beta$ 的大小,从而达到比较 A_{1i} 与 A_{2i} 的大小的目的。

如何比较 $l_i \cos\alpha$ 与 $s_i \cos\beta$ 的大小?

根据几何知识可知:$x_i = l_i \cos\alpha = s_i \cos\beta$,所以 $A_{1i} = A_{2i} = A_i = F_i x_i$。

那么整体上,带电体沿不同路径从 A 运动到 B 的做功大小有什么关系?

沿路径 1:ACB:$A_1 = \sum_A^B A_{1i}$;沿路径 2:ADB:$A_2 = \sum_A^B A_{2i}$;所以,$A_1 = A_2 = \sum_M^N A_i = A$ 因此,路径不同,静电力做功大小相同。

备注:这里用到了化曲为直、定积分的思想,也可以说是微元法(微元加极限)。曾经我们在学习用 v-t 图像计算匀加速直线运动的位移时,也用到了这种思想。

将物体做匀变速直线运动的时间 t 分为 n 段 Δt,每段的初末速度满足关系式:$v_k = v_0 + a \cdot k\Delta t$。物体在 Δt 内做匀速直线运动,所以 Δt 内的位移可以用 v-t 图像与坐标轴围成的面积表示。将 n 段 Δt 内 v-t 图像与坐标轴围成的面积求和,就是物体在时间 t 内通过的位移了。

为研究方便,取具体数值进行证明,$v_0 = 0.5\,\mathrm{m/s}$,$a = 0.5\,\mathrm{m/s^2}$,可画出 v-t 图像。取 0—10 s 内的图像,图像下方围成的面积为 $S = \dfrac{1}{2}(v + v_0)t = 30\,\mathrm{m}$。

在这里可以先让学生自己将运动过程划分为 5 段、10 段,由图形直观显示划分为 10 段时比划分为 5 段时的位移之和即小矩形的面积之和更接近于围成的面积 S,再进行后面步骤中的用 Excel 进行具体数值计算验证。

运用 Excel 表格将 0—10 s 划分为 n 段,第 k 段视为速度为 $v_k = v_0 + ak \cdot (10/n)$ 的匀速直线运动,则该段的位移为 $x_k = v_k \cdot (10/n)$,可以方便地计算出各段位移之和。

取 $n = 10$、20、50、100、500、1 000、5 000、10 000、50 000、100 000、500 000、1 000 000,求出的各段位移之和如表 3-30 所示。

表 3-30　不同细分段数下计算所得的各段位移之和

细分段数	10	20	50	100	500	1 000
各段位移和(m)	27.5	28.75	29.5	29.75	29.95	29.975
细分段数	5 000	10 000	50 000	100 000	500 000	1 000 000
各段位移和(m)	29.995	29.997 5	29.999 5	29.999 75	29.999 95	29.999 98

观察表格数据,当细分段数越来越多时,各段位移和越来越趋近于一个定值 30。因此我们可以推出当无限细分时,各段位移之和等于该定值 30,即 $x = 30$,与 v-t 图像围成的面积相等。

根据以上研究思路,我们类比到静电力做功这一问题中来。当我们将曲线 AB 无限细分时,所有对应直线长度之和趋近于一个定值,便可用这个定值来反映曲线 AB 的长度,也就是说,此时每一小段曲线都无限趋近于其对应的一小段直线。将无限段直线上静电力做的功求和,就是带电体沿曲线 AB 运动过程中静电力所做的功。

【结论】电荷 q 不论从什么路径由 A 点运动到 B 点,静电力对电荷所做的功都是一样的。因此在点电荷电场中移动电荷时,静电力所做的功只与电荷的始末位置有关,与电荷的运动路径无关。由于静电场本质上是点电荷电场的叠加,所以这一规律对所有静电场均适用。

2. 电势能

(1) 定义(类比法)。

表 3-31

	重 力 势 能	电 势 能
进行类比	物体在重力场受到重力,移动物体时重力做的功与路径无关,同一物体在地面附近同一位置具有确定的重力势能	点电荷在静电场中受到静电力,由于移动电荷时静电力做的功与移动的路径无关,电荷在电场中也有这种势能,这种势能叫做电势能
得到定义	物体在重力场中由于受重力作用而具有由位置决定的能叫做重力势能	电荷在电场中由于受电场力作用而具有由位置决定的能叫做电势能

(2) 性质。(类比法)

表 3-32

	重 力 势 能	电 势 能
物理意义	描述了物体在重力场中凭借其位置所具有的能量	描述了电荷在电场中凭借其位置所具有的能量
相关性质 1	重力做功与路径无关	静电力做功与路径无关
相关性质 2	系统性:地球和物体	系统性:电荷和电场
类比猜想出性质 1	重力做正功,重力势能减少;重力做负功,重力势能增加;重力做多少功,重力势能改变多少	静电力做正功,电势能减少;静电力做负功,电势能增加;静电力做多少功,电势能改变多少
类比得出性质 2	具有相对性,即物体在某处的重力势能与零势能面的选取有关	具有相对性,即电荷在某点的电势能与零势能面的选取有关
零势能面的选取	视研究问题的方便而定,通常取地面为参考平面	把电荷在离场源电荷无限远处的电势能规定为零,或把电荷在大地表面的电势能规定为零
功与能关系式	$W_G = E_{P1} - E_{P2}$	$W_{AO} = E_{PA} - E_{PB}$
某点势能表达式	物体在某点的重力势能,等于把它从这点移动到零能量位置时重力所做的功,即 $E_p = mgh$(h 等于该点距离零势能点的距离)	电荷在某点的电势能,等于把它从这点移动到零势能位置时静电力所做的功。即 $E_A = W_{AO} = E_场 \, ql\cos\theta$

另,关于电势能变化与电场力做功的关系还可以从能量守恒角度进行证明：电场力做正功,电荷动能增加,由能量守恒知其电势能减小；静电场力做负功,由能量守恒知其电势能增大。

【结论】

① 电场力做功与电势能变化的关系式：$W_{AO} = E_{PA} - E_{PB}$,即匀强电场(或点电荷电场)中,电场力做功等于电势能增量的负值,电场力做正功,电势能减小；电场力做负功,电势能增大。

② 电荷在电场中某点的电势能：$E_A = W_{AO} = E_{场}ql\cos\theta$,即带电体在静电场中某一位置 A 具有的电势能,数值上等于将该带电体从位置 A 移至无穷远处电场力所做的功,单位 J。

（3）点电荷电场中,带电体电势能的规律(理论分析＋穷举法)。

● 显过程

研究问题：点电荷电场中,带电体电势能的规律。

研究对象：正负带电体在正、负电荷所激发电场中某点具有的电势能。

解决过程：

a. 采用穷举法,分为 $(+Q, +q)$、$(+Q, -q)$、$(-Q, +q)$、$(-Q, -q)$ 分别讨论。

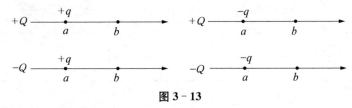

图 3 - 13

b. 点电荷电场中,带电体电场力做功的表达式：$W = FL\cos\theta$。

c. 电场力做功与电势能的关系式：$W_A = -(E_O - E_A) = E_A$。

d. 根据电荷移动位移与电场力的关系判断 W_A 的正负。

e. 得出正负带电体在正、负电荷所激发电场中某点具有的电势能。

● 清技能

正功、负功的意义；电场力做功与电势能的关系等。

● 析策略

a. 确定研究对象的策略。

策略：研究问题的科学、可行的原则

选择对象一般应遵从研究的简单、可行为标准。

确定本例中研究对象：正负带电体在正、负点电荷所激发电场中某点具有的电势能。

b. 选择解决问题所需技能的策略。

问题：点电荷电场中,带电体电势能的规律。

本例求解策略：主要是穷举法。

待求解：点电荷电场中，正负带电体电势能的规律。

分为$(+Q，+q)$、$(+Q，-q)$、$(-Q，+q)$、$(-Q，-q)$四种情况分别讨论电势能。

电势能的变化与什么有关？

由前面的电势能的性质可知，静电力做正功，电势能减少；静电力做负功，电势能增加；静电力做多少功，电势能改变多少。

正点电荷电场中，从A点到无穷远处，电场力做功与电势能的关系式？

$E_A = W_{A0} = E_场 \, ql\cos\theta$。

正点电荷电场中，将负带电体移至无穷远处，此时电场力做什么功？

由功能关系式可知电场力做负功。

此时电势能有何规律？

$W_{A\infty} = E_A < 0$，电势能为负。

同理，在其他三种情况下的点电荷电场中，带电体电势能有何规律？

从$A\to$无限远，分析可得到下表：

表 3-33

场源电荷	检验电荷	电场力做功	A点电势能
$+Q$	$+q$	正	$E_{PA} > 0$
	$-q$	负	$E_{PA} < 0$
$-Q$	$+q$	负	$E_{PA} < 0$
	$-q$	正	$E_{PA} > 0$

【结论】

正点电荷电场中，将负带电体移至无穷远处，电场力做负功，电势能为负；将正带电体移至无穷远处，电场力做正功，电势能为正。

同理，负点电荷电场中，正带电体的电势能为负；负带电体的电势能为正。

3. 电势

(1) 定义及性质（理论分析）。

● 显过程

研究问题：静电力做功与路径无关，电场力做功与电荷量的关系。

研究对象：试探电荷。

解决过程：

a. 讨论将电荷量不同的两个电荷在同一电场中从A点移动到B点时电场力做功的情况。

b. 求出电场力对电荷所做的功与电荷电量的关系。

c. 定义电势能与试探电荷的比值为电势，是描述同一电场时所具有的与做功相关的属性。

● 清技能

电场力做功公式;电场力做功与电势能的关系等。

● 析策略

a. 确定问题的策略。

b. 确定研究对象的策略。

策略:研究问题的科学、可行的原则。

选择对象一般应遵从研究的简单、可行为标准。

确定本例中研究对象:试探电荷。

c. 选择解决问题所需技能的策略。

问题:电场力做功与电荷量的关系。

本例求解策略:向前推理。

待求解:电场力做功与电荷量的关系。

进行讨论将电荷量不同的两个电荷在同一电场中从 A 点移至无穷远处时电场力做功的情况。

电场力对电荷 q_1 从 A 点移至无穷远处所做的功与电势能的关系?

$W_1 = E_{P1} - 0$。

若 q_2 所带电荷量是 q_1 电量的 n 倍,即 $q_2 = nq_1$,此时 q_2 在任何位置所受的电场力与 q_1 相比有何规律?

$q_2 = nq_1$。

电场力对 q_2 所做的功与对 q_1 所做的功相比有何规律?

$W_1 = nW_2$。

q_1 与 q_2 在 A 点所具有的电势能大小有什么规律?

$E_{P2} = nE_{P1}$。

电荷在电场中某一点所具有的电势能与电荷量之间有什么关系?

电荷量越大,电势能越大,电势能与电荷量的比值不变,即 $\dfrac{W_1}{q} = \dfrac{E_{P1}}{q} = U_A$,$\dfrac{W_2}{nq} = \dfrac{nE_{P2}}{nq} = U_A$。

能否找到一个物理量与电场本身能相关的属性?

存在一个物理量,电势能与试探电荷的比值,描述电场本身能的性质。由此我们可定义一个新的物理量——电势 φ:试探电荷在电场中某点的电势能与它的电量的比值。即将单位正电荷从位置 A 移至无穷远,电场力做的功。电势显然与试探电荷无关。

(2)点电荷电场中,带电体电势的规律。(理论分析+穷举法)

● 显过程

研究问题:点电荷电场中电势满足的规律。

研究对象:正负电荷在点电荷电场中某点具有的电势。

解决过程：

a. 采用穷举法，分为正、负试探电荷分别在正、负点电荷电场中分别进行讨论。

b. 将检验电荷置于场源电荷 Q 所产生的电场中，分析其电势能与电势，利用求同法得到正电荷产生电场的电势为正，负电荷产生电场的电势为负。

c. 将检验电荷从电场中 a 点移至 b 点，分析电场力做功与电势能变化，利用求同法得到电场线指向电势降低的方向。

● 清技能

电势的定义、点电荷中带电体电势能的规律；或电势定义式的推论式。

● 析策略

a. 确定研究对象的策略。

策略：研究问题的科学、可行的原则。

选择对象一般应遵从研究的简单、可行为标准。

确定本例中研究对象：正负电荷在点电荷电场中某点具有的电势。

b. 选择解决问题所需技能的策略。

问题：点电荷电场中电势满足的规律。

本例求解策略：主要是穷举法和求同法。

待求解：正、负电荷在电场中某点具有的电势。

分为正电荷电场和负电荷电场进行分别讨论。

正电荷电场中，正、负试探电荷的电势能的正负情况？

正点电荷电场中，正试探电荷的电势能为正，负试探电荷的电势能为负。

此时电势 $\varphi = E_p/q$ 的正负情况？

此时两者的电势均为正。

同理，在负点电荷电场中，某点电势有何规律？

均为负。分析可得到下表：

表 3 - 34

场源电荷	检验电荷	某点电势能	某点电势
$+Q$	$+q$	正	正
	$-q$	负	正
$-Q$	$+q$	负	负
	$-q$	正	负

【结论】（求同法）：正电荷产生电场的电势为正，负电荷产生电场的电势为负。

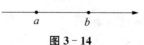

图 3 - 14

待求解：点电荷电场中，电场力做功与电势能、电势变化的情况如何？也可分为正电荷电场和负电荷电场进行分别讨论。

正电荷电场中，将单位正电荷从 a 点移至 b 点，电场力做功情况如何？

此时检验电荷（单位正电荷）所受电场力方向向右，从 a 点移至 b 点电场力做正功，电势能减小；此时电势也减小。

同理，可以分析其他三种情况。

分析可得到下表：

表 3 - 35

电场线方向	检验电荷	电场力方向	电场力做功	电势能变化	电势变化
$a \rightarrow b$	$+q$	右	正功	减小	降低
	$-q$	左	负功	增大	降低
$a \leftarrow b$	$+q$	左	负功	增大	升高
	$-q$	右	正功	减小	升高

【结论】（求同法）：根据第一、六列可得出结论：沿着电场线方向，电势降低；逆着电场线方向，电势升高。

4. 等势面及其性质

（1）等势面定义。（类比法）

表 3 - 36

	等 高 线	等 势 面
意义	在地图中，表示地势的高低	在电场图式中，表示电势的高低
定义	陆地表面海拔高度相同的点连成的闭合曲线	电场中电势相同的点构成的面
性质1	位于同一等高线上的地面点，海拔高度相同	位于等势面上的各点，电势都相同
性质2	不相交，不相切	不相交，不相切

（2）等势面性质。（反证法）

性质1：同一等势面上各点电势相等，所以在同一等势面上移动电荷，静电力不做功。

性质2：等势面和电场线一定垂直；且电场线总是由电势高的等势面指向电势低的等势面（沿着电场线方向，电势降低）。

性质3：等势面不相交，不相切。

以性质2为例，用反证法进行证明：（反证法论证过程分析可参见第三章样例一"自由落体运动"教学设计）

确定证明命题：等势面与电场线垂直。

反设：等势面与电场线不垂直。

根据反设及其他条件逻辑推出结论一：如果等势面与电场线不垂直，则电场强度有一个

沿着等势面的分量,即在等势面上移动电荷静电力就要做功;

根据已知概念或规律推出结论二:因为等势面上电势差为0,故在等势面上移动电荷,静电力不做功;

结论一与结论二矛盾,结论二正确,根据矛盾律可知结论一不正确;

结论一不正确,根据充分条件假言推理的否定后件式可知反设不正确;

反设不正确,根据排中律可知原命题正确;

结论:等势面与电场线垂直。

(3) 等势面的应用。(举例说明)

实际测量电势比测量电场强度容易,所以常用等势面来研究电场。即先测绘出等势面形状和分布,再根据电场线与等势面的关系,绘出电场线分布,就可知道电场情况。

二、教学目标

1. 物理观念

理解静电力做功的特点、电势能的概念、电势能与静电力做功的关系;

理解电势的概念,知道电势是描述电场本身能的性质的物理量;了解电场线与电势的关系;

明确电势能、电势、静电力的功之间的关系;

了解等势面的意义及其与电场线的关系;

增加相互作用观、能量观等核心构成成分。

2. 科学思维

在学习静电力做功的特点时,运用微元法、演绎推理等;在学习电势能、电势时,运用类比法、穷举法等;在学习等势面及其性质时,运用反证法等。

(1) 如果在教学中没有显性化的方法教学,科学思维目标可如下:

经历理论分析学习电势能与电势的过程,体会理论分析解决物理问题的微元法、类比法、穷举法等方法的运用。增加科学思维素养中科学推理、科学论证等要素的实现。

(2) 如果没有分析出解决过程所用的具体方法,科学思维目标如下陈述也可以:(这种笼统的目标陈述方式可以用在所有通过理论分析途径学习的教学目标中)

经历理论分析学习电势能与电势的过程,体会理论分析解决物理问题的方法。

(3) 如果在教学中有显性化的方法教学,比如类比法、穷举法,科学思维目标可陈述如下:

理解类比法、穷举法,能举例解释类比法、穷举法的适用条件和基本步骤。

3. 科学态度与责任

经历理论分析学习电势能与电势的过程,体会求真、理性的科学态度。

三、教学规划

（一）教学重难点

重点：静电力做功的特点、电势能及其表达式、电势及其表达式、等势面及其性质。

难点：

（1）学习静电力做功特点时，要用到"化曲为直"的思想，学生可能不具备，从而构成难点。

（2）学习电势能性质时要通过重力势能的性质，从而演绎推理得出电势能的性质，如果学生对重力势能的相关知识不了解，则学习电势能性质时也可能存在困难，构成教学难点。

（3）本节课采用理论分析学习途径，需要运用穷举法、演绎推理法、反证法等，若学生未掌握，可能构成教学难点。

（二）教学方法：启发式教学

（三）教学结构图

电势能与电势学习层级图：

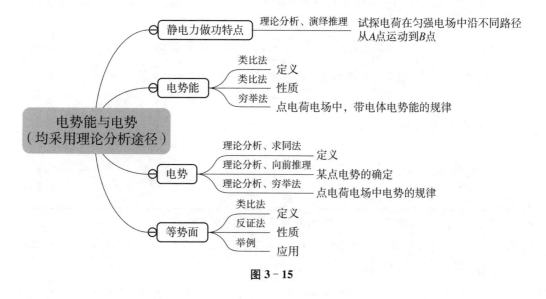

图 3 - 15

四、其他教学方案评析

对于"路径不同，静电力做功大小相同"子结论的获得，本样例选择在点电荷电场中讨论，实际教学中也可参照教材，选择在匀强静电场中讨论。

由于该方案还是采用理论分析途径，且各环节与样例中类似，故此处只简要说明。

问题：带电体在匀强静电场中，静电力做功与路径的关系。

本例求解策略：主要是手段—目标法。

解决过程：

（1）选择两点 A、B，从 A 点到 B 点，求静电力做的功；

（2）选择路线，计算做功；

a. 沿任一方向的直线运动，如图 3-16 中直线 $A-B$。

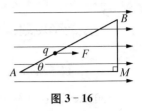

图 3-16

$W_{A\to B} = F\cos\theta \mid AB \mid = F\mid AM\mid$。

b. 沿与电场线平行的方向，再沿与电场线垂直的方向运动，如图 3-16 中折线 $A-M-B$。

$W_{A\to M} = F\cos 0° \mid AM\mid = F\mid AM\mid$，$W_{M\to B} = F\cos 90° \mid MB\mid = 0$，

则 $W_{A\to M\to B} = F\mid AM\mid$。

c. 沿任一曲线运动，如图 3-17 中曲线 AB。

可将曲线 AB 划分为多个小段（如图 3-17），看每一小段上静电力做的功，然后再求和

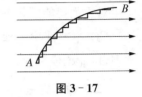

图 3-17

任一小段静电力做功近似为 $\Delta W_i = F_i\cos\theta_i\Delta l = F_i \mid A_iA_{i+1}\mid$。

将所有静电力做功累积起来求和，则有 $W_{\overset{\frown}{AB}} = \sum F_i \mid A_iA_{i+1}\mid = F\mid AM\mid$。

（3）获得结论"路径不同，静电力做功大小相同"。

样例五："静电现象的应用"教学设计

设计者：高伟康　广东省深圳市龙岗区平冈中学

一、教学任务分析

（一）写图式

表 3-37

物理意义		描述导体在静电场中电荷分布不随时间变化的状态
内容		导体处于静电场中、导体中电荷要重新分布、存在电荷分布不再随时间变化的状态
物理性质	物理对象及过程	导体、导体处于静电场中、导体中电荷受电场力发生移动、移动后达到稳定状态
	存在规律	1. 电荷分布在导体表面 2. 导体表面是个等势面，导体是个等势体 3. 导体表面附近电场强度与金属表面垂直
	规律建立的依据	1. 理论分析途径、法拉第圆筒实验验证 2. 理论分析途径 3. 实验归纳途径 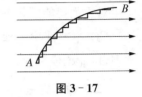

符号或模型	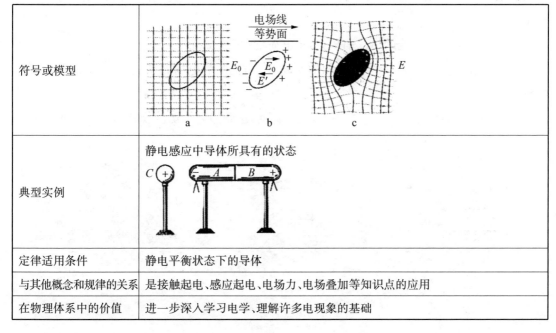
典型实例	静电感应中导体所具有的状态
定律适用条件	静电平衡状态下的导体
与其他概念和规律的关系	是接触起电、感应起电、电场力、电场叠加等知识点的应用
在物理体系中的价值	进一步深入学习电学、理解许多电现象的基础

（二）定内容

1. 导体静电平衡概念

处于静电场中导体的电荷分布不随时间变化的状态。

2. 导体静电平衡规律

（1）电荷分布在导体表面，内部无电荷。

（2）导体表面是等势面，导体是等势体。

（3）导体表面附近电场强度与金属表面垂直。

（三）析途径

导体静电平衡概念。（理论分析途径）

（1）电荷分布在导体表面，内部无电荷。（理论分析途径＋实验验证）

（2）导体表面是等势面，导体是等势体。（理论分析途径）

（3）导体表面附近电场强度与金属表面垂直。（理论分析途径）

（四）清序列

1. 处于静电场中导体的电荷分布不随时间变化的状态。（理论分析途径）

（1）显过程

研究问题：导体在静电场中，其电荷分布（稳定）的状态。

研究对象：长方体的金属块。

解决过程：

a. 导体中存在晶格点阵与自由移动的电子；

b. 导体中电子在静电场中受力大小为：$F = e \cdot E_0$；方向：迎向电场线；如图 3 - 18(a) 所示

c. 电子在迎向电场线的 AB 面聚集，正电荷集中于 CD 面；

d. 导体上的电荷分布，产生一个附加点成 E'，方向与静电场 E 方向相反；如图 3 - 18(b) 所示

e. 当 $E' = E$，导体内电子受力为零，不再移动，达到静电平衡。 如图 3 - 18(c) 所示

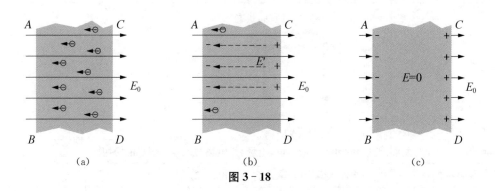

图 3 - 18

(2) 清技能

金属导体结构；电子在静电场中受力；电荷量、分布与电场的关系；二力平衡等。

(3) 析策略

① 确定研究对象的策略。

策略：研究问题的科学、可行的原则。

选择对象一般应遵从研究的简单、可行为标准。

确定本例中研究对象：长方体的金属块。

② 选择解决问题所需技能的策略。

问题：导体在静电场中，其电荷分布（稳定）的状态。

本例求解策略：向前推理。（根据已知，逐步接近待求）

已知：静电场、金属结构特征。

待求：（静电场作用下）电荷在导体的分布。

金属导体的微观结构如何？

金属有晶格和自由移动的电子；

将金属导体放入电场中，自由电子怎样移动？

电子在静电场中受力，要迎向电场线运动；

电子的聚集会出现怎样的结果？

（导致）负电荷在 AB 面聚集（正电荷聚集于 CD 面）；

导体内部会会产生什么现象？

AB、CD 面电荷的分布，在导体内部产生附加电场 E'，方向与原静电场方向相反；

此时导体内部的电子受力情况怎样？

导体中电子受两个电场的力，方向相反；

电子是否会永远这样定向移动下去？最终会出现怎样的情况？

随着 AB、CD 电荷聚集，E' 也随之增加，电子受 E' 的力也增大，而原先静电场的力不变；

eE' 增大到等于 eE，电子将不再移动，电荷分布稳定。

2. 导体静电平衡规律

（1）静电平衡时，导体表面是等势面（反证法）。

论题：如果导体静电平衡，则导体表面是等势面。

论据：略。（电势电场关系、电荷受力与电场关系，导体静电平衡）

论证：

假设导体表面不是等势面（假设"否命题为真"）；

如导体表面 P、Q 两点间存在电势差，$U_P > U_Q$；

根据静电场电势与电场的关系，应存在由 Q 指向 P 的电场；

那么，处于该电场中金属表面的电子，就应该移动；

该状态为不平衡状态。（逻辑演绎，推出结论）

与题设"金属已处与静电平衡状态"矛盾。（结论与题设矛盾）

故"假设导体表面不是等势面"错误（否命题错误），则原命题正确，即"静电平衡时，导体表面是等势面"正确。

（2）静电平衡时，导体是个等势体（反证法）。

论题：如果导体静电平衡，则导体内部电场为零

论据：略（电势电场关系、电荷受力与电场关系，导体静电平衡）

论证：

假设导体内部某点电场不为零；（假设"否命题为真"）

则处于该电场中金属表面的电子就应该移动；

该状态为不平衡状态。（逻辑演绎，推出结论）

与题设"金属已处与静电平衡状态"矛盾。（结论与题设矛盾）

故"假设导体内部某点电场不为零"错误，（否命题错误）则原命题正确，即"静电平衡时，导体内部电场强度处处为零"正确。

推论：静电平衡时，导体内部电场强度处处为零，则 $\Delta U = E \cdot d = 0$，故静电平衡时，金属导体是等势体。

（3）静电平衡时，电荷分布在导体外表面。（理论分析途径＋演示实验验证）

本结论即可由理论分析途径，亦可实验显示。（因为学生不可能具有电荷在导体上分布的情景，因此也难以猜测相关因素，通过设计实验来研究，故该实验不宜作为研究的实验，可作为验证性的实验）

理论分析途径(反证法):

论题:如果导体静电平衡,则导体空腔内表面无电荷

论据:略(电势电场关系、电荷受力与电场关系,导体静电平衡)

论证一:

假设导体内表面存在剩余电荷,为正电荷;(假设"否命题为真")

那么,正电荷附近存在电场,发出电场线;

处于电场中的电子就要移动;

该状态为不平衡状态。(逻辑演绎,推出结论)

与题设"金属已处与静电平衡状态"矛盾。(结论与题设矛盾)

故"假设导体内表面存在剩余电荷,为正电荷"错误,(否命题错误)则原命题正确,即"静电平衡时,导体空腔内表面无电荷"正确。

论证二:

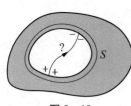

图 3 - 19

假设导体内表面存在等量正负电荷,如图 3 - 20 所示;(假设"否命题为真")

那么,正电荷发出的电场线不能由金属内部穿过,(因为如此则导体内存在电场,电子受力运动,不是静电平衡)只能穿过空腔到等量的负电荷;

那么,导体正电荷处到负电荷处的电场线,表明这两点电势不同。(逻辑演绎,推出结论)

与静电平衡要求导体是等势体矛盾。(结论与已有性质矛盾)

故"假设导体内表面存在等量正负电荷"错误,(否命题错误)则原命题正确,即"静电平衡时,导体空腔内表面无电荷"正确。

演示实验验证:

【已知结论】

如果导体静电平衡,则导体空腔内表面无电荷。

【实验方案】

表 3 - 38

确定实验目的	研究导体空腔内表面的电荷情况
确定研究对象	几乎封闭的空心铜筒(即法拉第圆筒);带绝缘手柄的金属小球(不带电)
确定研究物体的状态、过程	导体圆筒处于静电平衡状态;金属小球与法拉第圆筒内外表面分别接触,接触后与验电器小球接触
确定要测量的物理量即各物理量测量的原理	与法拉第圆筒内外表面接触后的金属小球是否带电。当被检验物体接触验电器顶端的导体时,自身所带的电荷会传到玻璃钟罩内的箔片上。由于同种电荷相互排斥,箔片将自动分开,张成一定角度。根据两箔片张成角度的大小可估计物体带电量的大小

选择测量各物理量的实验仪器	验电器
确定每次实验的条件	小球跟圆通接触前都应该让系统回到初始状态
确定实验仪器连接方式	略

【实验过程】

用一个(不带电的)带绝缘手柄的金属小球先与圆筒的外壁接触,再与验电器的小球接触,验电器的箔片张开说明法拉第圆筒外部带电。让系统回到初始状态,用小球先与圆筒的内壁接触,再与验电器小球接触,验电器的箔片不张开说明法拉第圆筒内部不带电。

【获得结论】

如果导体静电平衡,则导体空腔内表面无电荷。

(4) 导体静电平衡,导体表面附近电场强度与金属表面垂直(反证法)

论题:如果导体静电平衡,则导体表面附近电场强度与金属表面垂直

论据:略(电场矢量以及分解、电荷受力与电场关系,导体静电平衡)

论证:

假设电场强度与金属导体不垂直;(假设"否命题为真")

电场强度在金属表面有分量;

根据静电场与电荷受力关系,处于该电场中金属表面的电子就应该移动;

该状态为不平衡状态。(逻辑演绎,推出结论)

与题设"金属已处与静电平衡状态"矛盾。(结论与题设矛盾)

故"假设电场强度与金属导体不垂直"错误,(否命题错误)则原命题正确,即"导体静电平衡,导体表面附近电场强度与金属表面垂直"正确。

二、教学目标

1. 物理观念

理解静电平衡的概念,知道处于静电平衡的导体的特征;

理解处于静电平衡的导体满足的规律。

增加相互作用与运动观的核心构成成分。

2. 科学思维

在学习静电现象的概念及特点时,运用向前推理及反证法;

如果在教学中没有显性化的方法教学,科学思维目标可如下:

经历理论分析学习静电现象的过程,体会理论分析解决物理问题的反证法、向前推理等方法的应用。增加科学思维素养之科学论证等要素实现的经验。

如果在教学中有显性化的方法教学，比如反证法，科学思维目标可陈述如下：

理解反证法，能举例解释反证法的适用条件和基本步骤。

3. 科学态度与责任

经历理论分析学习静电现象的应用的过程，体会求真、理性的科学态度。

三、教学规划

（一）教学重难点

重点：静电平衡的概念；导体处于静电平衡状态的特征。

难点：

（1）学习静电平衡知识时，概念规律非常抽象，要结合前面所学的知识，学生可能不能全面掌握，从而构成难点。

（2）学习静电平衡导体的电荷分布特点时，要用到反证法的思想，学生可能不具备，从而构成难点。

（二）教学方法：启发式教学

（三）教学结构图

静电现象的应用学习层级图：

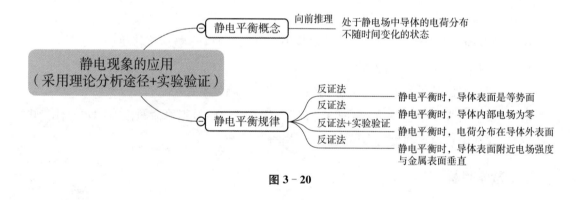

图 3－20

四、其他教学方案评析

对层次较好的班级，可采用探究式教学，即给予学生充分的时间，让学生自己尝试梳理、探究得出静电平衡的概念、处于静电平衡状态的特征等内容。

在课前，教师应准备好针对各节点（教学难点）的工作单，包括技能单和策略单，当学生在探究过程中遇到困难时，可提供相应的工作单给学生，帮助学生完成探究。但本节课内容较多且难度较大，可能有一部分学生能完成探究，也有部分学生不能完成。故，教学的最后应安排教学、总结环节，教师遵循相应途径、策略得出相应结论。

样例六："安培力"教学设计

设计者：洪　颖　江苏省苏州工业园区星海实验中学

一、教学任务分析

（一）写图式

表 3-39

物理意义			描述通电导线在磁场中受力的性质
定义			通电导线在磁场中受到的力
物理性质	大小	定性	安培力与磁感应强度、电流强度、导线长度有关
		定量	安培力与磁感应强度、电流强度、导线长度成正比
	方向	定性	安培力的方向与磁感应强度方向、电流方向有关
		存在关系	电流方向、磁感应强度方向、安培力方向满足左手定则
数学表达式(大小)			$F = BIL$(三者垂直时)，$F = BIL\sin\theta$(B 与 I 的夹角为 θ)
方向关系的表示			左手定则
单位			牛顿(N)
量的性质			矢量，大小和方向如上
状态量/过程量			状态量
与其他物理概念间的关系			安培力是洛伦兹力的宏观表现
物理体系中的价值			安培力指出了电与磁的相互联系，使电磁学的发展向前跨越了一大步。正如库仑定律是静电场的基本规律一样，安培定律是恒定磁场的基本规律。国际单位制中，除长度、质量、时间外的第四个基本量是电流，其单位定为安培，这一基本单位的定义和绝对测量，正是以安培定律为依据的

（二）定内容

（1）安培力的定义：通电导线在磁场中所受到的作用力叫做安培力。

（2）安培力的方向：与磁感应方向和电流方向有关；

判断方法：左手定则。

（3）安培力的大小：与磁感应强度、电流、导线长度、和磁场与电流的夹角有关；

公式：$F = BIL\sin\theta$。

当磁场与电流方向垂直时，$F = BIL$；当磁场与电流方向平行时，$F = 0$。

（三）析途径

1. 安培力的概念：实验归纳途径

通过播放电磁炮发射视频(如图 3-21)，运用差异法、简单枚举法得到安培力的概念。

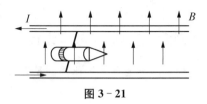

图 3-21

2. 安培力的方向：实验归纳途径

用安培力演示仪(如图 3-22)进行实验获得结论;用两根通电直导线(如图 3-23)进行验证。

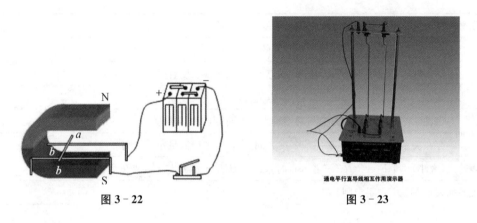

图 3-22   图 3-23

3. 安培力的大小：实验归纳途径 + 理论分析途径

对于电流方向与磁场方向垂直的情况,采用实验归纳途径,利用传感器设备(如图 3-24)探究安培力与磁感应强度、电流、导线长度的关系,初步得出安培力的公式。

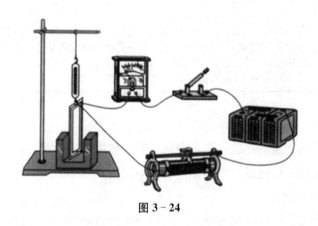

图 3-24

对于电流方向与磁场方向不垂直的情况,采用理论分析途径,分析安培力与磁感应强度与电流夹角的关系。最终总结得出安培力的公式。

(四) 清序列

1. 安培力概念的建立：实验归纳途径——差异法、简单枚举法

播放电磁炮发射视频,由视频中的现象建立起安培力的概念主要通过差异法,其逻辑结构如下：

表 3 - 40

场合	先行情况	不变条件	被研究的现象
1	未接通电源 （导体中无电流）	炮弹（导体）在磁场中	炮弹不发射（受力平衡）
2	接通电源 （导体中有电流）		炮弹发射（受到合外力）
故，"导体（在磁场中）受到合外力"与"导体中有电流"有关； 即，通电导体在磁场中会受到力的作用			

简单命题学习：我们把磁场对通电导体的作用力称为安培力。（简单枚举法）

其中由炮弹的运动状态分析得出其受力情况，实际上是演绎推理的过程。

2. 安培力方向相关规律的获得：实验归纳途径

（1）安培力的方向与磁场方向有关——共变法。

表 3 - 41

场合	先行情况	不变条件	被研究的现象
1	蹄形磁铁 N 极在上，S 极在下（磁场方向向下）	导体棒中电流方向向里	导体棒向左运动（安培力方向向左）
2	蹄形磁铁 S 极在上，N 极在下（磁场方向向上）		导体棒向右运动（安培力方向向右）
故，安培力方向与磁场方向有关			

（2）安培力的方向与电流方向有关——共变法。

表 3 - 42

场合	先行情况	不变条件	被研究的现象
1	导体棒中电流方向向里	蹄形磁铁 N 极在上，S 极在下（磁场方向向下）	导体棒向左运动（安培力方向向左）
2	导体棒中电流方向向外		导体棒向右运动（安培力方向向右）
故，安培力方向与电流方向有关			

（3）左手定则——求同法。

表 3 - 43

第一组实验	第二组实验	第三组实验	第四组实验
磁场方向向下	磁场方向向上	磁场方向向上	磁场方向向下
电流方向向里	电流方向向里	电流方向向外	电流方向向外
安培力方向向左	安培力方向向右	安培力方向向左	安培力方向向右

第一组实验	第二组实验	第三组实验	第四组实验
三维模型：	三维模型：	三维模型：	三维模型：
		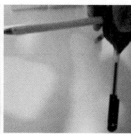	

用不同颜色的笔在橡皮泥中插入，得到第一组实验的三维模型（如图 3－25）。旋转该模型，发现该模型同样适用于其他情况（如图 3－26）。即，虽然这几种情况下安培力方向、磁场方向、电流方向各不相同，但三者间的空间位置关系相同。

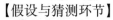

图 3－25　　　　　　　　　　　　　　　图 3－26

归纳得出左手定则：伸开左手，使大拇指与其余四指垂直，并且都与手掌在同一平面内，让磁感线从掌心进入，并使四指指向电流的方向，这时拇指所指的方向就是通电导线在磁场中所受安培力的方向。

实验归纳途径各子环节运用策略分析：

【提出问题环节】

本环节需要提出的问题是：安培力的方向和哪些因素有关？

学生对于安培力没有相关的生活经验，故此处可由教师提出问题。也可以教师引导学生思考：制作电磁轨道炮时希望炮弹击中敌人，那就要控制炮弹发射的方向，而此方向与炮弹受到安培力的方向有关。由此提出问题：安培力的方向和哪些因素有关？

【假设与猜测环节】

本课例中，学生没有相关的生活经验，教师可引导学生根据安培力的定义做出猜测：安培力的方向与磁场方向、电流方向有关。

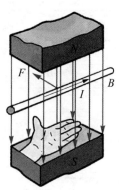

图 3－27

【规划方案环节】

经过猜测，"安培力的方向可能与磁场方向、电流方向有关"。学生应不难提出：分别改变磁场方向和电流方向，多做几组实验，观察安培力的方向与它们的关系（也就是遵循控制变量法来规划方案)。

可完成如下数据表:

表 3 - 44

	磁场方向	电流方向	安培力方向
1			
2			
……			

【设计实验环节】

本环节需要设计用于研究的实验装置,参见图 3 - 22。

教学中一般都提供有相应的实验仪器,在此基础上可遵循设计实验通用策略来设计实验。

实验装置:蹄形磁铁、金属轨道、导体棒、电源、开关、导线等。

表 3 - 45

(1) 确定实验目的	研究安培力方向与磁场方向、电流方向之间的关系
(2) 确定实验中的研究对象	通电导体棒
(3) 确定实验中研究物体的过程、状态	导体棒穿过蹄形磁铁处于磁场中,接入电路并通电,观察导体棒运动情况
(4) 需要测量的物理量以及测量原理	磁场方向:磁体外部磁场方向由 N 极指向 S 极 通电导体棒中电流方向:电流从电源正极流出,从电源负极流入 导体棒所受安培力方向:观察导体棒运动方向
(5) 选择测量各物理量的实验仪器	蹄型磁铁 N 极和 S 极给出;电源正、负极给出
(6) (确定每次实验的条件(如物理量的变化方式))	改变磁场方向:交换蹄形磁铁磁极 改变电流方向:交换电源正、负极
(7) 确定实验仪器连接方式	如图 3 - 22

【进行实验,获得数据环节】

【处理数据,获得结论环节】

安培力的方向与磁场方向有关——共变法(表 3 - 37);

安培力的方向与电流方向有关——共变法(表 3 - 38);

左手定则——求同法(表 3 - 39)。

3. 验证左手定则:实验验证——验证的方法

验证方案如图 3 - 23 所示。根据左手定则,预测给平行直导线通电后会出现的现象。进行实验,记录实际的实验现象,与预测的现象进行比对,若相同则可验证左手定则正确。

子问题 1:磁场从何而来?(通电导线周围存在磁场)

子问题 2：磁场方向如何判断？（右手螺旋定则）

子问题 3：如果左手定则正确，那么给两根平行直导线通入同向的电流，导线受力如何？我们能观察到什么现象？若是通入反向的电流呢？（同向相互吸引，反向相互排斥）

4. 安培力大小相关规律的获得：实验归纳途径

（1）安培力的大小与电流大小成正比——图像法、演绎推理。

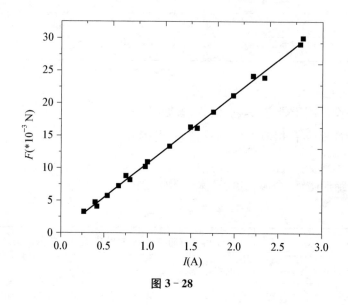

图 3 - 28

如果图像为过原点的一条直线，则是正比例函数
安培力大小 F 与电流大小 I 的图像为一条过原点的直线
————————————————————————————————————
故，安培力大小 F 与电流大小 I 成正比

（2）安培力的大小与导线长度成正比——图像法、演绎推理。

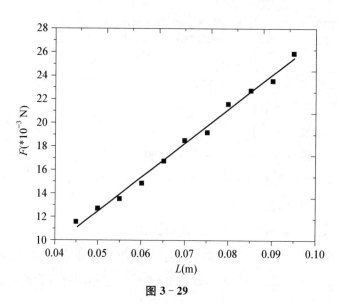

图 3 - 29

$$\frac{\text{如果图像为过原点的一条直线，则是正比例函数}}{\text{安培力大小 } F \text{ 与导线长度 } L \text{ 的图像为一条过原点的直线}}$$

故，安培力大小 F 与导线长度 L 成正比

实验归纳途径各子环节运用策略分析：

【提出问题环节】

本环节需要提出的问题是：安培力的大小和哪些因素有关？

学生已经探究了安培力的方向，故此时教师可引导学生思考力都有三要素，由此提出问题：安培力的大小和哪些因素有关？

【假设与猜测环节】

学生已经探究出了安培力的方向与磁场方向和电流方向有关，教师只需适当引导，学生应该就能做出猜测：安培力的大小与磁感应强度大小、电流大小有关。

教师还可引导学生思考：导线越长受影响的电流越多，从而得出猜测：安培力的大小与导线长度有关。

【规划方案环节】

经过猜测，"安培力的大小可能与磁感应强度大小、电流大小、导线长度有关"。学生应不难提出：分别改变磁感应强度大小、电流大小、导线长度，多做几组实验，测量安培力的大小与它们的关系（也就是遵循控制变量法来规划方案）。

由于无法定量测量磁感应强度，故本实验中保持磁感应强度不变，只探究另两种情况下安培力的大小，并考虑极限情况 $B=0$ 时是否有安培力的情况。

【设计实验环节】

本环节需要设计用于研究的实验装置，参见图 3－24。

教学中一般都提供有相应的实验仪器，在此基础上可遵循设计实验通用策略来设计实验。

实验装置：蹄形磁铁、力传感器、铁架台、金属线圈、电源、开关、滑动变阻器、电流表、导线等。

表 3－46

（1）确定实验目的	研究安培力大小与电流大小、导线长度之间的关系
（2）确定实验中的研究对象	磁场中的通电导线
（3）确定实验中研究物体的过程、状态	磁场中的通电导线处于静止、平衡状态
（4）需要测量的物理量以及测量原理	线圈重力、安培力大小、电流大小、导线长度 安培力大小的测量原理：受力平衡（不通电时示数 F_1－通电时示数 F_2＝安培力大小）
（5）选择测量各物理量的实验仪器	力传感器、电流表、刻度尺

(6) 确定每次实验的条件 （如物理量的变化方式）	改变电流大小：移动滑动变阻器滑片 改变导线长度：改变金属丝缠绕圈数
(7) 确定实验仪器连接方式	如图 3-24

子问题 1：处于磁场中的线圈有三个部分(一水平,两竖直),哪段导线的长度才是要研究的、会影响安培力大小的? 为什么其他两段导线的长度不影响安培力大小?

解决思路：选定磁感应强度方向和电流方向,对三段导线所受安培力的方向进行判断,得出两段竖直导线所受安培力的合力为 0,故只要研究水平的那段导线。

子问题 2：力传感器的读数并不是安培力的大小,容易混淆。

解决思路：进行受力分析,明确写出重力大小、安培力大小、力传感器示数之间的关系。

【进行实验,获得数据环节】

(1) 改变电流大小。

表 3-47

实验次数	电流大小/A	导线长度/m	线圈重力/N	力传感器示数/N	安培力大小/N
1					
2					
3					
……					

(2) 改变导线长度。

表 3-48

实验次数	电流大小/A	导线长度/m	线圈重力/N	力传感器示数/N	安培力大小/N
1					
2					
3					
……					

【处理数据,获得结论环节】

安培力大小与电流大小成正比——图像法、演绎推理(详见前文"清序列")；

安培力大小与导线长度成正比——图像法、演绎推理(详见前文"清序列")。

5. 定义磁感应强度,习得安培力公式：理论分析途径

根据上述实验中获得的数据,可以分析得出对于同一磁场,安培力大小 F 与电流大小 I 和导线长度 L 的乘积的比值是一个定值,且对于不同磁场,这个比值不同(求同求异法)。

我们把这个可以反映磁场性质的值定义为磁场中该点的磁感应强度 B。即 $B = F/IL$。国际单位制中,磁感应强度 B 在数值上等于垂直于磁场方向长 $1\,m$,电流为 $1\,A$ 的直导线所受安培力的大小。

$$\because F \propto I \text{ 且 } F \propto L \quad \therefore F \propto IL \text{ 又 } \because B = \frac{F}{IL} \therefore \text{可得安培力公式:} F = BIL$$

6. 当导线与磁场不垂直时,安培力的计算公式:理论分析途径

(1) 确定需要研究的问题。

当磁感应强度方向和导线方向不是垂直或平行时,安培力的大小如何计算?

(2) 确定研究的对象。

磁感应强度的方向和导线方向成 θ 角。

(3) 确定解决问题的过程。

磁感应强度 B 是矢量,满足矢量的分解原理;

当磁感应强度的方向和导线方向成 θ 角时,它可以分解为与导线垂直的分量 $B_\perp$ 和与导线平行的分量 $B_\parallel$;

$B_\perp = B\sin\theta$,$B_\parallel = B\cos\theta$;

其中 $B_\parallel$ 不产生安培力,导线所受的安培力只是 $B_\perp$ 产生的;

因此:$F = B_\perp IL = B\sin\theta IL = BIL\sin\theta$。

(4) 确定解决问题所需的必要技能。

矢量的分解原理。

垂直于磁场 B 放置、长为 L 的一段导线,当通过的电流为 I 时,它所受的安培力为:$F = BIL$;

当磁感应强度的方向和导线方向平行时,导线所受的安培力为 0。

(5) 确定解决问题的策略。

步骤(2)中确定研究对象所用策略:研究问题的科学、可行的原则;

步骤(3)中,采用向前推理法。

二、教学目标

1. 物理观念

理解安培力的定义;给出具体例子能够判断出什么力是安培力。

理解安培力的方向与磁感应方向和电流方向之间的关系;会用左手定则判断安培力的方向。

理解安培力的大小与磁感应强度、电流、导线长度、磁场与电流夹角之间的关系;会用公式计算安培力。

增加相互作用观核心构成成分。

2. 科学探究

在安培力学习过程中,遵循实验归纳途径,进行科学探究,经历运用控制变量法规划方案、运用设计实验通用策略设计实验等。

● 如果在教学中,没有显性化的"方法"教学,科学探究目标可表述为:

经历安培力的学习过程,体会科学探究各环节中控制变量法、设计实验通用策略的运用。增加科学探究素养证据、解释等要素实现经验。

● 如果在教学中,拟将设计实验通用策略显性化教学(即教学中有教"设计实验通用策略"的环节),则相应的教学目标可改写为:

理解设计实验通用策略。能举例解释设计实验通用策略应用的条件和相应的步骤。

3. 科学思维

在安培力的学习过程中,运用差异法、演绎推理等逻辑推理方法获得结论,提升科学推理能力,形成科学思维。

在学习"当导线与磁场不垂直时,安培力的计算公式"的过程中,在确定研究对象时遵循研究问题的科学、可行的原则简化研究问题;在确定解决问题的过程时运用向前推理法。

● 如果在教学中没有显性化的方法教学,科学思维目标可如下:

经历理论分析学习"当导线与磁场不垂直时,安培力的计算公式"的过程,体会理论分析解决物理问题的一般方法、简化研究问题的科学、可行的原则、向前推理法等。增加科学思维素养中科学思维、科学论证等要素实现经验。

● 如果在教学中有显性化的方法教学,比如向前推理法,科学思维目标可陈述如下:

理解向前推理法;能举例解释向前推理法的适用条件和基本步骤。

4. 科学态度与责任

经历安培力学习过程,体会理性、实事求是的科学态度。

观看我国电磁炮发射的引入视频,产生民族自豪感和认同感;明白武器具有两面性,应形成正确、合理使用科学的力量的社会责任感。

三、教学规划

(一) 教学重难点

重点:掌握安培力的定义;掌握安培力方向、磁场方向、电流方向三者间的关系,即左手定则;掌握安培力大小的计算公式 $F = BIL \sin \theta$。

难点:

(1) 在归纳左手定则时,如果仅根据实验获得的数据(如表 3 - 49),学生需要一次识别12 个单元的信息并进行逻辑推理,可能因信息量过大导致思考的无序性,从而无法顺利得出安培力方向、磁场方向、电流方向三者间的关系,构成教学难点。因此在教学中应注意引导学生的思考方向。

可以先给学生提供一份技能单(如表 3 - 50),让学生根据实验获得的数据画出正视图和三维模型,先对信息进行一次预处理。

表 3－49

第一组实验	第二组实验	第三组实验	第四组实验
磁场方向向下	磁场方向向上	磁场方向向上	磁场方向向下
电流方向向里	电流方向向里	电流方向向外	电流方向向外
安培力方向向左	安培力方向向右	安培力方向向左	安培力方向向右

表 3－50

实验次数	第一组	第二组	第三组	第四组
磁场方向	向下	向上	向上	向下
电流方向	向里	向里	向外	向外
安培力方向	向左	向右	向左	向右
画正视图				
画三维模型				

从三维模型也很难看出安培力方向、磁场方向、电流方向间的关系,此时教师可提供橡皮泥等材料,引导学生做出实物模型模拟上述四种情况,随后可根据实物模型的旋转变换,采用求同法归纳出左手定则,突破教学难点。

（2）在"安培力大小"的学习中,选择实验归纳途径,通常在设计实验环节中,学生不熟悉设计实验通用策略,未掌握处理数据的图像法等,需要教师明确相应策略的条件及步骤,在各子环节教学中遵循相应策略的步骤,引导学生完成子任务。

（3）用理论分析得出导线与磁场不垂直情况下安培力的计算公式时,需要用到矢量的分解原理,若学生不具备此必要技能,则可能在此环节构成教学难点。故教师可在此环节前带领学生进行相应的复习。

（二）教学方法

在一个知识点或教学结论获得过程中,教师可以在各子环节选择不同的教学方法组合,推荐各子环节教学方法如下,

表 3‑51

子环节	安培力概念		安培力方向			安培力大小		
	演示视频	演绎推理	提出问题 假设猜测 规划方案 设计实验 处理数据 获得结论	执行实验 获得数据	实验验证	提出问题 假设猜测 规划方案 设计实验 处理数据 获得结论	执行实验 获得数据	理论分析
传授式	★			★			★	
启发式		★	★		★	★		★
探究式								

（三）教学结构图

1. 安培力学习层级图

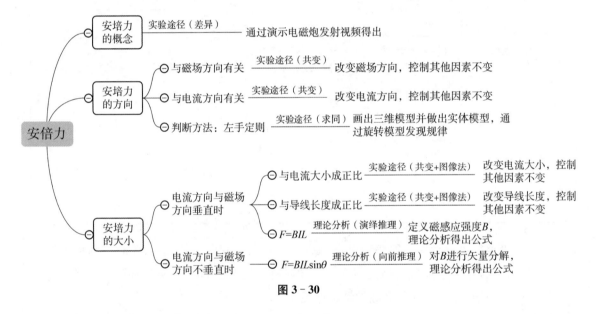

图 3‑30

在安培力教学中,安培力的概念学习较简单,方向的学习过程与大小的学习过程类似,而大小的学习过程既有实验归纳又有理论分析,故此处只重点介绍"安培力的大小"的教学流程。

2. "安培力的大小"教学流程图

提出问题	·【教学】在学习了安培力的方向后，教师引导学生提出问题"安培力的大小可能与哪些因素有关"
假设猜测	·根据之前的学习，学生应该可以猜测出与磁场强度、电流大小有关 ·【教学】教师还可引导学生思考：导线越长受影响的电流越多，从而得出猜测：安培力的大小与导线长度有关

规划方案	·如何研究"安培力的大小可能与哪些因素有关"？ ·【教学】教师引导学生根据猜测，遵循控制变量法，提出方案："改变电流大小，控制其他因素不变，探究安培力大小和电流大小的关系；改变导线长度，控制其他因素不变，探究安培力大小和导线长度的关系"
设计实验	·呈现实验仪器，力传感器、蹄形磁铁、导体线圈、电源、滑动变阻器、电流表等 ·【教学】教师引导学生遵循设计实验通用策略，完成实验装置的组合
获得数据	·执行实验1、实验2 ·【教学】教师引导学生由实验装置，确定实验步骤，并进行实验获得数据
形成结论	·呈现实验数据 ·【教学】教师引导学生遵循图像法、演绎推理获得结论
得出公式	·【教学】根据实验数据分析得出对于同一磁场，F与IL比值是一个定值，且对于不同磁场，这个比值不同（求同求异法） ·把这个可以反映磁场性质的值定义为磁场中该点的磁感应强度B。即$B=F/IL$ ·根据$F\propto I$、$F\propto L$、$B=F/IL$,得出安培力公式：$F=BIL$

提出 新问题	·【教学】教师提出问题：当导线与磁场不垂直时，安培力的计算公式是什么？
理解问题	·【教学】教师引导学生遵循研究问题的科学、可行的原则确定研究对象：磁感应强度的方向和导线方向成θ角时，导线受到的安培力
复习	·【教学】教师引导学生思考磁感应强度的矢量性，带领学生复习矢量的分解原理
选择策略、 求解	·【教师】教师引导学生遵循向前推理法，逐步选择解决问题所需的技能，通过理论分析得出当导线与磁场不垂直时，安培力的计算公式：$F=BIL\sin\theta$

图 3－31

四、其他教学方案评析

（一）其他实验方案

1. 安培力概念学习

在学习安培力的概念时，也可将电磁炮发射视频换成下面两种实验方案（如图3－32和图3－33）中的任一种进行演示实验。其获得结论的逻辑过程与电磁炮发射演示视频类似：都是先通过演绎推理确定导体棒运动状态发生改变是由于受到非平衡力；再通过差异法建立起"导体棒中有电流"与"导体棒受非平衡力"之间的关系；最后通过受力分析总结得出"通电导线在磁场中所受到的作用力叫做安培力"。

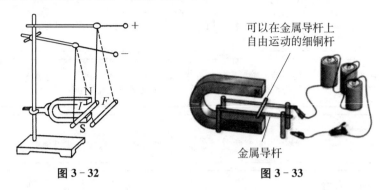

图 3 - 32

可以在金属导杆上
自由运动的细铜杆

金属导杆

图 3 - 33

方案评析：相比电磁炮发射视频，上述实验方案可以让学生更容易地识别出磁场、电流等相关信息，学生能更容易地发现产生安培力的条件是通电导线和磁场，这也为接下来的探究奠定了猜想基础。

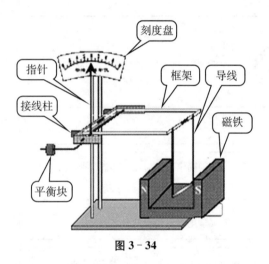

刻度盘
指针
接线柱
平衡块
框架
导线
磁铁

图 3 - 34

2. 安培力方向学习

在探究安培力的方向与哪些因素有关时，也可采用如图 3 - 34 所示的实验方案。在此实验方案中，研究对象是磁场中水平方向的导线，其受到的安培力方向向上或向下。指针、框架、导线等结构构成了一个杠杆，当导线受到安培力时会带动框架上下摆动，从而使指针左右偏转。

子问题 1：安培力的方向如何确定？

解决思路：制作偏转指针指示方向。

子问题 2：指针偏转方向如何反应安培力方向？

解决思路：安培力向下，指针右偏；安培力方向向上，指针左偏。

其获得结论的逻辑过程与如图 3 - 22 所示实验方案类似：都是先通过共变法获得结论"安培力的方向与磁场方向有关"；再通过共变法获得结论"安培力的方向与电流方向有关"；最后列表、画三维模型、用笔和橡皮泥模拟，通过归纳法和求同法得出左手定则。

方案评析：在磁铁磁性不是很强的时候（即磁感应强度 B 较小时），如果选用如图 3 - 22 所示实验方案，导体棒由于受到安培力和静摩擦力，有可能不会发生运动。而该装置（如图 3 -34）改为悬挂式并用指针放大，实验现象更明显。但是，该装置相对复杂，通过指针的偏转来判断导线受到的安培力的方向需要再经历一次理论分析得到，增加了学生信息加工的负荷，因此建议对于学习程度较好的学生可以采用该方案。

3. 安培力大小学习

在探究安培力的大小与哪些因素有关时，也可采用如图 3 - 35 所示的实验方案（注：亥姆霍兹线圈未加入图片中)。选用该方案的前提是学生已经习得磁感应强度的概念。

在此实验方案中,用力传感器测量安培力的大小,用磁传感器测量磁感应强度的大小,用刻度尺测量导线长度,用有刻度的圆盘测量电流与磁场的夹角。

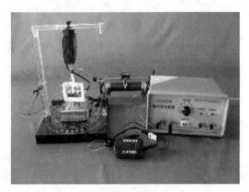

图 3 - 35

(1) 保持 L、B、I 不变,探究 F 与 θ 的关系。

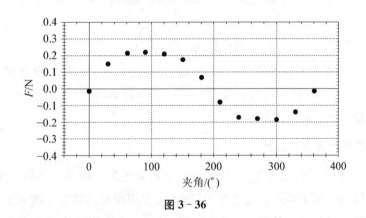

图 3 - 36

由图 3 - 36 可看出安培力 F 与电流、磁场的夹角 θ 的图像大致为正弦函数,故可作出 F 与 $\sin\theta$ 的图像,发现其大致为一条过原点的直线。

通过演绎推理获得结论的逻辑过程如下:

如果图像为一条过原点的直线,则是正比例函数

安培力大小 F 与电流、磁场夹角的正弦值 $\sin\theta$ 的图像为一条过原点的直线

故,安培力大小 F 与电流、磁场夹角的正弦值 $\sin\theta$ 成正比

(2) 保持 L、B 不变,$\theta = \pi/2$,即导线与磁场垂直,探究 F 与 I 的关系。

通过演绎推理获得结论的逻辑过程如下:

如果图像为一条过原点的直线,则是正比例函数

安培力大小 F 与电流大小 I 的图像为一条过原点的直线

故,安培力大小 F 与电流大小 I 成正比

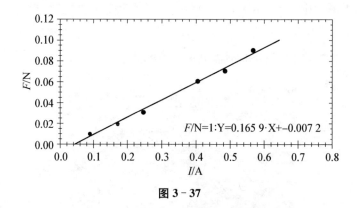

$F/N=1:Y=0.165\ 9\cdot X+-0.007\ 2$

图 3 - 37

（3）保持 I、B 不变，$\theta=\pi/2$，即导线与磁场垂直，探究 F 与 L 的关系。

同理，做 $F-L$ 图，发现其是一条过原点的直线。通过演绎推理获得结论"安培力大小 F 与导线长度 L 成正比"的逻辑过程与上类似。

（4）保持 I、L 不变，$\theta=\pi/2$，即导线与磁场垂直，探究 F 与 B 的关系。

同理，做 $F-B$ 图，发现其是一条过原点的直线。通过演绎推理获得结论"安培力大小 F 与磁感应强度 B 成正比"的逻辑过程与上类似。

（5）综上，可得安培力大小的计算公式为：$F=BIL\sin\theta$。

方案评析：该方案对实验装置要求较高，除了要用到一些传感器，还需要用到亥姆赫兹线圈。但是该方案可以测量安培力涉及到的每一个物理量，可以直接得到安培力大小的计算公式。因此，建议该方案可以作为学生的拓展实验。

（二）教学途径和方法的选择

在安培力方向和大小的学习中，设计实验环节需要学生运用设计实验通用策略等，所需策略和技能相对较多，对于学习程度较好的班级，可采用探究式教学。教师可针对学生可能感到困难的各节点，准备相应的策略单、技能单，以便学生在设计实验过程中遇到困难时可以提供给学生，引导其完成设计实验任务。

样例七："楞次定律"教学设计

一、教学任务分析

（一）写图式

表 3 - 52

物理意义	反映了电磁感应现象中感应磁场与原磁场间的关系，可以用来判断由电磁感应而产生的电流的方向

物理教学设计与实施

150

内容		感应电流的磁场总是阻碍引起感应电流的磁通量的变化
物理性质	物理对象及过程	闭合线圈;穿过闭合回路的原磁场的磁通量;原磁场磁通量发生变化;闭合回路中感生电流;感生电流产生的磁场
	存在规律	穿过闭合回路原磁场的磁通量发生变化;闭合回路产生感应电流;感应电流的磁场阻碍这种磁通量的变化
	规律形成的依据	实验发现: 原磁场磁通增加,感应电流磁场就与原磁场反向,让其减少(不让增大); 原磁场磁通减小,感应电流磁场就与原磁场同向,让其增大(不让减少)
定律适用条件		普遍适用
与其他物理概念间的关系		1. 楞次定律是能量守恒定律在电磁感应现象中的具体体现; 2. 感应电流是电磁感应现象在闭合导体中的体现; 3. 当闭合线圈中电流变化时即磁通量发生变化,会在闭合线圈本身中产生感应电动势,为自感
物理体系中的价值		楞次定律的提出,是楞次本人把法拉第的说明与安培的电动力学理论结合起来的结果。楞次定律是电磁现象符合能量转换与守恒定律的具体表现,揭示了电与磁的内在联系及依存关系

（二）定内容

根据图式可知,本节课主要得出结论:

感应电流的磁场总是阻碍引起感应电流的磁通量的变化。

在得出该结论前,应得出两个子结论:

（1）原磁场磁通量增加,感应电流磁场就与原磁场反向,让其减少;（不让增大）

（即感应电流磁场与原磁场方向反向,与穿过闭合回路的原磁场磁通量增大有关）

（2）原磁场磁通量减小,感应电流磁场就与原磁场同向,让其增大;（不让减少）

（即感应电流磁场与原磁场方向相同,与穿过闭合回路的原磁场磁通量减小有关）

（三）析途径

楞次定律习得途径为:实验归纳途径。本节课采用实验方案如下:

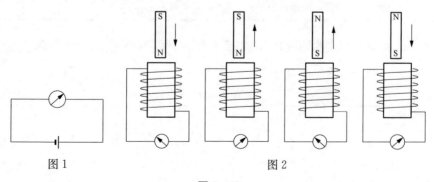

图 **3-38**

(四) 清序列

1. 写出主要结论和建立的逻辑过程

从感应电流磁场的作用看：

结论1：穿过闭合回路原磁场磁通量增加，闭合回路中感应电流磁场就与之反向，让其减少；(不让增大)

结论2：穿过闭合回路原磁场磁通量减小，闭合回路中感应电流磁场就与之同向，让其增大；(不让减少)

本实验中，实验数据如下：

表 3-53

	第1组	第2组	第3组	第4组
磁铁运动方向	N极向下插入线圈	N极向上抽出线圈	S极向上抽出线圈	S极向下插入线圈
穿过线圈的磁场方向	向下	向下	向上	向上
磁通量的变化情况	增大	减小	减小	增大
产生的感应电流方向	左偏	右偏	左偏	右偏
感应电流的磁场方向	向上	向下	向上	向下
两个磁场间的方向关系	相反	相同	相同	相反
感应电流磁场与原磁场变化的关系	阻碍增大	阻碍减少	阻碍减少	阻碍增大

根据以上数据表，通过求同法获得以上两个结论。

通过第1组和第4组实验，获得结论1"穿过闭合回路原磁通量增加时，感应电流磁场方向与原磁场方向相反"，其逻辑过程如表3-54所示，

表 3-54

场合		变化条件	不变条件	结果
1	N极插入	原磁场方向、感应电流磁场方向	原磁通量增加	感应电流磁场与原磁场反向
2	S极插入		原磁通量增加	感应电流磁场与原磁场反向
所以，原磁通量增加，感应电流磁场与原磁场反向				

通过第2组和第3组实验，获得结论2"穿过闭合回路原磁通量减少时，感应电流磁场方向与原磁场方向相同"，其逻辑过程如表3-55所示，

表 3-55

场合		变化条件	不变条件	结果
1	N极拔出	原磁场方向、感应电流磁场方向	原磁通量减少	感应电流磁场与原磁场相同
2	S极拔出		原磁通量减少	感应电流磁场与原磁场相同
所以，原磁通量减少，感应电流磁场与原磁场相同				

由结论1和2概括出结论：感应电流产生的磁场总是阻碍原磁场的变化。依然是运用求同法获得。

2. 实验归纳途径各子环节和策略分析

【提出问题环节】

本节课要研究：电磁感应现象中,闭合回路感应电流方向满足的规律。

对本研究内容学生没有生活中的经验,因此,教师可以呈现感生电流产生的一些实验场合(或引导学生回忆感应电流产生的实验),观察识别实验中感应电流的方向是不同的。

演示实验1：(任选一组即可)

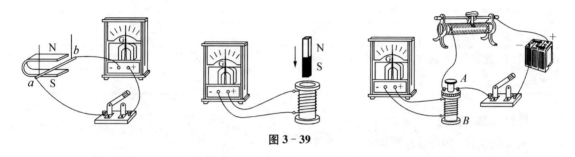

图 3-39

由此引导学生概括出本节课要研究的问题：闭合电路中感应电流的方向满足的规律。

【假设与猜测环节】

本研究中学生没有相关感应电流的生活经验,因此需要教师提供演示实验情景给学生。可采用在闭合回路中插入拔出条形磁铁的实验,引导学生做出猜测。

演示实验2：将条形磁铁N极插入、拔出闭合回路(接有电流表),运用共变法可以做出猜测：

表 3-56

场合		不变条件	变化条件	结果
1	N极插入	原磁场方向方向向下	原磁通量增加	感应电流左偏
2	N极拔出		原磁通量减少	感应电流右偏
故,感应电流方向与磁通量变化方式有关				

演示实验3：将条形磁铁N极、S极分别插入闭合回路(接有电表),运用共变法可以做出猜测：

表 3-57

场合		不变条件	变化条件	结果
1	N极插入	原磁场磁通量增加	原磁场方向向下	感应电流左偏
2	S极插入		原磁场方向向上	感应电流右偏
故,感应电流方向与原磁场方向有关				

当然,学生可能会有其他一些猜测,教师可要求学生提供假设的依据或依据归纳法的结构,对学生的猜测做出判断。

【规划方案环节】

因为本环节中主要结论是通过求同法、共变法获得,因此应遵循两者的结构,将变化条件(及结果)、不变条件(及结果)等信息记录下来,可通过列表的方式呈现相关信息。

实验次数一维,相关信息一维。研究条形磁铁插入和拔出闭合回路实验:

表 3 - 58

	第 1 组	第 2 组	第 3 组	第 4 组
磁铁运动方向				
穿过线圈的磁场方向				
磁通量的变化情况				
产生的感应电流方向				

【设计实验环节】

本课例选择实验装置,如图 3 - 38 所示。

设计实验环节可遵循设计实验通用策略完成。

表 3 - 59

(1) 确定实验目的	探究感应电流方向与磁通量变化等因素间的关系
(2) 确定实验中的研究对象	感应电流方向,磁通量变化情况
(3) 确定实验中研究物体的状态、过程	磁铁不同磁极插入、拔出线圈的过程中,电流表指针会偏转
(4) 确定要测量的物理量确定各物理量测量的原理	感应电流方向:通过电流表指针偏转的方向来判断 磁通量的变化:更换磁极,磁铁插入、拔出线圈
(5) 选择测量各物理量的实验仪器	感应电流方向:电流表 磁通量的变化:更换磁极,磁铁插入、拔出线圈
(6) 确定每次实验中的条件(如物理量的变化方式)	更换磁极,磁铁插入、拔出线圈
(7) 确定实验仪器连接方式	如图 3 - 38

【执行实验,获得数据环节】

获得数据,如下表所示:

表 3 - 60

	第 1 组	第 2 组	第 3 组	第 4 组
磁铁运动方向	N 极向下插入线圈	N 极向上抽出线圈	S 极向上抽出线圈	S 极向下插入线圈

	第1组	第2组	第3组	第4组
穿过线圈的磁场方向	向下	向下	向上	向上
磁通量的变化情况	增大	减小	减小	增大
产生的感应电流方向	左偏	右偏	左偏	右偏

【处理数据,获得结论环节】

(1)各子结论获得过程分析:

● "感生电流方向可能与原磁场磁通量变化有关"

以第1组与第2组实验,或第3组与第4组实验相关信息获得。

如以第1组与第2组实验相关信息,通过共变法获得上述结论,结构如下,

表 3 - 61

场合	结果	变化条件	不变条件
1	电流表左偏	磁通量增大	穿过线圈的磁场方向向下
2	电流表右偏	磁通量减小	
所以,感应电流方向与磁通量变化情况可能有关			

由第1组和第2组可得结论1.1:"感生电流的方向可能与穿过闭合回路的磁通量变化方式有关,磁通量增大对应感生电流左偏,磁通量减小对应感生电流右偏。"

由第3组和第4组可得结论1.2:"感生电流的方向可能与穿过闭合回路的磁通量变化方式有关,磁通量增大对应感生电流右偏,磁通量减小对应感生电流左偏。"

由结论1.1和结论2.2,可得结论,"感生电流的方向与磁通量的变化方式无必然关系"。

演绎推理过程:

如果感应电流方向与磁通量变化方式必然相关,则其对应关系应不变

感生电流方向与磁通量变化方式对应关系不一致

所以,感生电流的方向和磁通量方向无必然关系

● "感生电流方向可能与原磁场方向有关"

由第1组和第4组可得结论2:"感生电流的方向可能与原磁场方向有关"。共变法的逻辑过程如下:

表 3 - 62

场合	结果	变化条件	不变条件
1	电流表左偏	磁场向下	磁通量增大
2	电流表右偏	磁场向上	
所以,感生电流方向与原磁场方向有关			

由第 1 组和第 4 组可得结论 2.1:"感生电流的方向可能与原磁场方向有关,原磁场向下对应感生电流左偏,原磁场向上对应感生电流右偏。"

由第 2 组和第 3 组可得结论 2.2:"感生电流的方向可能与原磁场方向有关,原磁场向下对应感生电流右偏,原磁场向上对应感生电流左偏。"

由结论 2.1 和结论 2.2 可得,"感生电流的方向与磁场方向无必然关系"。

演绎推理过程:

$$\frac{\text{如果感应电流方向与磁场方向必然相关,则其对应关系应不变}}{\text{感生电流方向与磁场方向对应关系不一致}}$$
所以,感生电流的方向和原磁场方向无必然关系

由上分析,感应电流的方向似乎与磁场方向、磁场变化方式有关,但也没有必然关系。那么,面临如下问题(子问题及解决):

问题:感应电流方向到底与何因素有关? 有何关系呢?

已知:感应电流与磁场方向、磁场变化方式无必然关系。

解决方案:不直接研究感应电流方向与上述因素的关系,而通过研究与感应电流方向一一对应磁场方向与上述因素间的关系,来间接研究感应电流磁场方向与相关因素间存在的规律。

解决的策略(或者说方法):转换法

科学中对于一些看不见、摸不着的现象或不易直接测量的物理量,通常从一些非常直观的现象去间接认识,或用易测量的物理量间接测量,这种研究问题的方法叫转换法。

感应电流方向与原磁场方向、原磁场变化似乎有关,但又不存在必然的因果关系。而感应电流方向与感生磁场有一一对应关系,可通过这一要素是否能发现其中的必然关系——转换法。

所以,研究中增加"感应电流的磁场方向"等几栏,得到数据表,如表 3-63 所示:

表 3-63

	第 1 组	第 2 组	第 3 组	第 4 组	所需技能
磁铁运动方向	N 极向下插入	N 极向上抽出	S 极向上抽出	S 极向下插入	
穿过线圈的磁场方向	向下	向下	向上	向上	条形磁铁磁场分布
磁通量的变化情况	增大	减小	减小	增大	条形磁铁磁场分布
产生的感应电流方向	左偏	右偏	左偏	右偏	
感应电流的磁场方向	向上	向下	向上	向下	电流表偏转与线圈电流方向;螺线管磁场判定方法

	第1组	第2组	第3组	第4组	所需技能
两磁场间的方向关系	相反	相同	相同	相反	
感应电流磁场与原磁场变化的关系	阻碍增大	阻碍减少	阻碍减少	阻碍增大	

（2）处理新数据，获得结论。（求同法）

表 3－64

场合	先行情况	被研究的现象
1	原磁场增加	感应电流磁场就与之反向，让其减少（不让增大）
2	原磁场减小	感应电流磁场就与之同向，让其增大（不让减少）
	感应电流产生的磁场总是阻碍原磁场的变化	

二、教学目标

1. 物理观念

理解楞次定律；能解释闭合回路感应电流的方向，是通过其磁场方向间接确定的，而感应电流磁场方向是由磁通量一定变化方式下，感应电流磁场方向与原磁场方向满足关系来确定的。

增加相互作用观、能量观等核心构成成分。

2. 科学探究

在楞次定律学习过程中，遵循实验归纳途径，进行科学探究，经历运用共变法等做出猜测、规划方案，运用设计实验通用策略以及转换法设计实验等。

● 如果在教学中，没有显性化的"方法"教学，科学探究目标可表述为：

经历楞次定律的学习过程，体会科学探究各环节中求同法、共变法、设计实验通用策略、转换法的运用。增加科学探究素养之问题、证据等要素实现经验。

3. 科学思维

在楞次定律学习过程中，运用共变法、演绎推理形成或排除相关因素之间的联系等逻辑推理方法获得结论，提升科学推理能力，形成科学思维。

● 如果在教学中，没有显性化的"方法"教学，科学思维目标可表述为：

经历楞次定律的学习过程，体会共变法、演绎推理形成或排除因果联系等方法的运用。增加科学思维要素之科学推理、科学论证等要素实现经验。

4. 科学态度与责任

经历楞次定律学习过程，体会求真、理性、实事求是的科学态度。

三、教学规划

（一）教学难点

本节课教学难点主要在信息的加工和处理，以及子问题的解决上。

1. 研究"感应电流方向与原磁场方向、原磁通量变化方式的关系"

（1）在此部分中，通过四次实验获得信息，要猜测与感生电流方向有关的相关因素，需用归纳法中的共变法，要排除感生电流方向的影响因素，需要用演绎推理，推理的大前提是形式逻辑中的矛盾律。

要分组排除或肯定相关因素，信息较多，若呈现给学生的方式不合理，学生难以进行相应的加工，获得结论。

如下共 16 个单位信息，应引导学生识别一组信息，猜测一种可能影响因素（子结论），然后遵循由相关子结论依据形式逻辑的矛盾律，演绎推理排除无关信息。信息应有序呈现。（参见前获得结论环节分析）

表 3 - 65

	第 1 组	第 2 组	第 3 组	第 4 组
磁铁运动方向	N 极向下插入线圈	N 极向上抽出线圈	S 极向上抽出线圈	S 极向下插入线圈
穿过线圈的磁场方向	向下	向下	向上	向上
磁通量的变化情况	增大	减小	减小	增大
产生的感应电流方向	左偏	右偏	左偏	右偏

（2）在排除感应电流方向与原磁场方向、原磁通变化方式之间存在必然关系后，学习者面临如下子问题，

已知：感生电流方向与原磁场方向、原磁场变化方式无必然关系。

子问题：如何研究"感生电流方向"影响因素？

解决方案：不是直接研究感生电流的方向，而是以感生电流的磁场为研究对象（感生电流方向与感生电流磁场方向存在一一对应关系）。

解决方法：转换法

教学中可引导学生遵循转换法的思路，提出可从感生电流磁场方向入手研究。

2. 确定感应电流磁场方向的环节

确定感应电流磁场方向的测量方式子环节，需要根据电流表偏转方向，判断导线中电流方向，进而确定线圈中电流方向，再由右手定则确定感应电流磁场方向。即：

（1）指针偏转方向与电流的方向的关系：

指针右偏—电流从正接线柱流进灵敏电流表；

指针左偏—电流从负接线柱流进灵敏电流表。

（2）然后"顺藤摸瓜"确定线圈中的感应电流的方向。对于密绕螺线管，最好在管外侧用适当方式显示绕向，如图 3 - 40 所示。

（3）最后运用右手螺旋定则判定感应电流磁场方向。

图 3 - 40

（二）教学方法： 启发式教学

（三）教学流程图

楞次定律教学流程图：

提出问题	· 呈现一组感应电流存在的实例，如导体切割磁感线、磁铁在闭合回路中插拔等 【教学】教师引导学生识别感应电流方向的不同，提出问题：感应电流方向满足何种规律？
假设猜测	· 呈现闭合线圈中插入、拔出条形磁铁 【教学】教师引导学生运用共变法猜测：感应电流方向可能与原磁场方向、磁通量变化方式有关
规划方案	· 呈现猜测：感应电流方向与原磁场方向、磁通量变化方式可能有关 【教学】教师根据求同法、共变法的结构，以及需要研究的对象、可能因素规划方案
设计实验	· 呈现实验仪器，以及规划好的方案 【教学】教师引导学生遵循设计实验通用策略，设计实验装置，如图3-38所示
执行实验	· 学生按规划方案，完成实验，获得数据，如表3-55所示
获得结论1	· 呈现实验获得的数据，如表3-55所示 【教师】教师引导学生依据共变法以及演绎推理，获得感应电流方向与原磁场方向、磁通量变化方式无必然关系

提出 新问题	· 既然感应电流与原磁场方向、磁通量变化方式无必然关系 【教学】教师提出问题：如何研究感应电流方向的规律？
解决 新问题	· 【教学】教师引导学生遵循转换法，提出可从与感应电流无必然相关的物理量为对象入手研究，由此提出：可研究感应电流磁场方向与上述因素是否有关
获得数据	· 【教学】教师引导学生分析四次实验中感应电流磁场的方向，填入表3-59中
获得 结论2	· 【教师】教师引导学生分析原磁场和感应电流产生磁场方向的关系填入表中，引导学生遵循求同法获得结论：原磁通量增加，感应电流磁场与原磁场方向相反（不让增加）；反之不让减少。由此概括出楞次定律

图 3 - 41

四、其他教学方案评析

有教师的教学中,采用了"来斥离吸"现象来获得"感应电流的磁场总要阻碍引起感应电流的磁通量的变化",从而得出楞次定律。(实验装置如下)

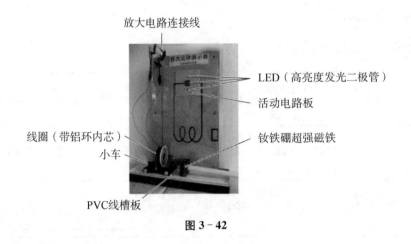

图 3 - 42

(一) 楞次定律形成过程分析

实验中,观察到的现象,如表 3 - 66 所示:

表 3 - 66

	磁铁相对线圈运动	磁铁与线圈间相互作用力的形式
1	N 极靠近	相斥
2	N 极远离	相吸
3	S 极靠近	相斥
4	S 极远离	相吸

问题:由表 3 - 66 中的现象,如何习得楞次定律,即获得结论"感应电流磁场方向,总是阻碍引起感应电流的磁场磁通量的变化"呢?

解决问题的总策略:向前推理。可遵循向前推理的策略,由已知逐步接近求知。

(1) 由实验现象(已知,如表 3 - 66 所示)可得结论。

由表 3 - 66 中的实验 1、3,可得结论(求同法):当条形磁铁靠近线圈时,两者间相互作用力的形式是相斥。(不让靠近)

由表 3 - 66 中的实验 2、4,可得结论(求同法):当条形磁铁远离线圈时,两者间相互作用力的形式是相吸。(不让远离)

(2) 在磁性方面,通电螺线管相当于一个条形磁铁,两者作用形式能判断线圈与磁铁相对面的极性。(如表 3 - 67 所示)

表 3-67

		磁铁与线圈间相互作用力的形式	线圈与条形磁铁相对面的极性
1	N 极靠近	相斥	N 极
2	N 极远离	相吸	S 极
3	S 极靠近	相斥	S 极
4	S 极远离	相吸	N 极

（3）此线圈中的磁场是由什么产生的？由感应电流产生。

（4）相互作用中，两磁场的关系如何？（表 3-68 除最后一列）

表 3-68

	磁铁与线圈间相互作用力的形式	线圈与条形磁铁相对面的极性	两磁场方向	两磁场方向的关系	闭合回路磁通量变化
1	N 极靠近	相斥	条形磁铁磁场 ← 线圈感应电流的磁场 →	相反	增大
2	N 极远离	相吸	条形磁铁磁场 ← 线圈感应电流的磁场 ←	相同	减少
3	S 极靠近	相斥	条形磁铁磁场 → 线圈感应电流的磁场 ←	相反	增大
4	S 极远离	相吸	条形磁铁磁场 → 线圈感应电流的磁场 →	相同	减少

由表 3-68(除最后一列)，得出结论：

当磁铁靠近时，线圈中感应电流产生的磁场与原磁场方向相反。（求同法）

当磁铁远离时，线圈中感应电流产生的磁场与原磁场方向相同。（求同法）

显然，以上结论不是物理规律，因为磁铁靠近、远离并不涉及物理概念。

（5）分析靠近、远离背后的物理量的变化。

靠近时，哪些物理量变化？磁感应强度、磁通量大小。

因为螺线管的磁场是由于感应电流产生，感应电流与那些因素有关？磁通量的变化。

故可将磁通量的变化列出，如表 3-68 所示。

（6）由此得出结论(求同法)：

当闭合回路磁通量增加时，感应电流磁场与原磁场方向相反。（不让增加）

当闭合回路磁通量减少时，感应电流磁场与原磁场方向相同。（不让减少）

(二) 方案的优缺点分析

以上方案的优点：方案一中，直接研究感应电流方向规律时，要帮助学生排除"感应电流方向与磁通量变化方式、原磁场方向可能的因果关系"，逻辑上相对繁琐，易造成学生学习的困难。以上方案则避开了方案一的不足。

以上方案的缺点：本节课研究的问题"感应电流的方向满足的规律"，而本组实验中并不涉及感应电流方向。采用此方案学习时，学生可能会迷惑。要研究的是感应电流方向的规律，但过程中并不出现显然，尽管可以用该组实验获得楞次定律，但并不适合放在楞次定律学习阶段，即获得楞次定律的学习过程。

建议：作为习得楞次定律后的验证性实验使用。

通过方案一，习得楞次定律后，进行验证：

(1) 提供方案二实验装置；

(2) 假设楞次定律成立，则当 N 极、S 极靠近线圈时，线圈应如何运动？（应远离磁铁）当 N 极、S 极远离线圈时，线圈应如何运动？（应靠近磁铁）

(3) 执行实验，观察相关现象是否出现？由此证实楞次定律的真实性。

样例八："光电效应"教学设计

设计者：欧　勇　四川省成都市石室中学

一、教学任务分析

(一) 写图式

光电效应现象：当光束照射在金属表面时，使电子从金属中逸出的现象，叫光电效应。

表 3-69

物理意义		描述光照射在金属表面，产生光电子的现象中满足的规律
物理性质	对象、状态、过程	光照射在金属表面，金属表面的电子接收到光照射的能量，当能量大于金属表面的制约（逸出功），电子逸出金属并具有一定动能
	存在规律	逸出电子的动能、金属逸出功与光子提供的能量有关 逸出电子的动能、金属逸出功之和等于一个光子提供的能量
	规律获得的依据	爱因斯坦借鉴普朗克处理黑体辐射的思想，运用光量子及光量子能量（$h\nu$），假设当光束在和物质相互作用时，其能流并不是像波动理论所想象的那样是连续分布的，而是集中在一些叫做光子的粒子上，光子一个个打在金属上，金属中电子要么吸收一个光子的能量，要么完全不吸收。吸收光子能量的电子，若能量大于金属的逸出功，就脱离金属制约，以一定动能在空气中自由运动。
定义式		逸出电子的动能、金属逸出功之和等于一个光子提供的能量
数学表达式		$h\nu = E_k + W_0 = \dfrac{1}{2}m_e v_0^2 + W_0$

与其他物理概念间的关系	光与物质(金属)相互作用时表现出量子性 1. 入射光子能量在紫外至可见光范围(与电子的束缚能同数量级),相互作用以光电效应为主; 2. 入射光子能量在 X 射线范围,康普顿效应的几率大幅上升; 3. 入射光子能量达到一兆电子伏时,主要为电子对效应(湮灭或产生)
物理体系中的价值	光电效应现象的发现,成为了突破麦克斯韦电磁理论的一个重要证据。 爱因斯坦在研究光电效应时给出的光量子解释不仅推广了普朗克的量子理论,证明波粒二象性不只是能量才具有,光辐射本身也是量子化的,同时为唯物辩证法的对立统一规律提供了自然科学证据,具有不可估量的哲学意义。这一理论还为波尔的原子理论和德布罗意物质波理论奠定了基础。 密立根的定量实验研究不仅从实验角度为光量子理论进行了证明,同时也为波尔原子理论提供了证据

(二) 定内容

(1) 光电效应现象:当光照射在金属表面时,使电子从金属中逸出的现象。

(2) 光电效应规律:

① 存在饱和电流:光照条件不变时,光电流先随所加电压的增大而增大;达到某一定值(饱和电流)后,即使电压增大,光电流也不再增大。

② 饱和电流与光强有关:光的颜色不变时,入射光越强,饱和电流越大;即对于一定颜色的光,入射光越强,单位时间内发射的光电子数越多。

③ 存在遏止电压:当反向电压增加到一定数值 U_0 时,光电流减少到零,U_0 称为遏止电压。

④ 对特定金属,遏止电压与光强无关,与光的频率有关。

⑤ 光电子的最大初动能 $\frac{1}{2}mv_0^2 = eU_0$,与入射光的强度无关,只随入射光的频率增大而增大。

⑥ 存在截止频率:对于特定金属,对应一个频率值 ν_0,当入射光频率低于 ν_0 时,遏止电压为 0,即不需要施加反向电压也不会产生光电效应。该频率 ν_0 称为截止频率。

⑦ 弛豫时间:当入射光束照射在阴极金属上时,无论光强怎样微弱,几乎在开始照射的同时就产生了光电子,弛豫时间最多不超过 10^{-9} s。

⑧ 逸出功:对于特定金属,对应一个使电子脱离该金属所做功的最小值,称为逸出功 W_0。

(3) 光的波动性理论无法解释光电效应现象,光的粒子性理论可以解释光电效应现象,表明光具有波粒二象性。

(4) 爱因斯坦的光电效应方程:$E_k = h\nu - W_0$,其中 $E_k = \frac{1}{2}mv^2$。

(三) 析途径

1. 光电效应现象:实验途径(求同)

通过如图 3-43 所示演示实验,发现并定义光电效应现象。

演 示

把一块锌板连接在验电器上，并使锌板带负电，验电器指针张开。用紫外线灯照射锌板（图17.2-1），观察验电器指针的变化。

这个现象说明了什么问题？

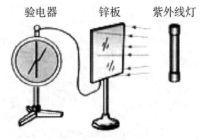

图 3 - 43

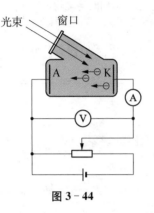

图 3 - 44

2. 光电效应规律：实验探究途径

通过如图 3 - 44 所示实验，探究光电效应中存在的各种规律。

3. 经典解释与实验现象的矛盾之处：理论分析途径

对于光的波动性的经典解释，通过否定后件式的演绎推理方法，发现经典解释与实验现象的矛盾之处，表明光的波动性的经典解释无法用来解释光电效应现象，引出对新的理论的需求。

4. 光的粒子性的解释与爱因斯坦的光电效应方程：理论分析途径

学习爱因斯坦的相关理论和光电效应方程，通过演绎推理方法，发现其理论解释与实验现象的一致性，表明爱因斯坦的光电效应方程可以用来解释光电效应现象，从而确定光具有粒子性。

（四）清序列

本例中实验归纳途径不是严格意义上的实验归纳，因为在获得结论环节并不是建立物理量之间的关系、获得结论，而是发现实验事实。但实验探究的过程还是遵循提出问题、假设猜测等子环节，故此部分内容的形式将不同于其他样例，将省略获得结论的逻辑过程，着重呈现实验归纳各子环节的内容。

1. 光电效应现象：实验途径（求同）

【介绍实验仪器】

该演示实验的目的是发现光电效应现象。学生没有相关经验，故此处可由教师直接呈现并介绍实验仪器（如图3-43）：将一块带负电的金属锌板与验电器连接，验电器指针会张开。

【提出问题、演示实验】

教师提出问题：如果此时用紫外线灯照射锌板，会有何现象？

随后教师进行演示实验，学生观察并记录实验现象：验电器指针偏转角度减小。

【解释实验现象】

前面演示实验中，可以观察到什么现象？

验电器指针偏转角度减小。

原来验电器指针张开是因为什么？

因为与之相连的锌板带负电。

现在用紫外线灯照射锌板后，验电器指针偏转角度减小，说明什么？

说明与之相连的锌板在紫外线灯照射下带负电的电量减少了，也就是锌板上的负电荷减少了。

负电荷即为电子，它不会凭空消失，只会发生转移。此时锌板上的电子可能转移到何处？

锌板除了与验电器接触，还与空气接触，电子可能转移到空气中。

说明紫外线照射锌板时，锌板上的电子脱离锌板，成为空气中的自由电子。

【获得结论】

分别换用黄光、蓝光等照射在钾、钠等金属板上进行实验，发现均有此现象，教师可引导学生遵循求同法获得结论：当光束照射在金属表面时，（可以发生）使电子从金属中逸出的现象。

由于此现象与"光"和"电子"有关，所以把这种现象称为"光电效应"。

2. 光电效应规律：实验探究途径

【提出问题环节】

该实验的目的是探究光电效应中存在的规律。教师可引导学生思考，既然存在光电效应现象，那其中是否存在什么规律？从而提出探究问题：探究光电效应中存在的规律。

【假设与猜测环节】

虽然学生没有相关经验，但通过之前的学习，学生应该可以知道"光"是发生光电效应的原因，故此处教师可引导学生思考光的哪些因素可能会影响光电效应现象，从而得出猜测：光的强度、光的颜色（频率）等物理量可能会影响光电效应中电子的发射情况。

【规划方案环节】

经过猜测，学生应不难提出：分别改变光的强度、光的颜色（频率）等物理量，多做几组实验，观察光电效应中电子的发射情况与它们的关系（也就是遵循控制变量法来规划方案）。

【设计实验环节】

本环节需要设计用于研究的实验装置，参见图3-44。

教学中一般都提供有相应的实验仪器，在此基础上可遵循设计实验通用策略来设计实验。

实验装置：密封在真空玻璃管中的两个金属电极、光源、电源、电压表、电流表、滑动变阻器、导线等。

由于本环节要进行多次实验，故此处仅以"探究光电效应中发射电子数量与光强的关系"为例，介绍遵循设计实验通用策略设计实验的过程，其他实验的设计思路均与此类似。

表 3-70

（1）确定实验目的	研究光电效应中发射电子数量与光强的关系
（2）确定实验中的研究对象	阴极 K 在光照下发射电子数量

(3) 确定实验中研究物体的过程、状态	无光照射在阴极 K 上时,阴极 K 不发射电子; 有光照射在阴极 K 上时,阴极 K 发射电子
(4) 需要测量的物理量以及测量原理	测量的物理量:光电流大小; 测量原理:有光照射在阴极 K 上时,阴极 K 发射电子在密封的真空玻璃管中。将这两个金属电极接入电路,则两极板间存在电场,阴极 K 发射出的光电子在电场力作用下定向移动,在电路中形成光电流。电路中的光电流越大,说明阴极 K 在光照下发射电子数量越多(转换法)
(5) 选择测量各物理量的实验仪器	光电流大小:电流表 电压大小:电压表
(6) 确定每次实验的条件(如物理量的变化方式)	改变光的强度:改变光源照射到 K 的光圈大小 改变电压大小:移动滑动变阻器滑片
(7) 确定实验仪器连接方式	如图 3-44

在步骤(4)中学生会遇到子问题:如何测量或反映出阴极 K 在光照下发射电子数量?

解决策略:转换法。

解决思路:

教师引导学生思考,单位时间内通过导体横截面的电子数量越多,通过导体的电流越大;

如果能测量出电路中的电流大小,就能间接反映出阴极 K 在光照下发射电子数量;

要让阴极 K 在光照下发射的电子在电路中形成电流,那一定要让电子做定向移动;

电子在电场力的作用下会做定向移动,故应该使 A、K 两金属极板间存在电场;

将 A、K 两金属极板分别与电源正负极相连,即可使两金属极板间存在电场;

可通过移动滑动变阻器滑片改变两金属极板间电压大小,得到多组数据进行分析;

还需要接入电压表和电流表分别测量电压和光电流大小。

至此,子问题得到解决,学生可大致确定实验仪器的连接方式(如图 3-44)。

【进行实验、获得数据环节】

实际教学中,教师要进行多组演示实验,记录相应 I 和 U 的大小,绘制光电流与电压的关系图像;记录遏止电压和光的频率的大小,绘制遏止电压和光的频率的关系图像。

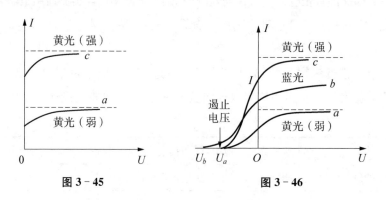

图 3-45　　　　　　　　图 3-46

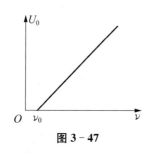

图 3-47

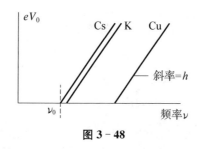

图 3-48

(1) 控制光的颜色和光强不变,得到 $I-U$ 关系如图 3-45 中曲线 a(或 c)所示;

(2) 控制光的颜色不变,增大入射光的强度,得到 $I-U$ 关系如图 3-45 中曲线 a 和 c 所示;

(3) 交换电源正负极,增大反向电压,得到 $I-U$ 关系如图 3-46 中曲线 a 和 c 所示;

(4) 更换蓝光进行上述实验,得到 $I-U$ 关系如图 3-46 中曲线 b 所示;

(5) 改变入射光的频率,得到遏止电压和频率的关系如图 3-47 所示;

(6) 更换不同金属进行实验,得到不同金属遏止电压和频率的关系如图 3-48 所示;

(7) 当光照射在阴极 K 上时,无论光强怎样微弱,几乎在开始照射的同时就产生了光电流。(注意:教学中无法测量弛豫时间,所以可以在学生观察到"几乎同时"之后告诉学生,经过科学家的实验与精确测量,发现弛豫时间最多不超过 10^{-9} s。)

(8)(教师带领学生理论分析)我们知道,金属中原子外层的价电子会脱离原子而做无规则热运动。但在温度不是很高时,电子并不能大量逸出金属表面,这表明金属表面层内存在一种力,阻碍电子的逃逸。电子要从金属中挣脱出来,必须克服这种阻碍做功。使电子脱离某种金属所做的功的最小值,叫做这种金属的逸出功,用 W_0 表示。教师可在学生掌握了逸出功的概念后告诉学生,经过科学家的实验与测量,不同金属的逸出功不同,此时可给学生呈现几种金属的逸出功。

【整理数据、获得结论环节】

由上述实验数据,通过求同法、共变法及实验事实,可以归纳出光电效应存在的规律(见前文"定内容"部分)。

3. 经典解释与实验现象的矛盾之处:理论分析途径

原命题:假设光的波动性的经典理论适用于光电效应;

推论1:

当金属受到光照时,其中电子从光中吸收能量,吸收的能量与原有的热运动能量之和等于逸出功与电子逸出后的动能之和。

经典波动理论认为光的能量是由光的强度决定的,故光强越大,电子单位时间内吸收的能量越多,电子逸出后的动能越大;由于 $\frac{1}{2}mv_0^2 = eU_0$,因此遏止电压也应越大。

即,同频率的光,光强越大,遏止电压越大。

实验事实 1：

对特定金属，遏止电压与光强无关，只随入射光的频率增大而增大。

推论 2：

当金属受到光照时，其中电子从光中吸收能量，吸收的能量与原有的热运动能量之和大于逸出功即可产生光电效应。

经典波动理论认为光的能量是由光的强度决定的，因此，不论入射光频率 ν 为多少，只要光强足够大，时间足够多，总可以使电子吸收的能量大于逸出功，从而产生光电效应。即光电效应应该与入射光的频率无关。

实验事实 2：

光电效应与入射光频率有关。当入射光频率低于该金属的截止频率时，入射光强度再大，照射时间再长，也不能产生光电效应。

推论 3：

若以光强为 0.1 pW/cm^2 的极弱紫色光（波长为 400 nm）照射，根据实测 U_0 求出 W，并按波动理论估算（按电动力学原理，电子能吸收光能的有效截面为波长平方的量级），弛豫时间约为 5 分钟。

实验事实 3：

弛豫时间最多不超过 10^{-9} s，光电效应几乎是瞬时发生的。

论证：

推论 1 与实验事实 1 矛盾，推论 2 与实验事实 2 矛盾，推论 3 与实验事实 3 矛盾；而实验事实 1、2、3 均正确，根据矛盾律可知推论 1、2、3 均错误；根据充分条件假言推理否定后件式可知原命题错误，即光的波动性的经典解释无法用来解释光电效应现象。也就是说，在讨论光与微观粒子相互作用时，不能采用光的波动理论。因此需要新的观念、新的思想、新的理论。

4. 光的粒子性的解释与爱因斯坦的光电效应方程：理论分析途径

● 光的粒子性的解释

爱因斯坦关于光的粒子性的理论：

爱因斯坦借鉴普朗克处理黑体辐射的思路做出假设，当光束在和物质相互作用时，其能流并不像波动理论所想象的那样是连续分布，而是集中在一些叫做光子的粒子上，光子的能量正比于频率，即 $\varepsilon = h\nu$。

当光束照射在金属上时，光子一个个打在金属上，金属中的电子要么吸收一个光子的能量，要么完全不吸收，所以电子吸收光子的能量后，满足 $h\nu = \frac{1}{2} m_e v_0^2 + W_0$。

光强 $I = nh\nu$。

推论 1：

当入射光的光子具有的能量小于电子逸出金属的逸出功时，即 $h\nu < W_0$，根据 $h\nu = \frac{1}{2}m_e v_0^2 + W_0$，说明此时不可能存在脱离金属后电子的动能，也就是电子不可能脱离金属，即不发生光电效应。

说明光电效应中存在截止频率，且截止频率满足 $h\nu_{\min} = W_0$。

推论 2：

当入射光的光子具有的能量大于电子逸出金属的逸出功时，即 $h\nu > W_0$，根据 $h\nu = \frac{1}{2}m_e v_0^2 + W_0$，说明此时电子逸出金属后具有动能 $\frac{1}{2}m_e v_0^2 = h\nu - W_0 = h\nu - h\nu_{\min} = h(\nu - \nu_{\min})$ ……式（1）

根据式（1），光电子的动能与光强无关，只与入射光的频率和截止频率的差有关。

推论 3：

如果加上反向电压，当达到遏止电压时，有 $eU_0 = \frac{1}{2}m_e v_0^2$ ……式（2）

联立式（1）、式（2），则有 $eU_0 = h(\nu - \nu_{\min})$，即遏止电压与入射光的频率成线性关系。

推论 4：

因为光强 $I = nh\nu$，故当入射光频率一定时，光强 I 与光子数密度成正比。

此时，光强一定，光子数密度一定，能击发出电子数也就一定，所以存在饱和电流。

同时，光强大表明光子流密度大，在单位时间内金属中吸收光子能量的电子多，从而饱和电流大。即对于一定颜色的光，入射光的强度越大，饱和电流越大。

推论 5：

电子吸收光子能量是要么吸收，要么完全不吸收。故当光束照射到金属上时，应即刻有电子吸收光子能量，所以即刻产生光电子，弛豫时间极短。

论证：

推论 1—5 均与实验事实相符，根据演绎推理可知原命题正确，即爱因斯坦的相关理论可以用来解释光电效应现象，从而确定光具有粒子性。

● 学习爱因斯坦的光电效应方程：$E_k = h\nu - W_0$，其中 $E_k = \frac{1}{2}m_e v^2$。

二、教学目标

1. 物理观念

理解光电效应现象及其存在的规律。

理解光的波动性的经典理论与实验现象的矛盾之处，知道在讨论光与微观粒子相互作用时，不能采用光的波动理论。

理解爱因斯坦关于光的粒子性的理论及其光电效应方程，知道在讨论光与微观粒子相互作用时，要采用光的粒子性理论。从而建立起光的波粒二象性。

增加物质观、相互作用观等核心构成成分。

2. 科学探究

在光电效应规律的学习过程中，遵循实验归纳途径，进行科学探究，经历运用控制变量法规划方案、运用设计实验通用策略、转换法设计实验等。

● 如果在教学中，没有显性化的"方法"教学，科学探究目标可表述为：

经历光电效应规律的学习过程，体会科学探究各环节中控制变量法、设计实验通用策略、转换法的运用。增加科学探究素养之证据、解释等要素实现经验。

3. 科学思维

经历理论分析学习"经典解释与实验现象的矛盾之处"和"爱因斯坦关于光的粒子性的理论及其光电效应方程"的过程，体会理论分析解决物理问题的一般方法、论证方法等。增加科学思维要素之科学推理、科学论证等要素实现经验。

4. 科学态度与责任

经历光电效应学习过程，体会理性、实事求是的科学态度，初步形成科学是在前人研究基础上不断发展变化的科学本质观。

三、教学规划

（一）教学重难点

重点：掌握光电效应现象及规律；论证经典解释与实验现象的矛盾之处；掌握爱因斯坦关于光的粒子性的理论及其光电效应方程。

难点：

（1）在"光电效应规律"的学习中，选择实验归纳途径。在设计实验环节中，可能因学生不熟悉设计实验通用策略而构成教学难点。尤其是其中还会遇到子问题：如何反映出光电效应中电子的发射数量？故本环节需要教师明确设计实验通用策略的条件及步骤，遵循相应策略的步骤引导学生完成子任务，并在遇到子问题时引导学生通过转换法获得解决子问题的思路。

（2）在探究光电效应规律的实验中，由于操作和现象过于繁琐，学生需要识别的信息量过大，可能导致思考的无序性，从而构成教学难点。故教师应进行一次操作、记录一次现象、分析此现象说明什么、学习相关概念，再进行下一次操作；不宜进行完所有操作，记录下所有现象之后才来分析实验现象说明了什么。

（3）用理论分析由光的波动理论得出推论时，需要用到功能关系、电动力学原理等；用理论分析由爱因斯坦关于光的粒子性的理论得出推论时，需要用到能量守恒、功能关系、光强公式等；若学生不具备这些必要技能，则可能在此环节构成教学难点。故教师可在此环节前带领学生进行相应的复习。

（二）教学方法：启发式教学

（三）教学结构图

1. 光电效应学习层级图

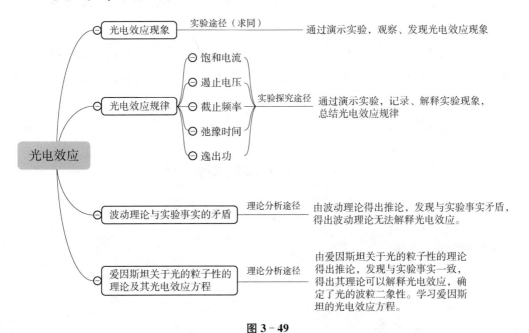

图 3-49

在光电效应教学中，光电效应现象的学习较简单，后面理论分析的学习过程在前文"清序列"部分已有较详细的陈述，故此处只重点介绍"光电效应规律"的教学流程。

2. "光电效应规律"教学流程图

提出问题	·【教学】在学习了光电效应现象后，教师引导学生提出问题"光电效应现象中可能存在什么规律"
假设猜测	·根据之前的学习，学生应该可以知道"光"是发生光电效应的原因 ·【教学】教师可引导学生思考光的哪些因素可能影响光电效应，从而得出猜测：光的强度、光的颜色（频率）等物理量可能会影响光电效应中电子的发射情况
规划方案	·如何探究光电效应的规律？ ·【教学】教师引导学生根据猜测，遵循控制变量法，提出方案：分别改变光的强度、光的颜色（频率）等物理量，多做几组实验，观察光电效应中电子的发射情况与它们的关系
设计实验	·呈现实验仪器，密封在真空玻璃管中的两个金属电极、光源、电源、电压表、电流表、滑动变阻器、导线等 ·【教学】教师引导学生遵循设计实验通用策略，完成实验装置的组合；遵循转换法解决子问题：如何反映光电效应中电子发射情况？
进行实验记录现象	·【教学】教师进行实验，学生观察并记录实验现象
解释现象总结规律	·【教学】教师引导学生分析、解释实验现象，总结得出光电效应的规律 ·教师应进行一次实验操作、记录一次现象、分析此现象说明什么、学习相关概念，再进行下一次操作

图 3-50

四、其他教学方案评析

在"光电效应"学习中，实验通常采用上述方案，再结合理论分析进行教学，故此处不再讨论其他实验方案及教学途径的选择，但在教学方法上，对于学习程度较好的班级，还可采用探究式教学。

在"光电效应规律"的学习中，设计实验环节需要学生运用设计实验通用策略、转换法等，所需策略和技能相对较多，如采用探究式教学法，教师可针对学生可能感到困难的各节点，准备相应的策略单、技能单，以便学生在设计实验过程中遇到困难时可以提供给学生，引导其完成设计实验任务。

样例九："平面镜成像"教学设计

设计者：林慧金 广东省深圳市新安中学（集团）外国语学校

一、教学任务分析

（一）写图式

表 3 – 71

物理意义	描述物体经平面镜所成像与物体满足的规律	
内容	物体经平面镜所成像，与物体大小相等；像到镜面的距离与物到镜面的距离相等；像和物体的连线和镜面垂直	
物理性质	物理对象及过程	物体、经平面镜成像、物体的大小、像的大小、物体到镜面距离、像到镜面距离
	存在规律	（物体经平面镜）所成像大小与物体大小相等； 像到镜面的距离与物体到镜面距离相等； 像和物体的连线和镜面垂直
	规律建立的依据	实验归纳中，在不同位置，测量像到镜面的距离都等于物到镜面的距离。在不同位置，测量像的大小与物的大小相等（用等长的蜡烛移动找到像的位置，以及大小）。理论分析途径中，运用光的反射规律获得
模型		
实例	各种平面镜，如大楼或衣橱中的镜子、牙医使用的探查镜、化妆盒中的小镜子、平静的水面、光滑平整的金属表面等	
与其他物理概念间的关系	光的反射规律的应用	

（二）定内容

通过图式的梳理,本节课的主要内容是平面镜成像规律意义的学习,需要获得的主要结论如下:

结论1:物体经平面镜所成像大小与物体大小相等;

结论2:像到镜面的距离与物体到镜面的距离相等;

结论3:像和物体的连线和镜面垂直。

（三）析途径

途径一:实验探究途径,实验方案如下图。

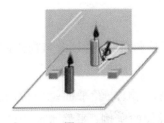

图 3－51

途径二:理论分析途径。

（四）清序列

1. 实验探究途径

（1）各子结论获得的逻辑过程

结论1:像到镜面的距离等于物到镜面的距离。（求同法）

表 3－72

场合	变化条件	不变条件	结果
1	物体到镜面距离较近	物体经平面镜成像	像到镜面的距离等于物到镜面距离
2	物体到镜面距离较远		像到镜面的距离等于物到镜面距离
3	物体到镜面距离最远		像到镜面的距离等于物到镜面距离
平面镜成像,像到镜面的距离等于物到镜面的距离			

结论2:像的大小等于物的大小。（求同法）

表 3－73

场合	变化条件	不变条件	结果
1	物体较小	物体经平面镜成像	像的大小等于物的大小
2	物体较大		像的大小等于物的大小
3	物体最大		像的大小等于物的大小
平面镜成像,像的大小等于物的大小			

结论3：像和物体的连线和镜面垂直。（求同法）

表 3 - 74

场合	变化条件	不变条件	结果
1	记录物体和像的位置 1，1′	物体经平面镜成像	像和物体位置的连线与平面镜垂直
2	移动物体，记录物体和像的位置 2，2′		像和物体位置的连线与平面镜垂直
3	移动物体，记录物体和像的位置 3，3′		像和物体位置的连线与平面镜垂直
平面镜成像，像和物体位置的连线与平面镜垂直			

（2）各子环节中问题解决的策略

【提出问题环节】

本环节要研究的问题为物体经平面所成像，像与物体的位置、大小、平面镜的位置等存在何种关系？

提出问题的情景中，应可识别：物体、经平面镜成像，其中物体以及所成像应有变化。如，可由教师和学生举出平面镜成像的实例：平静水面的塔的倒影、人站在衣橱镜前整理衣服、小姑娘在用化妆镜等。物体不同、像也不同。

可通过举出平面镜成像的实例，概括出研究的问题：物体、物体经平面镜所成像以及平面镜位置间满足的规律。

【假设猜测环节】

本例中，通过课前老师的生活例子引入，根据经验，学生不难运用求同法猜测出：研究物体经平面镜所成的像和物体本身大小，像到镜面距离与物到镜面的距离的关系。

【规划方案环节】

本案例中，经过猜测环节：平面镜成像与物体有关系（大小相等）、像与物体到镜面距离有关（相等），在进行方案规划时，应该有意识地运用求同法，让学生分别研究对象的属性特征。

第一组：研究像与物大小的关系。保持其他条件不变，改变物体大小，观察像的大小如何变化。

第二组：研究像与物到镜面距离的关系。保持其他条件不变，改变物到镜面的距离，观察像到镜面距离与物到镜面距离的关系。

表格如逻辑分析环节所示。

【设计实验环节】

由于课堂教学中，都提供了基本的实验装置：光具座、玻璃板、两只等大的蜡烛，刻度尺、火柴、白纸等，于是本实验中测量所需的技能都是明确的。故本例中，可遵循设计实验通用策略，逐步、有序地思考，形成实验具体方案。

（1）确定实验目的	研究平面镜成像时，物、像距离间的关系	
（2）确定实验中的研究对象	发光 LED 灯或蜡烛等发光体（成像更清楚）以及物体经平面镜所成像	
（3）确定实验中研究物体的状态、过程	发光体放置在平面镜前，可观察到其所成的像。（位置适中，并能确定像的位置） 若使用普通平面镜，无法确定并控制像的位置，由此构成一个子问题	用"等效替代法"
（4）确定要测量的物理量及各物理量测量的原理	测量物体到平面镜的距离，测量像到平面镜的距离。 基本物理量长度的直接测量。 物到平面镜的距离可测量，等大的熄灭的蜡烛确定像底部的位置，像的位置可测量	用"等效替代法"
（5）选择测量各物理量的实验仪器	测量距离——刻度尺（或位移传感器）	
（6）确定每次实验中的条件（如物理量的变化方式）	可移动发光体，依次到距平面镜近、较近、较远等位置	
（7）确定实验仪器连接方式	略	

在步骤（3）中，研究中需要"能够测量像到镜面距离"的状态，而普通平面镜无法实现，构成一个子问题。而解决该子问题，运用的就是等效替代法。

子问题 1：如何显示（可测）像的位置？

障碍：普通的平面镜无法确定位置。

解决：用透明玻璃代替平面镜。（必要技能）

解决思路：用透明玻璃代替平面镜，其中成像的效果相同，且可以确定所成像的位置。即在成像效果相同的条件下，将原先无法显示的属性呈现出来。该解决思路运用的就是"等效替代法"。

在步骤（4）中，研究中需要测量像的准确位置，如果用蜡烛，在玻璃一侧成像时，只能比较清楚地观察到烛焰。

子问题 2：如何（准确地）确定像的位置。（只有上方烛焰，如何确定其竖直下方的位置点）。

障碍：观察到发光体（上方），无法直接确定其对应桌面的位置。

解决：用与物体相同的不发光的另一物体，移动到与像（上方）重合的位置。

解决思路：在像上方的位置相同时（效果相同），同时能确定其下方的位置。也就是等效替代法。

【执行实验，获得数据环节】

本环节需要概括出实验的步骤，并依步骤执行实验。

本环节在实验规划方案、实验目的、实验装置都清楚的前提下，可遵循规划的方案，有依据地改变实验中相关条件，测量变化条件和结果对应的物理量。

【处理数据，获得结论环节】

整理数据的方法：可采用列表的方法进行汇总，观察：（1）在物体的大小改变时，像的大小情况；（2）物体距离平面镜距离变化时，像距离平面镜的距离。

处理数据的方法：通过表格，运用求同法获得结论。（详见"清序列"部分）

2. 理论分析途径

（1）确定研究问题：物体经平面镜所成的像，及其与物体的关系。

（2）确定研究对象：任一物体（抽象好的）经平面镜的成像，如蜡烛、简化的人或箭头。

（3）确定解决过程：

① 选择简化的箭头成像，画出简化的箭头以及平面镜位置；

② 选择箭头 P 为物点；

③ 选择 P 点照射到平面镜上任意两条光线；

④ 做出以上两条光线经平面镜的反射光线；

⑤ 沿反射光线的反向延长交点 P'，为箭头 P 像点；

⑥ 选择箭尾 O，同法做出其像点 O'；

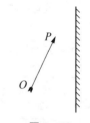

图 3－52

⑦ 连接 $O'P'$，画出物体的像；

⑧ 将所做图形以平面镜为轴对折，物与像重合；

⑨ 可得：像点到镜面的距离等于物点到镜面的距离（P' 相对 P，O' 相对 O 点）；物与像的大小相等。

（4）确定解决问题所需技能：光的反射定律作图。

（5）确定解决问题的策略：

① 步骤 2 中，确定研究对象。

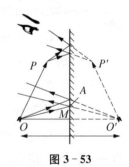

图 3－53

策略：研究问题的科学、可行的原则。

任意物体都可以，但应抛去形状细节，以蜡烛、人体的简画等均可。

平面镜应画平视图。

选择对象一般应以研究的简单、可行为标准。

确定本例中研究对象：一支箭在平面镜中所成像。

② 步骤 3 中，通常采用最一般的弱方法，如手段—目标法、逆推法等。

本例求解策略：主要是逆推法（执果索因）。

待求解：蜡烛在平面镜中所成像与物、平面镜间的关系。

应该首先确定像是如何形成的。

物体、及像的形成（如何被观察到）？

发光体或经物体反射后的光线通过人眼成像系统成像，所以要有光线通过人眼系统。

物体经平面镜后的像被观察到的成因？

物体发出的光经平面镜反射后，通过人眼被观察到。

物体发出光线经平面镜后应满足规律？

光的反射定律。

物体经平面镜后所成像位置需要什么条件?

一条光线不能确定一个物（或像）点，需要两条以上光线，所以应画出两条经平面镜反射的光线。（如下图 3-54）

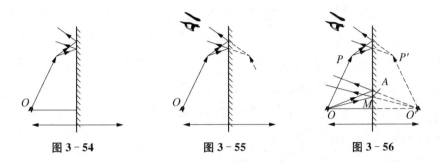

图 3-54　　　　　　图 3-55　　　　　　图 3-56

物体某点经平面镜后像的位置?

两条经平面镜反射的光线不交汇，不能形成一个实际的光点，但人眼迎着两条光线，仿佛有一个光线的发出点，即虚像位置。（如上图 3-55）

物体所成像如何确定?

可选择首尾两个点经平面镜后所成像。（如上图 3-56）

物体经平面镜所成像的规律?

与镜面对称；将其沿镜面对折后，像与物重合，可得：像的大小与物的大小相等；像到镜面的距离等于物到镜面的距离。

二、教学目标

1. 知识与技能

理解平面镜成像的规律；

能解释平面镜所成像与原物体之间的对称关系以及关系成立的理由。

2. 过程与方法

经历探究平面镜成像规律的过程，体会探究方法、等效替代法、设计实验通用方法的运用；

在教学中，如果有控制变量法的教学，此处可以写为：

掌握控制变量法；能解释控制变量法运用的条件以及步骤；在可以运用的场合，能执行控制变量法的规则规划相应的研究方案。

经历理论分析获得平面镜成像规律的过程，体会理论分析问题的一般方法（确定问题、确定解决问题策略等）、以及逆推法解决问题等。

3. 情感态度价值观

经历平面镜成像的规律学习，体会理性、实事求是的科学态度。

三、教学规划

（一）教学重难点

重点：平面镜成像的规律学习。

难点：平面镜成像实验中，设计实验部分中的部分物理量难以测量，进行等效替代的应用。

在平面镜成像规律的探究中，设计实验中需要"能够测量像到镜面距离"的状态，而普通平面镜无法实现。此时学生很难想象出合适的方法进行解决，教师通过用透明玻璃代替平面镜，其中成像的效果相同，且可以确定所成像的位置。使学生体会等效替代法在物理设计实验中的应用，突破了教学的难点。

（二）教学方法：启发式教学＋讲授式教学

表 3 - 76

子环节	实验归纳途径			理论分析途径
	提出问题 假设猜测	规划方案 设计实验	处理数据 获得结论	
传授式				★
启发式	★	★	★	★
探究式				

（三）教学流程图

提出问题	·【教学】基于生活经验，平面镜成像有怎样的规律？根据照镜子、湖中树木倒影、舞者对镜练习等进行提问
假设猜测	·根据之前的学习，学生应该可以猜测出平面镜成像大小、到镜面距离的关系 ·【教学】教师可引导学生思考：物与平面镜所成像的连线是否与镜面垂直？
规划方案	·如何研究"平面镜成像的规律"？ ·【教学】教师引导学生根据猜测，遵循求同法，提出方案：保持物体到平面镜的距离不变，探究大小的关系；保持物体大小不变，探究物与像到镜面的距离关系
设计实验	·呈现实验仪器，平面镜、大小不同的多组蜡烛、直尺、玻璃板、火柴等 ·【教学】教师引导学生遵循设计实验通用策略，完成实验装置的组合；遵循等效替代法解决子问题：如何测量像的大小？
进行实验 获得数据	·执行实验1、实验2 ·【教学】教师引导学生由实验装置确定实验步骤，并进行实验获得数据
处理数据 获得结论	·呈现实验数据 ·【教学】教师引导学生遵循求同法获得结论

提出新问题	·【教学】平面镜成像的本质是什么呢? 看到的像是怎样形成的呢?
理论分析	·【教学】教师引导学生遵循从研究对象,研究问题,采用逆推法引导学生进行问题的解决
总结	·【教学】教师总结平面镜成像的规律

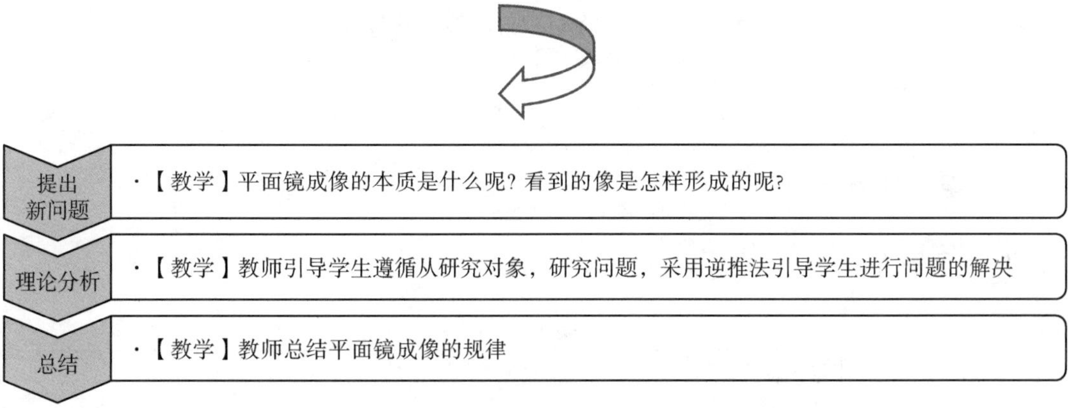

图 3-57

四、其他教学方案评析

前文介绍了实验探究和理论分析两种教学途径,对于平面镜成像的教学,可采取两种教学方案:

(1)实验探究途径＋理论分析途径验证;

(2)理论分析途径＋实验验证。

若采用方案 2,在理论分析中获得平面镜成像规律:像到镜面的距离与物到镜面的距离相等;像的大小与物的大小相等。

接下来要设计实验来验证该结论的真实性。

假设该结论正确,则当物体距镜面 10 厘米时,像到镜面的距离也是 10 厘米;当物体距镜面 30 厘米时,像到镜面的距离也是 30 厘米。

设计实验验证方案,亦可遵循设计实验通用策略完成。(与实验归纳途径相近,可参见表 3-75)

此部分教学应符合验证方法的结构,即:

(1)根据新的物理规律,合理地推演出一些论断,这些论断预言出未曾观察到的、可以实验检验的现象或属性;

(2)设计出能够显现上述现象的实验;

(3)进行实验,对现象是否真实出现作出检验。

样例十："凸透镜成像规律"教学设计

设计者：蔡　莉　上海市娄山中学

一、教学任务分析

(一) 写图式

表 3－77

物理意义		描述物体经过凸透镜成像的规律
内容		物体经凸透镜所成像的特点与物距、焦距两者间的关系
物理性质	物理对象及过程	物体经凸透镜成像；物距(物体距透镜光心的距离)变化、像距(成像距透镜光心的距离)变化、成像大小变化
	存在规律	当物距大于二倍焦距时，成倒立、缩小的实像； 当物距等于二倍焦距时，成倒立、等大的实像； 当物距大于一倍焦距小于二倍焦距时，成倒立、放大的实像； 当物距小于焦距时，成正立、放大的虚像
	规律形成的依据	实验中，不同焦距透镜，当物体从大于两倍焦距的地方逐渐移近透镜时，逐步成缩小、等大、放大的实像，以及放大的虚像
数学表达式		$\dfrac{1}{u} + \dfrac{1}{v} = \dfrac{1}{f}$
定律适用条件		几何光学
典型实例		放大镜、投影仪、照相机、望远镜等
与其他物理概念间的关系		1. 实像：由实际光线会聚而成，且能在光屏上呈现的像 2. 虚像：由光线的反向延长线会聚而成，且不能在光屏上呈现的像 3. 凸透镜对光线有会聚作用，实际是光传播到凸透镜上时发生折射

(二) 定内容

初中这部分的教学，主要是帮助学生习得规律的物理意义。主要学习内容：

1. 成像(大小、方向、实虚)特征与物距的关系

1.1　当物距大于二倍焦距时，成倒立、缩小的实像。

1.2　当物距等于二倍焦距时，成倒立、等大的实像。

1.3　当物距大于一倍焦距小于二倍焦距时，成倒立、放大的实像。

1.4　当物距小于焦距时，成正立、放大的虚像。

2. 像距、像大小随物距变化规律

当物距逐渐减小时，像距逐渐增大、像逐渐增大。

3. 两个特殊成像点

3.1　两倍焦距处是区分放大和缩小像的特殊点。

3.2　一倍焦距处是区分实像和虚像的特殊点。

（三）析途径

实验探究途径

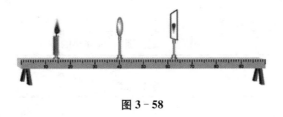

图 3 - 58

（四）清序列

各子结论获得过程：

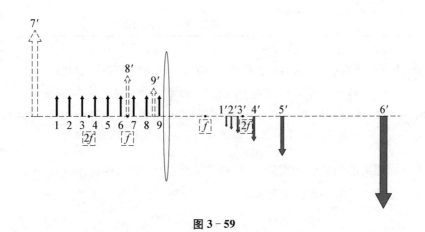

图 3 - 59

● 结论 2 通过共变法获得：

表 3 - 78

实验次数	实验现象	物距	像距	像的大小
1	物1成像为1′	u_1	v_1	h_1
2	物2成像为2′	u_2,($u_2 < u_1$)	v_2,($v_2 > v_1$)	h_2,($h_2 > h_1$)
3	物3成像为3′	u_3,($u_3 < u_2$)	v_3,($v_3 > v_2$)	h_3,($h_3 > h_2$)
……	……	……	……	……
8	物6成像为6′	u_6,($u_6 < u_5$)	v_6,($v_6 > v_5$)	h_6,($h_6 > h_5$)
故,当物距逐渐减小时,像距逐渐增大、像逐渐增大				

● 结论 3.1 通过求同法和演绎推理获得：

先通过求同法知道物距在一定范围内,既有缩小的像,又有放大的像,加上结论 2 知道"当物距逐渐减小时,像逐渐增大",通过演绎推理得出"存在一个特殊点,成等大的像"。

表 3 - 79

先行情况	被研究现象
物 1 成像为 1′	像 1′ 比物 1 小
物 2 成像为 2′	像 2′ 比物 2 小
物 3 成像为 3′	像 3′ 比物 3 小
故,当物距在一定范围内,成缩小的像	

表 3 - 80

先行情况	被研究现象
物 4 成像为 4′	像 4′ 比物 4 大
物 5 成像为 5′	像 5′ 比物 5 大
物 6 成像为 6′	像 6′ 比物 6 大
故,当物距在一定范围内,成放大的像	

如果一个量在程度上连续变化,则在任两个取值中间还有取值(大前提)

(如汽车速度从 1 m/s 变化到 3 m/s,那车速应该有 2 m/s 的时刻)

当物距逐渐减小时,像逐渐增大。即成像大小(随物距)连续变化,有缩小像、放大像(小前提)

故在缩小像和放大像之间,应存在等大像(结论)

再使用不同焦距的凸透镜做实验,确定成等大像时的物距,通过求同法获得结论 3.1:两倍焦距处是区分放大和缩小像的特殊点。

表 3 - 81

实验次数	焦距	物距 (成等大像时)	成像特点
1	f_1	$u_1 \approx 2f_1$	
2	f_2	$u_2 \approx 2f_2$	倒立、等大的实像
3	f_3	$u_3 \approx 2f_3$	
故,当成倒立、等大的实像时,物距近似等于二倍焦距			

● 在此基础上还能通过求同法(如表 3 - 82)得出结论 1.2:当物距等于二倍焦距时,成倒立、等大的实像。

● 结论 3.2 通过求同存异法和求同法获得:

表 3 - 82

先行情况	被研究现象
物 4 成像为 4′	像 4′ 在光屏上

先行情况	被研究现象
物 5 成像为 5′	像 5′ 在光屏上
物 6 成像为 6′	像 6′ 在光屏上
物 7 成像为 7′	像 7′ 不在光屏上，透过透镜才能看见
物 8 成像为 8′	像 8′ 不在光屏上，透过透镜才能看见
物 9 成像为 9′	像 9′ 不在光屏上，透过透镜才能看见
故，存在一个特殊点，是实像与虚像的分界点	

再使用不同焦距的凸透镜做实验，确定光屏上的像突然消失时的物距，通过求同法获得结论 3.2：一倍焦距处是区分实像和虚像的特殊点。

表 3 - 83

实验次数	焦距	物距（光屏上的像突然消失时）
1	f_1	$u_1 \approx f_1$
2	f_2	$u_2 \approx f_2$
3	f_3	$u_3 \approx f_3$
故，当光屏上的像突然消失时，物距近似等于一倍焦距		

● 结论 1.1，1.3，1.4 均通过求同法获得。以下列举获得结论 1.1 和 1.3 的逻辑结构，结论 1.4 与之类似。

表 3 - 84

变化条件	物距与焦距的关系 （共同条件）	成像特点 （共同结果）
物 1 成像为 1′		
物 2 成像为 2′	$u > 2f$	倒立、缩小的实像
物 3 成像为 3′		
故，当物距大于二倍焦距时，成倒立、缩小的实像		

表 3 - 85

变化条件	物距与焦距的关系 （共同条件）	成像特点 （共同结果）
物 4 成像为 4′		
物 5 成像为 5′	$f < u < 2f$	倒立、放大的实像
物 6 成像为 6′		
故，当物距大于一倍焦距小于二倍焦距时，成倒立、放大的实像		

各子环节中问题解决的策略：

【提出问题环节】

本节课要研究：凸透镜成像的规律。因为在生活中，尽管学生有用凸透镜的经验，但一般不会关注与成像相关的条件，所以这部分教学，应以教师呈现凸透镜成像的实验，请同学们观察：有时成像较小、有时成像较大等现象。

引导学生提出问题：凸透镜成像有哪些规律？

【假设与猜测环节】

本例中，学生虽然有凸透镜成像的实验事实，但不可能将成像与焦点、以及二倍焦点联系起来，显然无法做出有依据的猜测。

【规划方案环节】

猜测"成像的像距、大小与物距有关"。接下来的任务，就是如何研究"成像的特征与物距的关系"，也就是进入"规划研究方案"环节。

由于本节主要结论是通过求同法获得的，所以教师引导遵循求同法的思路来规划（学生也不难提出）：应多做几次成像，从多次成像中探寻其中的规律。

此处，实验要涉及到物距如何选取？为了避免学生随机选择带来的不确定性，教师可依据研究的有序性要求，按照一定规律（如：等间隔）选取自变量，预先提出 10—14 个物距。以焦距 5 cm 为例，可选 1 cm—14 cm，间隔 1 cm 成一次像，共 14 次。由于需要多次成像，可分组实现，每组同学选择 2—3 次实验，如分 7 组，每组做一次放大像、一次缩小像，共 14 次成像。然后汇总实验结果，用不同颜色显示缩小、放大像的区域。因为取值中包括了二倍焦距成等大像，因此学生应能根据该点划分成像规律。

预先选定的物距也可不含二倍焦距、一倍焦距。学生从成像大小的趋势，确定应该有等大像，再引导学生思考等大像对应的物距。学生很难精确分析出，此时可由教师根据变化趋势，确定在二倍焦距处有转换，然后学生验证二倍焦距处物体是否成等大像。（多组学生都获得在二倍焦距处成像等大，就是运用求同法得出这一结论）

【设计实验环节】

由于课堂教学中，都提供了基本的设计实验的装置，也就是测量的技能都是确定的。

本例提供实验装置：光具座、凸透镜、发光物体（蜡烛、发光二极管）等、光屏。

本例中，可遵循设计实验通用策略，逐步有序地思考形成实验的装置。

表 3 - 86

（1）确定实验目的	探究成像的特征与物距的关系
（2）确定实验中的研究对象	成像系统（物体、凸透镜、成像的接收屏）
（3）确定实验中研究物体的状态、过程	成清晰像 物距、像距、物的大小、像的大小
（4）确定要测量的物理量及各物理量测量的原理	长度测量

（5）选择测量各物理量的实验仪器	直尺（要测多次，如何准确、方便地测量）
（6）确定每次实验中的条件（如物理量的变化方式）	保持透镜位置，移动物体改变物距，寻找清晰像。多做几次
（7）确定实验仪器连接方式	光具座（直接读出物距、像距）

【执行实验，获得数据环节】

本环节需要概括出实验的步骤，并依步骤执行实验。

本环节在实验规划方案、实验目的、实验装置都清楚的前提下，可遵循规划的方案，有依据地改变实验中相关条件，测量变化条件和结果对应的物理量。

【处理数据，获得结论环节】

整理数据：教师可汇总各组学生的成像事实，引导学生按物距大小，依次标上成像记号。

实验数据的呈现：若用表格形式呈现，学生可能比较难以识别，可用多媒体技术或教师事先画好板图，如图 3-60 所示：

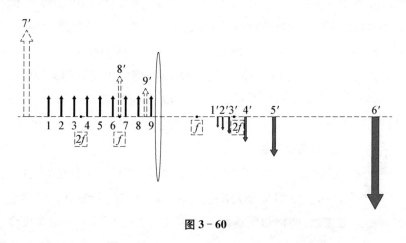

图 3-60

获得结论：参见前文"清序列"之"各子结论获得过程"。

二、教学目标

1. 知识与技能

理解成像（大小、方向、实虚）特征与物距的关系；给出物距与焦距的关系，能解释成像特征。

理解像距、像大小随物距变化的规律。

理解两个特殊成像点；能陈述两倍焦距处是区分放大和缩小像的特殊点，一倍焦距处是区分实像和虚像的特殊点。

2. 过程与方法

在凸透镜成像规律的学习过程中，遵循实验归纳途径，经历运用控制变量法、归纳法、演绎法等规划方案,运用设计实验通用策略、转换法、等效法等设计实验,运用共变法、求同法、演绎推理等获得结论。

● 如果在教学中没有显性化的"方法"教学,过程与方法目标可表述为:

经历凸透镜成像规律的学习过程,体会求同法、演绎推理、设计实验通用策略、转换法、等效法等的运用。

3. 情感、态度与价值观

经历凸透镜成像规律学习过程,体会理性、实事求是的科学态度。

三、教学规划

(一) 教学重难点

教学重点:成像特征与物距的关系,像距、像大小随物距变化的规律,两个特殊成像点。

教学难点:

(1) 在假设猜测环节,学生虽然有凸透镜成像的实验事实,但不可能将成像与焦距、以及二倍焦距联系起来,显然无法做出有依据的猜测。此时,教师应进行演示实验,引导学生关注物距改变,像也发生变化,从而做出猜测:成像特征可能与物距有关。

(2) 在规划方案环节,需要选取不同物距进行实验,但学生没有相关经验,可能随意、无序地选取物距,从而导致难以获得实验结论。此时,教师可先确定好物距,保证两物距间间隔相等(如:14 cm,13 cm,12 cm……1 cm),然后将学生分组,每组领取两个物距进行实验,并在实验结束后汇总全班的实验数据。

(3) 两个特殊成像点的学习。以往的教学都是教师直接给出一倍焦距、两倍焦距这两个特殊点,通过实验发现这两点分别是放大、缩小和实像、虚像的分界点。但学生并不能理解为何一开始要选出一倍焦距、两倍焦距这两点。因此,在本例中,两个特殊成像点是在实验基础上,通过演绎推理和求同法得出的,然后再通过求同法得到凸透镜成像规律。

(二) 教学方法: 启发式教学

(三) 教学流程图

提出问题	·通过实验归纳途径, 学习凸透镜成像规律 (演示实验归纳) ·【教学】教师呈现凸透镜成像实验,引导学生观察:有时成像大,有时成像小,从而提出问题:凸透镜成像有哪些规律?
假设猜测	·学生已了解凸透镜成像的实验事实,但不能将成像与物距、焦距联系起来 ·【教学】教师进行演示实验,改变物距引导学生观察成像特征,从而猜测:成像特征可能与物距有关(演示实验归纳)
规划方案	·如何探寻成像特征与物距的关系? ·【教学】教师引导学生遵循求同法的思路来规划:应多做几次成像,从多次成像中探寻规律 ·涉及到的物距如何选取? ·【教学】教师预先提出10—14个物距。以焦距5 cm为例,可选1 cm—14 cm,间隔1 cm成一次像,共14次。将学生分组,每组选两个物距做实验,然后汇总实验结果

设计实验	・呈现实验仪器：光具座、凸透镜、蜡烛、光屏、刻度尺等 ・【教学】教师引导学生遵循设计实验通用策略，从确定目标、选择对象逐一思考，在选择测量各物理量的实验仪器时，要注意引导学生多次测量取平均值，并思考如何准确、方便地测量像的大小
获得数据	・执行实验 【教学】教师引导学生进行实验，并记录实验条件与实验现象。以图像的形式将各组实验数据汇总呈现（图像法）
形成结论	・分析数据得出结论 ・【教学】教师引导学生识别出从缩小像区域到放大像区域，再根据演绎推理和求同法寻找到等大像对应物距为两倍焦距处；同样引导学生获得实象、虚像转换对应的物距为一倍焦距处；引导学生运用求同法，获得凸透镜成像规律（逻辑见前"清序列"分析）

图 3-61

四、其他教学方案评析：理论分析十实验验证

通过特殊光线法，研究成像规律，需要首先习得特殊光线。

教学安排：

（1）习得三条特殊光线

应通过演示实验的方式，呈现三条特殊光线（如图 3-62）。

（2）运用三条特殊光线中任意两条作图确定与物对应的像点（如图 3-63）。

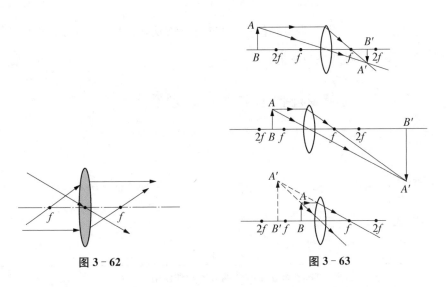

图 3-62　　　　　图 3-63

（3）根据特殊光线作图，选取不同物距，作出成像，由成像概括出规律。

本质上，这部分数据处理，获得结论，同样是运用求同法。（比如 1、2、3 物距在两倍焦距外，4 物距在二倍焦距上，5、6 在一倍焦距和二倍焦距之间，7、8、9 在一倍焦距内）可以由学生上黑板画，其他同学在下面画。板画要够显眼，用于教师引导学生分析获得结论。

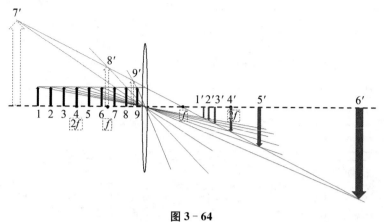

图 3 - 64

表 3 - 87

序号	物距 u 和焦距 f 的关系	像的性质	像距 v 和焦距 f 的关系
1	$u > 2f$	倒立缩小的实像	$2f > v > f$
2	$u = 2f$	倒立等大的实像	$v = 2f$
3	$2f > u > f$	倒立放大的实像	$v > 2f$
4	$u = f$	不成像	
5	$f > u$	在光屏中不成像,从光屏透过凸透镜看,成正立放大的虚像	

（4）实验验证

确定一个物距,通过作图测得像距位置(通过比例方法,教师可以直接告诉学生)及像的大小。实验证实像的位置和像的大小。

样例十一:"浮力"教学设计

设计者:赵雪珍　河南省郑州市郑东新区春华学校

一、教学任务分析

（一）写图式

表 3 - 88

物理意义	描述物体浸在液体中时受到液体对其作用的合力
内容	浸在液体中的物体受到竖直向上的力称为浮力
实质	浸在液体中的物体受到液体各个方向的压力,压力的合力形成浮力
数学表达式	$F_浮 = F_{向上} - F_{向下}$,$F_{向上}$ 是液体对物体向上的压力,$F_{向下}$ 是液体对物体向下的压力

物理性质	大小	定性	浮力大小与物体浸在液体中体积有关,与液体密度有关
		定量	浮力大小与物体浸在液体中的体积成正比,与液体密度成正比
		数学表达式	$F_浮 = \rho_液 g V_排$(阿基米德原理)
	方向	定性	竖直向上
单位			牛顿(N)
量的性质			矢量,大小和方向向上
状态量/过程量			状态量
与其它物理概念间的关系			漂浮:浮力等于重力 弹簧秤测浮力:$F_浮 = G_物 - G_{物视}$

(二) 定内容

本节课是本章的第一节课,主要学习浮力概念(特征属性)、浮力大小测量方法——称重法、浮力产生的原因、影响浮力大小的因素。

1. 浮力概念

浸在液体中的物体受到液体对其施加的竖直向上的力,该力称为浮力。

2. 浮力大小的称量法(重物在液体中所受浮力): $F_浮 = G_物 - G_{物视}$

3. 浮力产生的原因

浮力的产生是由于液体对物体产生的压力差。

数学表达式:$F_浮 = F_{向上} - F_{向下}$。

4. 影响浮力大小的因素

浮力与物体浸入液体深度、物质密度无关。

浮力与物体浸入液体中的体积有关、与液体密度有关。

(三) 析途径

(1) 浮力概念:经验事实归纳途径。

(2) 浮力大小的称量法:理论分析途径。

(3) 浮力产生的原因:理论分析途径＋实验验证(验证装置如图 3-65)。

图 3-65

(4) 影响浮力大小的因素:实验探究途径(实验装置如图 3-66)。

(4)-1　浮力大小与深度无关:实验途径—演绎

(4)-2　浮力大小与物质密度无关:实验途径—演绎

(4)-3　浮力大小与液体密度有关:实验途径—共变

(4)-4　浮力大小与物体浸入液体的体积有关:实验探究途径

(四) 清序列

● 浮力概念学习

1. 简单枚举法(通过一个例子,概括出概念的属性)

图 3-66

举例：在泳池内，人能感受到一个向上的力。

概括：这个向上的力，称为浮力。

2. 求同法

表 3-89

场合	先行情况		被研究现象
1	漂浮在液面上的物体（小船、木块等）	浸在液体中	
2	浸没在液体中（特别是下沉）物体（铁块、铝块等）	浸在液体中	受到向上的力
···	······	······	
	物体受到液体对其向上的力，与其浸在液体中有关		

2.1 漂浮在液面上的物体受到液体对其向上的力。

已知：小船漂浮在水面，在竖直方向保持静止。小船受重力，竖直向下。

待求：小船还受何种力？其方向如何？

演绎推理：

如果物体受力平衡，物体保持静止或匀速运动
小船或木块静止
——————————————————————
所以，小船或木块受力平衡

物体受力二个力平衡，应满足两力方向相反
小船或木块受重力，竖直向下
——————————————————————
所以，小船或木块还受竖直向上的力

2.2 在液体中下沉的物体也受到液体对其向上的力。

测量铝块浸没水中所受的浮力

1. 如图 3-67 甲，在弹簧测力计下悬挂一个铝块，读出弹簧测力计的示数，这就是铝块所受的重力。

2. 把铝块浸没在水中（图 3-67 乙），看看示数有什么变化。

想一想，为什么示数会有变化，它说明什么问题？

读一读，弹簧测力计的示数变化了多少？

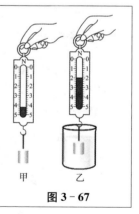

甲　乙

图 3-67

如图 3-67 中实验，

现象：悬挂在弹簧称下的铝块，弹簧称指针指向 A；

悬挂在弹簧称下的铝块，浸没在水中，弹簧称指针指向 B，示数减小。

得出结论：在水中的铝块，受到一个向上的力。

从现象得出结论,实际需要通过如下演绎推理:

悬挂在弹簧称下的物体,受到向上的力,弹簧称示数将减少(大前提)

悬挂在弹簧称下的铝块,浸没在水中,弹簧称指针示数减小(小前提)

所以,浸没在水中的铝块受到向上的力

真正解决该子问题所需前提技能是:同一直线上力的合成,以及作用力和反作用力等(初中不会涉及)。而学生通常也没有形成大前提的生活经验,因此,如果像教材中这样直接呈现小前提,学生难以直接得出结论。为了突破这一难点,实际教学中,有教师通常会采用如图3-68所示做法:

显然,这种处理方式就是通过简单枚举的方法,为以上推理准备一个大前提:"悬挂在弹簧称下的铝块,用手托起铝块(给铝块向上的力),弹簧称指针示数减小。"

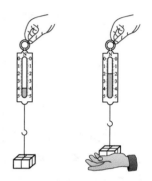

图3-68

由2.1、2.2通过求同法概括出浮力概念。

无论漂浮、还是浸没,也无论物体在液体中是下沉还是上浮,都受到液体对其竖直向上的作用力,该力称为浮力。(求同法)

● 重物浮力的测量方法——称重法

教材提供了一种重物浮力大小的测量方法:浮力的称重法(重物)

所需前提技能是:同一直线上力的合成、以及作用力和反作用力的关系。初中阶段不会涉及,如果学生程度较好,亦可相对完整介绍。

实际教学中,也可以通过一个实例来建立所需大前提。如教学中:

图3-69左边弹簧称示数为4 N,右边弹簧称示数为2 N,向上的托力为多大?

学生凭借经验,能够得出:托力等于两者的差值。

然后再引导学生分析,在空气中弹簧称示数为$G_物$,浸没水中时弹簧称示数为$G_{物视}$,那么在液体中物体所受浮力为多少?

学生应该可以建立:$F_浮 = G_物 - G_{物视}$

● 浮力产生的原因(理论分析途径+实验验证)

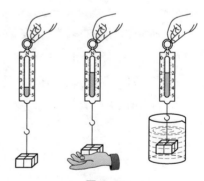

图3-69

【理论分析途径教学分析】

1. 确定解决问题过程

(1)确定研究问题:浸在液体内的物体,其所受浮力与液体对其压力大小的关系。

(2)确定研究对象:浸没在液体中的长方体物块所受浮力。

(3)确定解决过程:

① 分析左右两个面所受压力差等于零;(依据受力平衡,压力合力等于零)。

② 分析前后两个面所受压力差等于零;(依据受力平衡,压力合力等于零)。

③ 分析上下两个面的压力差不等于零。

3.1 写出上、下表面处于液体中的深度 $h_上$、$h_下$

3.2 写出物体下表面所受液体压强：$P_{下表面} = \rho_液 g h_{下表面}$

上表面所受液体的压强：$P_{上表面} = \rho_液 g h_{上表面}$

3.3 写出物体下表面所受液体的压力：$F_{下表面} = P_{下表面} \cdot S_{下表面}$

物体上表面所受液体的压力：$F_{上表面} = P_{上表面} \cdot S_{上表面}$

3.4 比较上下表面所受液体压强大小：因为 $h_{上表面} < h_{下表面}$，所以 $P_{上表面} < P_{下表面}$

3.5 比较上下表面所受压力大小：$\because S_{上表面} = S_{下表面}$，$P_{上表面} < P_{下表面}$，$\therefore F_{上表面} < F_{下表面}$

3.6 物体在液体中所受浮力：$F_浮 = F_{下表面} - F_{上表面}$

2. 确定解决问题所需技能

会运用力的平衡条件；会运用液体内部压强；会运用压力与压强的关系。

3. 确定解决问题的策略

（1）研究对象的确定（依据研究对象的科学性、以及简单可研究性）

要研究浮力与液体对其压力之间的关系。

需要选择研究对象。

原则上任意放在液体中的物体都可以作为研究对象，可行吗？

不可以。由于个体所掌握知识所限，应选择科学、能研究的物体为对象。

哪些对象适宜于学生研究？

规则个体，如圆柱体、正方体、长方体。

可以选择哪些？

浸没在液体中规则固体（如圆柱体、正方体、长方体）为研究对象；

形成待解决的问题：浸没在液体内的物体（如长方体），其所受浮力与液体对其压力大小的关系。

（2）问题解决的策略（主要是手段—目标法、向后推理/逆推法）

待求的是：浸没液体中长方体所受浮力与液体对其压力关系。

要求液体对长方体的压力，现有知识能直接求解吗？

现有知识无法直接求出液体对长方体的整体压力。

如何解决？

可分别研究液体对长方体左右、前后、上下表面的压力，即：

子问题一：液体对长方体左右方向的压力的关系；

子问题二：液体对长方体前后方向的压力关系；

子问题三：液体对长方体上下方向压力的关系。

（此处运用研究问题的一般方法，手段—目标法。在手段—目标法中，解决者试图减少当前所处状态与想要达到目标状态间的差异，这种启发式与向前推理（也称为爬山法）的不同在于问题解决者把一个问题分解为若干个子问题。）

子问题一的解决：根据平衡状态的条件（相当于演绎推理），做出推断：

如果物体受两个力,保持静止或匀速直线运动,则二力平衡

长方体无论以何种方式放入水中,不会左右运动,即在左右方向上保持静止

则,在此方向上受力平衡(液体对其产生的压力)

子问题二的解决如子问题一解决。

对子问题三中的解决,可用策略:逆推法。

待求的是:上下方向的压力?

需要找到与压力有关的公式:$F = pS$;

要求压力?

需要找到液体压强 p;

要求液体压强?

需要液体压强公式:$p = \rho g h$;

要求液体压强?

需要确定物体上下表面距液面的深度。

【验证环节教学分析】

验证的方法:参见【案例1-26】

通过待验证的规律,合理地推出一些论断,论断显示可检验的属性或现象;通过实验是否显示可检验的现象或属性。即:由规律推出可能的现象,再由实验显示加以验证。

● "影响浮力大小的因素"的学习

各结论获得的逻辑过程:

1. **物体所受浮力与物体浸在液体中的深度无关。**

推理(4)-1,演绎推理:

如果物体所受浮力与深度有关,那么

当物体在液体中深度改变时,浮力也应改变

悬挂在弹簧称下的铝块浸没在水中,

深度改变,弹簧称示数不变(即浮力大小不变)

所以,物体所受浮力与物体浸在液体中的深度无关

2. **物体所受浮力与液体密度有关。** 推理(4)-2,共变法:

表 3-90

场合	不变条件	变化条件	结果
1	同一实验条件,同物、浸入液体中体积等	浸入液体密度最小	浮力最小
2		浸入液体密度较大	浮力较大
3		浸入液体密度最大	浮力最大
故,浮力与物体浸入液体密度有关			

3. 物体所受浮力与物体密度无关

推理(4)-3,演绎推理:

> 如果物体所受浮力与密度有关,那么,当不同
>
> 密度的物体在液体中处于同一状况下,浮力大小应不同
>
> 悬挂在弹簧称下的同一体积的铝块/铜块/铁块,浸没在水中
>
> 同一深度,弹簧称两次指针的差值不变(即浮力不变)

所以,物体所受浮力与物质密度无关

4. 物体所受浮力与物体浸在液体中的体积有关。推理(4)-4,共变法:

表 3-91

场合	不变条件	变化条件	结果
1	同一实验条件,同物、同液体等	浸入液体中的体积最小	浮力最小
2		浸入液体中的体积较小	浮力较小
3		浸入液体中的体积较大	浮力较大
4		浸入液体中的体积最大	浮力最大
故,浮力与物体浸入液体中的体积有关			

各子环节策略分析:

【提出问题环节】

本课例前已学习浮力的概念、浮力的实质。生活中,学生有浮力大小的感受,教师引导学生举出浮力大小的场合。如万吨巨轮漂浮在水面,液体对轮船浮力很大;小木船漂浮在水面上,受到的浮力较小等。由此提出问题:浮力大小与哪些因素有关?

【假设与猜测环节】

本课例所涉浮力,学生生活中有很多经验,教师可引导学生回忆出相关经验,并根据共变、求同等归纳法以及演绎推理做出猜测。

根据人在泳池里的经验,学生比较容易得出猜测出(共变法):物体所受浮力大小与物体在液体中的深度有关。

根据浮力产生的原因 $F_浮 = F_{向上} - F_{向下}$,而液体对物体的压力与液体密度有关,猜测物体所受浮力可能与密度有关。(演绎法)

猜测可能与不同物质的密度有关:木头漂浮在水面,铁块沉入水底。

无任何经验事实或理论支持学生猜测:浮力与物体浸在液体中体积有关。除非瞎猜。如果学生做此猜测,教师可追问其依据。

【规划方案环节】

猜测环节中,学生已经猜测浮力大小可能与物体浸入液体深度、与液体密度、与物质密度有关,此环节可以遵循控制变量法规划方案。

（1）研究"浮力与浸没液体的深度是否有关"。保证其他条件不变,改变物体浸入的深度,观察浮力是否变化。

表 3 - 92

1	物体浸没液体中深度 1	浮力 1
2	物体浸没液体中深度 2	浮力 2
3	物体浸没液体中深度 3	浮力 3

（2）研究"浮力与液体密度是否有关"。保持其他条件不变,改变液体密度,观察浮力是否变化。（数据记录表类似表 3 - 92）

（3）研究"浮力与物质的密度是否有关"。保持其他条件不变,改变物质种类,观察浮力是否变化。（数据记录表类似表 3 - 92）

【设计实验环节】

本例中提供相关实验器材：液体：水、酒精；固体：铝块、同铝块体积的铜块和铁块、弹簧秤、大烧杯等。以"研究浮力与物体浸入液体深度是否有关"为例,采用设计实验通用策略来设计实验。其他两组研究分析类似。

表 3 - 93

（1）确定实验目的	研究浮力与液体浸入深度是否有关
（2）确定实验中的研究对象	以铝块（浸入水中所受浮力）为对象
（3）确定实验中研究物体的状态、过程	铝块应浸在液体中静止（此处教师可自行先确定完全浸没条件）
（4）确定要测量的物理量及各物理量测量的原理	需要测量铝块的浮力,测量物体在液体中的深度。 物体浸在液体的深度,可用刻度尺或眼睛直接观察获得； 物体所受浮力：称重法,$F_浮 = G_物 - G_{物视}$
（5）选择测量各物理量的实验仪器	测量浮力——弹簧秤
（6）确定每次实验中的条件（如物理量的变化方式）	将弹簧秤下的铝块,浸没后放在不同的深度,保持静止
（7）确定实验仪器连接方式	略

【执行实验,获得数据环节】

依据实验原理和装置,确定实验步骤,执行实验,获得数据,填入表格中。

表 3 - 94

1	物体浸没液体中深度 1	浮力 1
2	物体浸没液体中深度 2	浮力 2 = 浮力 1
3	物体浸没液体中深度 3	浮力 3 = 浮力 1
4	……	

表 3 - 95

1	物体浸入液体的密度最小	浮力最小	
2	物体浸入液体的密度较大	浮力较大	同一实验条件,同物、浸入液体中体积等
3	物体浸入液体的密度最大	浮力最大	

表 3 - 96

1	铁块	浮力 1
2	铜块	浮力 2 = 浮力 1
3	铝块	浮力 3 = 浮力 1
4	……	

【处理数据,获得结论环节】

(各结论获得逻辑过程参见前分析)

第一组得出:浮力大小与物体浸入液体内部深度无关;

第二组得出:浮力大小与液体密度有关;

第三组得出:浮力大小与物质的密度无关。

前面得出"浮力与物体浸入液体内部深度无关",而人们在下泳池时,向下越深,感受到的浮力越大? 这又是怎么回事呢?

子问题:物体所受浮力不与深度有关。可能与哪些因素有关?

【假设与猜测环节】

仔细观察物体,由浸入到浸没的过程。引导学生分析,此时浮力确有变化,而前面已得出与深度无关,那与哪个因素有关?

学生应能观察到随着物体浸入,除了浸入深度变化外,浸入的体积也在增大。可以猜测"浮力大小与物体浸入液体中的体积有关"。

【规划方案环节】

结论获得是:共变法。(表 3 - 92)

引导学生根据共变法规划方案。改变浸入液体的体积,保持其他条件不变,观察浮力是否改变。

【设计实验环节】

表 3 - 97

(1) 确定实验目的	研究浮力大小与物体浸入液体中的体积是否有关
(2) 确定实验中的研究对象	以铝块(不同体积浸入水中)为对象
(3) 确定实验中研究物体的状态、过程	铝块应以不同体积浸在水中,保持静止 需要测量液体的浮力,测量浸入水中的体积

(4) 确定要测量的物理量及各物理量测量的原理	铝块浸入水中的体积,可眼睛直接观察;(无需定量) 物体所受浮力:称重法,$F_浮 = G_物 - G_{物视}$
(5) 选择测量各物理量的实验仪器	测量浮力——弹簧秤
(6) 确定每次实验中的条件;(如物理量的变化方式)	将弹簧秤下的铝块,从铝块下表面接触水面开始,依次以不同体积浸在水中直至浸没,保持静止
(7) 确定实验仪器连接方式	略

【执行实验,获得数据环节】

表 3 - 98

1	浸入液体中的体积最小	浮力最小	同一实验条件,同物、同液体等
2	浸入液体中的体积较小	浮力较小	
3	浸入液体中的体积较大	浮力较大	
4	浸入液体中的体积最大	浮力最大	

【处理数据,获得结论环节】(参见表 3 - 92)

二、教学目标

1. 知识与技能

理解浮力的概念;能解释浮力的特征。

理解浮力产生的原因;能解释浮力是液体对物体向上的压力与向下的压力之差,及其产生原因的依据。

理解浮力大小的影响因素;能解释浮力大小影响因素及理由。

掌握测量(重物)浮力的称重法;能解释称重法的规则;在可用的场合,能执行称重法的规则计算出浮力的大小。

2. 过程与方法

在学习过程中,学习者经历了"猜测环节"中的演绎法、归纳法中的共变法、"规划研究方案"环节中控制变量法、"设计实验"环节中的通用策略、"处理数据得出结论"环节中的演绎法、共变法等。

经历浮力实质的理论分析过程,体会手段—目标法、向后推理(逆推)等方法的应用。

经历探究浮力大小影响因素的过程,体会探究方法、控制变量法、设计实验通用方法的运用。

在教学中,如果有控制变量法的显性教学,教学目标可描述为:

掌握控制变量法;能解释控制变量法运用的条件以及步骤;在可以运用的场合,能执行控制变量法的规则规划相应的研究方案。

3. 情感、态度与价值观

经历浮力实质的理论分析过程以及浮力大小影响因素的实验探究过程，体会理性、求实务实的科学精神。

三、教学规划

（一）教学重难点

教学重点：浮力概念、称重法测浮力、浮力的实质、浮力大小的影响因素。

教学难点：

（1）浮力概念的学习。在分析浮在液面上物体受到浮力时，需要两个演绎推理构成逻辑链。在分析水中下沉物体也受水向上的浮力时，需要学生具备同一直线力的合成以及作用力与反作用力的关系，实际上学生并未学习过。教学可通过简单枚举的方法，首先形成一个推理所需大前提，再呈现相应实验。（推理过程参见前分析）

（2）浮力大小的称重法学习，需要同一直线上力的合成。教学中亦可采用简单枚举法，形成推理所需的大前提，再引导学生根据实验现象获得结论。（推理过程参见前分析）

浮力实质的学习。该结论通过理论分析途径获得，第一次面对这一问题时，个体可以运用手段—目标法、逆推法来选择出解决该问题的必要技能。因这一环节所需必要技能相对较多，教学中，教师应遵循这一环节解决问题的策略，引导学生有序选择解决问题的必要技能。

（3）浮力大小影响因素的学习。在获得结论环节，需要排除浮力大小与深度、物质密度的关系，所需推理过程参见前分析。教学中"设计实验环节"需要运用设计实验通用策略、测量液体质量等必要技能，学习程度差的学生可能未掌握，教师可以以适当方式，如课前复习、遇到时复习等方法帮助学生熟悉掌握。

（二）教学方法：启发式教学

学习"影响浮力大小的因素"时，各子环节运用策略如下：

表 3-99

提出问题	假设猜测	规划方案	设计实验	获得结论		验证
				整理数据	获得结论	
生活经验概括	共变法、演绎法等	控制变量法	设计实验通用策略	列表法	演绎推理、共变法	/

（三）教学结构图

1. "浮力"学习层级图

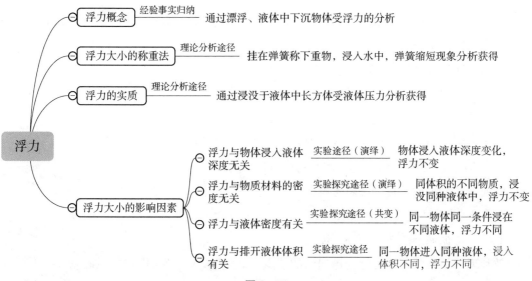

图3－70

2. "浮力与物体浸入液体中体积有关"教学流程图

提出问题	·呈现浮力与物体浸入液体深度无关，以及人在泳池中浸入越深，感受浮力越大 ·【教学】教师引导学生从上述实例中，提出研究的问题：浮力与深度无关，那可能与哪个因素有关？
假设猜测	·呈现演示实验：铝块完全浸没在液体中的不同深度处，保持静止，测量浮力 ·【教学】教师引导学生识别当个体浸入深度变化时，浸入液体体积有变化，猜测（运用共变法）：浮力的变化是否与物体浸入液体体积有关
规划方案	·如何研究浮力与排开液体体积有关？ ·【教学】教师引导学生遵循共变法思路，提出方案：其他条件不变，改变浸入液体中的体积，观察浮力大小是否改变
设计实验	·呈现已有实验仪器 ·【教学】教师引导学生遵循设计实验通用策略，完成实验装置的组合
获得数据	·执行实验 ·【教学】教师引导学生确定步骤，执行实验，获得数据
形成结论	·呈现实验数据 ·【教师】教师引导学生遵循共变法获得结论

图3－71

四、其他教学方案评析

（一）教学途径和方法的选择

（1）对于学习程度较好的学生，可将"浮力实质的学习"设计为探究式。即提出问题，先请学生自己思考解决。

根据前述任务分析，可知学生可能遭遇到的节点：

节点1：学生不知浮力是由液体对其合力产生的。

节点2：学生不知选择何种物体为研究对象。

此环节可遵循科学研究对象选择的思路完成：科学、可行的标准。

节点3：学生不知如何研究液体对物体整体压力。

此处应遵循手段—目标法思考解决。

节点4：学生不能有序获得求出上下表面压力的相应技能。

此处可遵循逆推法选择问题所需技能。

教师理解学生学习中可能会遭遇到的节点，当学生没有思路，即可提供相应环节解决问题的策略或者思路，引导学生思考的方向；当学生未能提取出或不具备解决问题的必要技能时，可引导学生复习所需必要技能。这样在学生学习过程中，教师起到辅助作用，保证问题的解决主要由学生自己完成。具体形式可参看第二部分第二节牛顿第二定律样例中设计实验环节中工作单的相关安排。

（2）通常在"浮力大小影响因素"的学习中，都会安排学生完成实验，由于时间所限，可在规划方案环节，将规划好的方案（包含数据表）以板书或PPT方式呈现，而在"设计实验—获得结论"环节安排学生完成。

设计实验环节节点：

节点1：学生不具备设计实验通用策略。

此环节可遵循设计实验通用策略完成。

节点2：学生不熟悉测量物体所受浮力的技术。

此环节所需必要技能：浮力的称重法。

处理数据获得结论环节：

节点3：学生不具备排除两者因果联系所需的大前提。

此大前提实际是在日常生活中各种因果关系在个体内部的反映，是内隐于学习者内部学习结果，通常不会显性化出来，故学生无法排除因果关系时，教师可对大前提做适当的提示。

（二）其他实验方案

1. 浮力实质的验证实验

通常情况下，石蜡是浮在水面上的，把一块石蜡的底部磨平后置于烧杯底部，使它们之间密合(排除其间的空气),用手按住石蜡将水缓缓倒入烧杯中,直到水面淹没石蜡块后放手,如果"浮力产生的实质是液体对物体上下表面的压力差"成立,则石蜡底部不受水的压力,因此就不受浮力,故石蜡不会浮起。

完成实验,推出的属性被证实。故,原假设成立。

2. 排除"浮力大小与深度有关"的实验

完成表3-92实验,由于学生没有经验将体积与浮力联系起来,故由以上实验学生很容易得出:"浸没前,深度增加,浮力增大;浸没后,深度增加,浮力不变"的结论。

改进方案:在长方体铝块的长和宽的中点处分别做上标记。首先将长方体铝块竖直悬挂在弹簧测力计的下端,并逐渐浸入水中,分别读出铝块浸入一半长和铝块刚好全部浸没时测力计的示数 F_1、F_2,如图3-72(a)所示;然后将长方体铝块横放悬挂在弹簧测力计的下端,并逐渐浸入水中,分别读出铝块浸入一半宽和铝块刚好全部浸没时测力计的示数 F_3、F_4,如图3-72(b)所示。

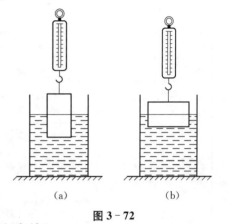

图 3-72

获得的结论及相应逻辑结构

(1) 通过求同求异法,获得"浮力与物体浸入液体体积有关"

表 3-100

	浸入深度	浸入体积	所受浮力
1	h_1	V_1	F_1
2	h_2	$V_2 \neq V_1$	$F_2 \neq F_1$
3	h_3	$V_3 = V_1$	$F_3 = F_1$
4	h_4	$V_4 = V_2$	$F_4 = F_2$
故,浮力与物体浸入液体体积有关。			

(2) 通过排除因果联系逻辑方法,排除"浮力与深度有关",可运用两次。

表 3-101

如果 A 与 B 存在因果联系,A 变化,则 B 亦变化
物体浸入液体的深度有变化(实验1、3或实验2、4),而浮力无变化
故,物体所受浮力与其浸入液体的深度无关

样例十二："比热容"教学设计

设计者：黄彦媚　广东省深圳市坪山区第二外国语学校

一、教学任务分析

(一) 写图式

表 3－102

物理意义		描述不同物质吸收或放出热量能力的大小
比热容内容		单位质量的物质每升高或降低 1 摄氏度所吸收或放出的热量
物理性质	物理对象及过程	对象：物质(单质如铜、铁等,化合物如水、酒精等),也就是纯净物、或混合物。 对象的性质：吸收或放出热量的能力
	定性	同种物质,在质量一定时,吸收的热量与升高温度有关; 　　　　在升高温度相同时,吸收热量与质量有关; 不同物质,当质量相同时,升高相同的温度,物体吸收的热量不同
	定量	同种物质,在质量一定时,吸收的热量与升高温度成正比; 　　　　在升高温度相同时,吸收热量与质量成正比; 同种物质,吸收的热量和升高的温度与质量的乘积的比值是定值。 不同物质,质量一定时,升高相同的温度,吸收的热量和其比值是不同的
数学表达式		$c = \dfrac{Q}{m\Delta t}$
符号及单位		符号：c,单位：焦耳每千克摄氏度(J/(kg·℃))
物理量性质		标量
热量的计算		吸热：$Q = cm\Delta t = cm(t - t_0)$ 放热：$Q = cm\Delta t = cm(t_0 - t)$
和其他物理量的关系		在热传递过程中,比热容为热量的定量计算提供了理论基础,并能对吸热过程和放热过程进行定量表示
在物理体系中的地位		比热容是热学中重要的物理概念

(二) 定内容

1. 物质吸收热量的能力

子结论 1.1：物体吸收的热量多少与其质量、升高的温度及物质的种类有关。(定性)

子结论 1.1.1：同种物质,物体吸收热量的多少与物体的质量有关。

子结论 1.1.2：同种物质,物体吸收热量的多少与物体升高的温度有关。

子结论 1.1.3：质量相同的不同物质,升高相同的温度所吸收的热量不同。

子结论 1.2：同种物质吸收的热量和质量、升高温度成正比,相同质量不同物体升高相同温度吸收的热量不同。(定量)

子结论 1.2.1：同种物质，升高相同的温度，吸收的热量和质量成正比。

子结论 1.2.2：同种物质，质量相同，吸收的热量和升高的温度成正比。

子结论 1.2.3：同种物质，吸收的热量和升高的温度、质量乘积的比值是一个定值；不同物质，这个比值一般不同。

2. 比热容的物体意义（命题意义的学习）

（1）同种物体，吸收热量的本领是相同的，不同物体，吸收热量的本领是不同的，我们将物体吸收热量的本领叫做物体的比热容。

（2）为了表示不同物质的这种特性，物理学中引入了比热容这个概念，单位质量的某种物质，温度升高 1℃时吸收的热量，叫做这种物质的比热容。$c = \dfrac{Q}{m\Delta t}$（符号学习）。

3. 热量的计算（符号学习）

吸热：$Q = cm\Delta t = cm(t - t_0)$

放热：$Q = cm\Delta t = cm(t_0 - t)$

符号表征学习比较容易，以下主要以比热容物理性质的学习为例阐述。

（三）析途径

1. 物质的吸热本领

1.1 经验事实归纳途径

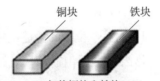

(a) 煤气灶烧水

烧开一壶水比烧开半壶水所需要的热量多。

(b) 加热铜块和铁块

加热相同质量的铜块和铁块，使它们升高相同的温度，需要的热量一样多吗？

图 3－73

1.2 实验归纳途径（实验装置如图 3－73 所示）

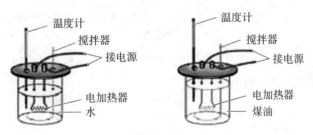

图 3－74

2. 比热容的物理意义：演绎推理

3. 热量的计算：符号学习—数学转化

（四）清序列

各结论获得的逻辑过程：

1. 物质的吸热能力

● 子结论 1.1.1 通过共变法获得：

通过生活中的例子，将常温下不同质量的水，在相同的煤气下加热，使其烧开，记录其所用的时间，从而用共变法得到物质吸收热量和物体的质量有关。

表 3 - 103

场合	相同条件	变化条件	变化结果
1	将常温的水，在相同的煤气下加热，使其烧开，记录其所用的加热时间	少部分水	吸收热量少（加热时间较短）
2		半壶水	吸收热量多（加热时间较长）
3		整壶水	吸收热量最多（加热时间最长）
对于同种物质，升高相同的温度，质量越大，吸收的热量越多。			

注：其中，在确定"热量的测量"原理时，运用了转换法。将测量吸收的热量转换为测量加热的时间。

【目标】测量水和煤油吸收的热量。

【障碍】无直接测量的方式。

【解决】假定同一热源，在单位时间内提供热量相等。将对热量的测量，转换为对热源加热时间的测量。在没有热传递过程的损失时，对热源提供的热量就等于物质吸收的热量的多少。

● 子结论 1.1.2 通过共变法获得：

通过生活中的例子，将相同质量的水，不同初始温度，在相同的煤气下加热，使其烧开，记录其所用的时间，从而用共变法得到物质吸收热量和物体的升高的温度有关。

表 3 - 104

场合	相同条件	变化条件	变化结果
1	将质量相同的一壶水，在相同的煤气下加热，使其烧开，记录其所用的时间	初始温度 20℃，至沸腾温度变化为 80℃	吸收热量最多（加热时间最长）
2		初始温度 40℃，至沸腾温度变化为 60℃	吸收热量较少（加热时间较短）
3		初始温度 60℃，至沸腾温度变化为 40℃	吸收热量最少（加热时间最短）
对于同种物质，质量相同，升高的温度越大，吸收的热量越多			

● 子结论 1.1.3 通过差异法获得：

质量相同的不同物质,升高相同的温度,其吸收的热量是否相同? 通过差异法得出结论。

表 3－105

场合	变化条件	相同条件	变化结果
1	水	质量相同,从相同温度加热,变化相同温度	水加热时间较长(水吸收热量较多)
2	铁块		铁块加热时间较短(铁块吸收热量较少)
不同物质,质量相同,升高相同的温度,吸收的热量不同			

● 子结论 1.2.1 通过共变法初步得到结论,再通过比例法或图像法进一步表示其定量关系。

通过如图 3－75 实验,探究同种物质质量相同时,吸收热量多少和温度的变化情况,记录升高的温度及变化的时间,进行数据分析。

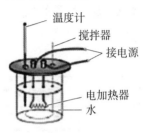

图 3－75

表 3－106

场合	变化条件	相同条件	变化结果
1	Δt_1		ΔQ_1
2	Δt_2	同种物质,质量相同	ΔQ_2
3	Δt_3		ΔQ_3
同种物质,质量相同,吸收热量和升高温度有关			

对表格中的数据进行处理:

(1)比例法:

吸收热量与升高温度等比例变化,即 $\dfrac{\Delta Q_1}{\Delta Q_2} = \dfrac{\Delta t_1}{\Delta t_2}$,$\dfrac{\Delta Q_1}{\Delta Q_3} = \dfrac{\Delta t_1}{\Delta t_3}$,$\dfrac{\Delta Q_2}{\Delta Q_3} = \dfrac{\Delta t_2}{\Delta t_3}$。

(2)图像演绎法:

将物体的温度变化量和物体吸收的热量在坐标轴中进行一一对应,描点作图,吸收热量与升高温度是过原点的直线。

演绎推理:

如果两个量成正比,则对应变化等比例变化(或图线为过原点直线)
同种物质,质量一定时,吸收热量与升高温度等比例变化(或图线为过原点直线)
物质一定时,吸收热量与升高温度成正比。

定量关系的建立是运用演绎推理获得的,可以运用图像法或比例法整理数据获得小前提,根据数学中正比例函数性质,演绎得出两者间的定量关系。

● 子结论 1.2.2 与子结论 1.2.1 获得的逻辑过程类似。

● 子结论 1.2.3 通过求同求异法获得:

如图 3－76 所示,分小组测量不同的物质:水、煤油、食用油在相同质量下,升高相同的

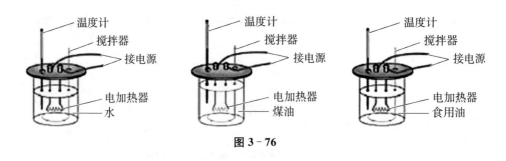

图 3 - 76

温度,吸收热量的多少,记录升高相同温度时,吸收热量所用的时间,间接地表示为吸收热量 Q。

表 3 - 107

场合	变化条件	不变条件	变化结果
1	水		吸收热量 ΔQ_1
2	水		吸收热量 ΔQ_1
3	煤油	质量相同,用相同的电热器加热,升高相同的温度	吸收热量 ΔQ_2
4	煤油		吸收热量 ΔQ_2
5	食用油		吸收热量 ΔQ_3
6	食用油		吸收热量 ΔQ_3
同种物质,吸收的热量和升高的温度、质量乘积的比值是一个定值; 不同物质,这个比值一般不同			

● 结论 2.1 通过演绎推理获得:

物质基本属性是指:物质确定,其性质就一致;不同物质,其性质有差别;由此可根据该性质对不同物质做出区分。所需推理如下。

如果物质确定,其某种性质就一致;

而物质不同,该性质就不同;物质的这种性质就是物质的基本属性。

同种物质,吸收的热量和升高的温度、质量乘积的

比值是一个定值;不同物质,这个比值一般不同。

物质的这种性质(吸收热量的能力)是物质的基本属性。

各子环节策略分析:

【提出问题环节】

本例中要研究:获得物质吸收热量能力的定量关系;

引导学生概括出本节课要研究的问题:物质吸收热量的能力;

问题一:同种物质吸收热量与哪些因素有关,有何种关系?

问题二:不同种物质吸收热量的能力相同吗?

因此要选择一些物质吸收热量能力大小有变化的实例,从实例中引导学生关注其中吸

收热量能力的不同。

人教版上,提供海水与沙的吸热能力不同,学生并没有经验,并不能感受到其吸热能力的不同,因此是不合适的。所以教师应提供和生活经历相关的,学生能够识别出物体吸收的热量的影响因素,从而明确研究问题,进行实验探究。

如问题一可以从生活实际出发:烧开半壶水和一壶水所用的时间是否相同?将相同质量的常温水烧开和将 60 度水烧开所用的时间是否相同?

【假设与猜测环节】

本环节目的帮助学生猜测出研究对象或属性的影响因素。

基于经验的猜测需要学生具有生活和实验经验,如果学生不具备,教师应呈现相关的生活或实验情景,由学生通过共变法、差异法或求同法等归纳法形成相应对象间的关系。

问题一:如本例中,学生或多或少有给不同物质加热的经验,可以猜测出同种物质吸收热量的多少与升高温度以及质量有关。

教师可引导学生回忆加热同种物质的情形,作出假设猜测。

【规划方案环节】

本环节的问题通常是采用控制变量法、归纳法和演绎法等方法解决。

本例中,学生猜测出:吸收热量与升高温度、质量有关。

本例中可通过控制变量法法规划研究方案。

第一组实验,研究吸收热量与升高温度的关系;保持质量相同,改变升高的温度,测量相应吸收热量。

第二组实验,研究吸收热量与质量的关系;保持升高相同的温度,改变质量,测量相应吸收的热量。

【设计实验环节】

本环节的目的是:帮助学生形成用于研究问题的实验。

本环节可采用设计实验的通用策略,以及在特定子环节采用转换法、等效替代法等方法选择解决必要技能。

本例提供实验装置:温度计、电加热器、烧杯、足量的水、搅拌棒。

现以研究物质吸收热量与升高温度的关系为例,陈述设计实验及数据处理环节。

表 3－108

(1) 确定实验目的	研究物质(水或酒精)吸收热量与物体质量和升高温度的关系(以研究与升高温度为例)
(2) 确定实验中的研究对象	水
(3) 确定实验中研究物体的状态、过程	一定质量的水,放在烧杯中,提供给其不同的热量 测量升高的温度;测量水吸收的热量
(4) 确定要测量的物理量及各物理量测量的原理	水吸收热量的测量:酒精灯提供热量,等时间对应提供等热量,水吸收热量(转换法),温度可直接测量

(5) 选择测量各物理量的实验仪器	升高温度的测量需要温度计； 记录提供热量的时间需要秒表
(6) 确定每次实验中的条件(如物理量的变化方式)	改变水升高的温度
(7) 确定实验仪器连接方式	如图 3-75

【进行实验，获得数据环节】

本环节需要概括出实验的步骤，并依步骤执行实验。

本环节在实验规划方案、实验目的、实验装置都清楚的前提下，可遵循规划的方案，有依据地改变实验中相关条件，测量变化条件和结果对应的物理量。

本例中应该分别测出吸收热量(用加热时间)、升高温度。可列表(类似表 3-100)。

【处理数据，获得结论环节】

参见子结论 1.2.1 获得的逻辑过程。

二、教学目标

1. 知识与技能

知道影响物质吸收热量的因素；

知道不同物体吸收热量的能力不同；

理解比热容的物理意义，知道比热容是物质的一种特性。

2. 过程与方法

通过实验探究的过程，体会用控制变量法在实验规划中的应用；

体会转换法在设计实验中的应用；

经历数据处理中，运用比例法、图像法解决问题，体会科学方法在物理探究中的应用；

经历比热容的概念的演绎过程，体会演绎推理在本节课的应用；

如果涉及控制变量法的教学，其目标可以改写为：

掌握控制变量法；能解释控制变量法运用的条件以及步骤；在可以运用的场合，能执行控制变量法的规则规划相应的研究方案。

3. 科学态度与责任

经历比热容概念的学习，体会理性、实事求是的科学态度。

利用探究性学习活动，培养学生的实践能力和创新精神，培养解决问题的能力。

三、教学规划

(一) 教学重难点

教学重点：物质吸收热量和物体质量、升高温度的关系。

教学难点：引导学生识别出不同物质的吸热能力是不相同的，物质吸收的热量与物体的质量和升高的温度的定性关系。

（1）物体的吸热能力的大小是其本身的性质，怎样让学生识别出不同的物体的吸热本领是不相同的是本节课的关键。人教版上，提供海水与沙的吸热能力不同，学生并没有经验，并不能感受到其吸热能力的不同，因此是不合适的。可由教师呈现烧开半壶水和一壶水所用的时间不同；将常温水烧开和将 60℃ 水烧开所用的时间不同。与生活相接近，学生能从中与生活经验相联系，提取出吸收热量与质量和升高温度的关系。

（2）教学组织的难点：本节课需要探究的因素较多，获得的结论较多。在教师引导学生识别出探究的问题后，应该合理地组织学生进行分组实验：如两组学生做质量不同的水吸收热量的探究实验；两组同学做同种质量煤油升高不同温度吸收热量的探究实验；两组同学做不同质量的煤油升高相同温度的探究实验；在处理数据时，首先探究同种物质质量变化、升高温度不同的数据分析，再进行不同种物质的对比分析，得出结论。

（二）教学方法： 启发式教学

在一个知识点或教学结论获得过程中，教师可以在各子环节选择不同的教学方法组合，推荐各子环节教学方法如下。

表 3 - 109

子环节	物体吸热因素的影响因素			比热容的概念及吸热公式	
	提出问题 假设猜测	规划方案 设计实验	数据处理 获得结论	比热容概念 的理论分析	吸热公式
传授式				★	
启发式	★		★		★
探究式		★			

（三）教学流程图

提出问题	·呈现生活中不同的与吸收热量相关的场景，烧一壶水和烧半壶水，所用的时间相同吗？将一壶常温的水和温开水烧开所用的时间相同吗？加热相同质量的铁和铜，使其升高相同的温度，时间相同吗？ ·使学生识别出物体吸收热量的多少与质量的多少、升高的温度、物质的种类的关系
假设猜测	·根据生活的经验，教师可以引导学生思考加热的时间转化为吸收热量的多少，运用共变法、差异法得出吸收热量的多少和质量的大小、升高的温度、物体的种类有关
规划方案	·如何研究"同种物质吸收热量多少和质量、升高温度的关系"及"不同物质的吸热能力的关系" ·【教学】教师引导学生根据猜测，遵循控制变量法，提出方案："控制相同物质质量不变，探究吸收热量和升高温度的关系；改变质量，控制其他因素不变，探究吸收热量和质量的关系。""其他因素都相同，物质不同，升高相同温度，吸收热量的多少。"

设计实验	·呈现实验仪器，电加热器、水、烧杯、温度计、煤油、搅拌棒等 ·【教学】教师引导学生遵循设计实验通用策略，完成实验装置的组合
获得数据	·执行实验1、实验2、实验3 ·【教学】教师引导学生由实验装置，确定实验步骤，并进行实验获得数据
形成结论	·呈现实验数据 ·【教学】教师引导学生遵循图像法、比例法获得结论
得出公式	·【教学】实验数据，同种物质，吸收热量和质量、升高温度比值是定值，不同物质，吸收热量和质量、升高温度比值不同，求同求异法得出物质的吸热能力不同，仅和物质的种类有关

图 3‑77

演绎推理	·【提问】教师提出问题：同种物质，比值是定值；不同物质比值不同，是否这个值就表述了物体的固有特性呢？ ·【教学】物质的吸热的特性：物质的吸收的热量与质量、升高温度的比值是物体的固有属性
命题教学	·【教学】根据探究实验得到的结论，通过演绎推理可以得到物质吸热相关的固有特性，并把这个物理量定义为物质的比热容：单位质量的物体每升高或者降低1℃所吸收或放出的热量叫做这个物体的比热容
符号教学	·【教学】根据比热容的物理意义得出比热容的数学表达式，用数学表达式表示：$c=\dfrac{Q}{m\Delta t}$
热量的计算	·【教师】教师引导学生遵循利用数学的等式替换，得到物体吸收热量和放出热量的表达式

图 3‑78

四、其他教学方案评析

其他实验方案

在实验探究中：质量相同的不同物体，升高相同的温度的实验中，采用水浴法进行对实验对象的加热。保证初始温度相同放入两支相同的试管中，同时放入同一个大烧杯的水中，用一个酒精灯（或加热器）加热，可以保证两者在相同的时间内吸收的热量相同。

评析：

此种水浴法的加热比热水器加热更加均匀，不用进行搅拌，而且热量的损失较小，准确率较高。

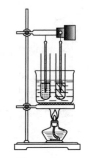

图 3‑79

但是学生没有海水和沙子的吸收热量本领不同的经验，同时海水和沙子的形态不同，加热过程中温度的升高是否会由于其固体和液体而有所区别，也是学生容易产生疑惑的地方，所以建议换成两种不同的液体进行水浴法实验探究。

第二编

物理习题课的
教学设计

第二编导读

第二编主要讨论物理问题解决的教学设计模式以及相应有效实施。

本编概述物理问题解决(主要是物理习题)的学习结果、解决问题所用的过程和方法,提出针对物理新题、物理问题图式类、物理大专题类习题等教学设计模式,并通过实例呈现教学模式的实施。

关于物理习题教学,基本观点如下:

1. 问题解决是学习者遵循认知策略的引导,从认知结构中选择出、并有序排列组合解决问题所需策略的过程。

2. 解决问题的策略或者说方法,有两种基本类型:强方法和弱方法。

强方法适用于特定类型问题的解决,强方法不仅给出该类问题解决的步骤,并且每一步都聚焦到解决问题所需技能,在必要技能掌握的条件下,学习者基本无需经历在认知结构中搜索的过程,其解决该类问题的效率就高。

弱方法没有聚焦解决具体问题的必要技能,只是提供解决问题大致的方向用以引导解决者在认知结构中的搜索,不能保证个体搜索出所需的必要技能,也就是不能保证问题的解决。

3. 物理新题的解决需要运用弱方法

当学习者面对新问题时,因为没有强方法可以运用,只能运用弱方法来解决。弱方法是引导学习者思考方向,在认知结构中选择解决问题所需技能的技能。由于弱方法不直接聚焦到解决当前问题所需技能,因而,学习者在解决过程中就会表现出"搜索"的特点,需要学习者从题设中识别对解决当前问题有效的信息(也就是所谓"分析"思维特征),在有效信息的指引下,去寻找出可用的物理概念和规律并先后排列(也就是所谓"综合"的思维特征)。通过弱方法解决问题,一般会形成对学习者而言新的学习结果,如解决一类问题的强方法等,所以学习者运用弱方法解决新问题是严格意义上的解决问题。

4. 物理新题教学的目标

在解决物理新问题时,通常可用的弱方法有:"解决物理习题的方法"(审题、分析题、列方程、求解)、解决物理某一子领域的方法(如"解决静力学习题的方法""解决电路习题的方法"等)、难以明确适用条件的解决物理习题方法(如"守恒法""对称法"等),此外,还有解决问题最一般的弱方法,如"逆推法""向前推理法""手段—目标法"等。

物理新题解决的教学,其目标应该是帮助学生增加物理习题解决领域弱方法的运用经验,以期学习者能在解决新问题时,有一定思考解决的路径可供尝试。

5. 物理一类习题教学的目标

通常我们将可用同一强方法高效解决的物理习题归为一类。由于一类习题,其解决所需必要技能相对明确和一致,所以此类习题在物理对象、物理过程和状态等方面就有相近的特征。因此,通过解决同类习题,学习者不仅应该习得解决此类习题的强方法,还应该习得此类习题在对象、过程和状态等方面的特征(通常称为题型特征)。认知心理学认为,通过一类问题解决的学习,学习者可以将此类习题的特征、解决此类习题的强方法以及所需必要技能联系起来,形成整体性的表征方式—问题图式。

学习者一旦习得一类问题的问题解决图式,当面对一道有些变化的同类问题时,学习者识别出其在对象、过程或状态等符合该类问题的特征,就能够启动解决此类问题的强方法,并遵循强方法的步骤,执行相应步骤联系的必要技能解决问题,表现出向前推理的解决问题的行为。这也是学生在解决熟悉一类问题(对学生而言属于常规习题)时表现出的行为。常规问题解决不会增加学习者更多的新知识,通常也只是表现出些许"分析"的特征,所以不能算是真正意义上的解决问题。

对一类常规物理习题的教学,其目标是帮助学生习得此类问题的问题图式。

6. 专题类物理习题教学的目标

对于专题类的物理习题,如图像类物理习题、守恒类物理习题,通常涉及到的物理习题范围都比较大,无法概括出一般性的强方法,我们可以通过将专题类习题依据其范围做进一步归类,如图像题中的运动学追击问题的图像题、变力做功一类问题的图像题等,一旦归类到较小的习题领域,就有可能概括出针对这一子类习题的强方法,如此就可将大范围没有强方法的专题,分解为一系列存在强方法的子类。通过帮助学生习得各子类问题解决的强方法(即问题图式),一定程度上提高学生解决大专题问题的效率。

对于大专题,可以尝试分解成子类问题图式的学习,此为专题类物理习题解决的目标。

第四章由同济大学第一附属中学刘紫微完成。本编经陈刚、刘紫微修改定稿。

第四章 物理习题教学理论概述

第一节 物理习题解决的学习机制

一、物理习题解决领域的策略

问题解决是问题解决者在一定策略引导下，选择、组合解决问题所需技能的过程。

当学习者第一次面对一道物理习题，并无解决的经验，个体只能运用一些弱方法，沿弱方法指引的方向思考，尝试找出解决习题的必要技能。

当学习者多次解决同一类习题后，可能形成解决这一类习题的有效方法，也就是解决一类习题的强方法。强方法对解决一类习题之所以有效，是因为强方法不仅给出解决此类习题的步骤，并且每一步都聚焦于解决此类习题的必要技能。由此，学习者再次遇到同类习题时，就可运用强方法，减少搜索必要技能的过程。

在物理习题解决中，常用的策略如下所述。

（一）解决问题的强方法

面对问题，解决者首先会尝试采用解决问题的强方法来解决。如物理概念和规律教学第一部分第一节中专家解决问题所用的方法。强方法已经聚焦于解决一类问题的必要技能及先后序列，所以用以解决特定类型习题时的效率较高。

（二）解决物理习题领域的弱方法

当问题解决者没有解决习题的强方法时，就会采用领域中相对的弱方法来尝试解决，物理习题领域常见的弱方法类型有：

1. 解决物理习题的通用方法

有研究者将物理习题的解决总结如下：

第一，审题：

（1）弄懂题意，判定是属于什么范围、什么性质的问题；

（2）找出已知量和待求量。有些已知量隐含在题目的文字叙述中或物理现象、物理过程中，要注意挖掘；

（3）明确研究对象，确定是何种理想模型。

第二，分析题：

（1）为了便于分析，一般要画出草图。草图有示意图、矢量图、波形图、状态变化图、电路

图、光路图等。草图有形象化的特点,有助于形成清晰的物理图像;

(2) 借助草图分析研究对象所处的物理状态及其条件;

(3) 借助草图分析研究对象所进行的物理过程。

(在此基础上确定解题的思路和方法)

第三,建立有关方程:

(1) 根据研究对象和物理过程的特点和条件,考虑解答计算上的方便,选用它所遵循的规律和公式;

(2) 列出方程。(有时需要建立坐标系、规定方向或画出有关图像)

第四,求解:

(1) 先进行必要的代数运算;

(2) 统一单位后,代入数据进行计算,求得解答;

(3) 必要时对结果进行验证。

【分析】这一方法适用于所有物理习题的求解,适用范围很广,其中每一步对学习者来说又构成问题,比如"如何审题""如何分析题"等,且由于应用范围广,所以也不可能聚焦到解决具体习题所需的必要技能,因此该方法是解决物理习题领域中的弱方法。

2. **解决物理某一子领域习题的方法**

在运动学、静力学、电学等子领域的习题解决,通常亦会有相应的方法,如,有研究者提出根据运动学的基本概念、规律可知求解运动学问题的基本方法、步骤为:

(1) 审题。弄清题意,画草图,明确已知量,未知量,待求量;

(2) 明确研究对象。选择参考系、坐标系;

(3) 分析有关的时间、位移、初末速度、加速度等;

(4) 应用运动规律、几何关系等建立解题方程;

(5) 解方程。

【分析】上述方法适用范围较通用方法小,但每一步也不可能聚焦到必要技能,因此应用时还有分析—选择、判断等思维过程,无法保证物理习题一定得到解决,所以还是弱方法。

3. **解决物理习题的一般方法**

在物理习题解决领域,还有如下一些方法:

(1) 守恒法:利用物理变化过程中存在的一些守恒关系来解物理习题的方法。

守恒总是针对某一系统而言的,因此在应用守恒定律解题时,首先要确定研究对象——系统;中学涉及到的守恒有:质量守恒、电荷守恒、动量守恒、机械能守恒和能量守恒。

(2) 几何法:几何法就是利用几何知识解决物理问题的方法。

任何物质的运动、一切物理过程的进行和物理规律,都可以用一定的几何图形简洁、形象地表示。几何中有点的概念,物理中有质点、点电荷、点光源;几何中有线的概念,物理中有电场线、磁感线、光线;几何中有面的概念,物理中有面电荷、等势面;几何中有球体的概念,物理中有分子球状模型、地球模型。

（3）图像法：利用平面直角坐标系中的物理图像解题的方法叫做图像法。

图像法解题中两个重要手段是识图和作图。识图包括：图像表示哪两个物理量的关系，图像的形状（直线、正弦、余弦、抛物线、双曲线），把握图像的性质（起点、极值、斜率、交点等），找出图像中所隐藏的其他物理量及变化；作图包括：利用物理公式与图像的对应关系，描点并连线。

（4）等效法：就是在保证某种效果（特性或关系）相同的前提下，将一种事物转换为另一种事物，把原先陌生、复杂的事物转换为熟悉、简单的事物，通过认识研究对象的等效替代物，来认识研究对象的一种方法。

（5）对称法：利用事物的对称特性来分析问题和处理问题的方法称为对称法。事物的对称表现在结构对称、物理量对称、物理过程对称、运动轨迹对称等。

【分析】此类方法应用的条件不够清晰，如，在何种条件下可以用对称法、在何种条件下可以用等效法等，因此此类方法可以为学习者解决物理习题提供可以尝试的途径，但无法保证学习者能够解决特定的物理习题，所以也是解决物理习题领域的弱方法。

（三）最一般的弱方法

当解决者运用领域弱方法亦无法解决物理习题时，也会采用解决问题最一般的方法，比如：手段—目标法、逆推法、尝试错误方法等。

此外常用的解决问题的弱方法还有类推法：在问题情境和个体熟悉的情境之间作出类推。[①] 认知心理学研究发现：记忆的存取是由表面线索水平的相似性来引导的，表面线索呈现给解决者的是问题的表面方面，它们可能包括例如问题中的人或物的名字、问题所围绕的特定活动或地点成分，或者需要解决的问题特征等。

二、解决一类物理习题的学习结果——问题图式

问题图式是围绕原理或基本概念组织起来的，每一问题图式都包含陈述性知识、程序性知识及典型的问题情境的特征要素。问题图式允许问题解决者根据问题解决的方式对问题进行分类，它是领域知识的表征方式，是造成专家和新手问题解决技能差异的根本原因。[②]

所以解题方面的专家，一定存储有大量的带有本领域特征的问题图式，并且问题图式不仅包含一类问题的本质结构特征，还与解决问题的策略联系在一起，这样一旦专家识别出题目类型，就可较快地运用与该问题相适应的解决策略。

马歇尔列出了问题图式包含的一些知识类型：[③]

1. 识别性知识

这种类型的知识是由一些问题特征的结构组成的。它是问题图式模式识别方面的知

① John B. Best. 认知心理学[M]. 黄希庭,主译. 北京：中国轻工业出版社,200：381.

② 辛自强. 问题解决与知识建构[M]. 北京：教育科学出版社,2005：36.

③ S. Ian Robertson. 问题解决心理学[M]. 张奇,等,译. 北京：中国轻工业出版社,2004：217.

识。(注：对物理习题来说，就是此类习题在对象、物理过程、物理状态等方面具有的特征。)

2. 计划性知识

它指问题解决的知识，包括解题计划、目标和子目标等方面。有的人可能能够辨别出问题的类型（通过识别性知识和细节性知识），但是他们没有计划性知识去解决它，例如"这是一个重复性问题，不是吗？但我仍不知道怎么做。"（注：对物理习题来说，就是解决物理习题的认知策略或者说方法。)

3. 执行性知识

这是有关问题解决的程序性知识。它能使人执行由计划性知识得出的解题步骤。（注：对物理习题来说，就是解决物理习题所需的必要技能。)

4. 细节性知识

这是有关问题主要特征的陈述性知识。它既包括具体的例题，也包括更一般的抽象概念。根据它们能够在给定的情境环境中建立心理模型（问题模型）。

像物理概念和规律教学第一部分第一节专家—新手研究中解决的人—船一类物理习题，我们可以推测专家已习得如下图式，

表 4 - 1

问题结构特征	解题所需知识与技能	策　略
对象：两个物体 状态：初始状态静止 过程：两个物体在同一方向上沿相反方向 运动：物体系同在运动方向上不受外力 待求：两物体移动距离间的关系	理解质量、长度、运动、运动距离、摩擦力的概念。会运用摩擦力、动量守恒定理，会运用运动物体距离间的关系。	(1) 由动量守恒定理，建立两物体移动距离之间的关系； (2) 建立两物体移动距离与相互运动距离间几何关系； (3) 两个方程联立求解。

由上可以发现，问题图式将一类问题的本质结构特征与解决此类问题的强方法联系起来，形成整体性表征。

具有大量本领域问题图式的专家，在面对不曾求解过的领域新问题时就会花费较多的时间对问题的深层结构进行表征，一旦专家识别出该问题符合本领域某个问题图式的特征，就可以启动解决该类问题的强方法，从而高效地挑选出必要技能来解决问题，由此体现出专家解决问题时向前推理的特征。

第二节　复杂物理习题解决的教学目标

一、问题解决的研究对习题教学的启示

复杂习题需要运用多个物理规律来解决，习题本质上属于结构良好的问题。

前一节中已指出专家拥有自己专长领域丰富的问题解决图式。因为具有大量的图式，在面对新问题时，如果能抽象出符合图式的结构特征，专家就可以启动强方法来解决，从而

能够高效地解决本领域的常规新问题。

当专家面对无法归类的问题时,也需要运用弱方法来解决。常用的解决问题的弱方法有解决本领域问题的弱方法,若领域弱方法的运用亦无法解决问题,专家同样需要采用解决问题最一般的方法,如手段—目标法、逆推法、尝试错误方法等,还有类推法来解决。

由此,为了帮助学生解决物理复杂习题,可以从下面几个方面入手:

第一,通过练习,帮助学生将概念和定理技能化。

第二,结合新问题的解决,引导学生经历物理习题解决领域弱方法的运用,体会并熟悉领域弱方法的适用条件以及相应的步骤。(参见样例一～样例三)

第三,精选物理习题领域具有典型特征的习题,加强学生对情境的把握能力,并逐步与解决问题的强方法联系起来,构成特定问题解决的图式。(参见样例四～样例七)

第四,按照某一主题组织习题,目的是帮助学生形成与该主题相关的、可解决问题的全面表征。当学生在面对新物理问题时,能够根据其某方面的特征线索,运用类推法,与以往解决问题的经验相联系,启发解决者的思路。如果解决问题的经验是零散存储的,将不利于学生进行有效地提取。比如教师可以依据航天飞行这一特征将相关问题汇总为"宇宙航行中的动量问题"进行呈现,综合介绍火箭推进器、光帆推进器、粒子推进器、弹弓效应等宇宙飞行器的动力方式,同时运用动量定理、动量守恒定律、机械能守恒定律、光子动量、喷射粒子束与电流及电荷量关系等知识解决相应问题。如此有序化地将航天运动的动量问题汇总后,有助于学生形成围绕该主题的整体表征,当学生遇到新的航天飞行问题,就可能激活该主题,一旦匹配某种已有解决问题的经历,问题就有可能因获得思路而得到求解。类似的问题主题还有很多,比如物理学科中"物理极值问题""变质量气体问题""带电粒子在复合场中的运动问题""近似与估算问题"等。

二、习题教学的目标

1. 针对学习者而言的新题,应以运用领域弱方法的经历为教学目标

学习者解决物理新习题,通常需要:

(1)运用"解决物理习题的通用方法",最重要的是审题、分析题,其目的是形成对问题的全面认识,找出有助于解决问题的、隐含的关键信息。

(2)当审题、分析题后,尚不能看出从已知条件到目标的途径,可遵循逆推、向前推理、手段—目标、类推等解决问题的最一般方法,引导问题解决者进一步有序搜索可用于解决问题的、隐含的关键信息。

故针对新题的教学,教师应引导学生遵循"解决物理习题的通用方法",审题(梳理已知、待求,确定题设情景中的隐含条件)、分析题(分析物理过程、物理状态),结合已知或待求,运用逆推法、向前推理法、手段—目标等弱方法,来进一步搜索并找出解决习题所需的关键信息。

在陈述对应的教学目标时,建议这样描述:经历……新题的解决,体会解决物理习题领

域的弱方法(审题、分析题),以及逆推等弱方法的运用。

2. 针对可以清晰归类的习题,应以问题图式为教学目标

物理习题,有一部分可以归为特定的类型,具有较为明确的物理对象、过程或状态等特征,且存在解决问题的强方法,对这类习题,教师应以解题方法、问题图式教学为目标。

在此类教学中,教学目标的层次如下:

(1)学习者能够选择正确的技能,依据正确的解决步骤,解决教学中的习题。(知识与技能)

(2)学习者理解解决一类习题的方法,并在新情景下正确运用。(过程与方法)

(3)学习者理解一类习题的题型特征,以及解决此类习题的方法,形成解决此类习题的图式。(知识与技能、过程与方法两者整合)

在陈述对应的教学目标时,建议这样描述:掌握……类物理习题的问题图式;能解释此类习题的题型特征、解决此类问题的强方法;能依据题型特征识别出同类习题,并遵循解决此类问题强方法的步骤执行相应的必要技能解决同类习题。

3. 对大量不可归类的习题,应围绕某个主题来组织习题

对于更多的、无法一一归类的物理习题,教师应尽可能围绕某一主题组织习题,如此可以有助于学生形成与该主题相关的、可解决习题的整体表征。当学生在面对新习题时,能够根据其某方面特征,运用类推方式,与以往解题经验相联系,启发解决问题的思路。

在此类教学中,教学目标的层次如下:

(1)学习者能够选择正确的技能,依据正确解决步骤,解决教学中的习题。(知识与技能)

(2)学习者理解围绕特定特征属性的习题求解案例。(过程与方法)

在陈述对应的教学目标时,建议这样描述:理解……主题的物理习题;能解释此主题习题的特征以及解决过程。

第三节　复杂习题解决策略的提炼技术

一、物理复杂习题策略提炼技术

通常,综合性不强、涉及的必要技能不多的图式类习题,教师可以较为容易地总结出相应的问题图式。但对于综合性很强、解题思路复杂的习题,教师在总结问题图式方面可能存在困难,为此,本书介绍一项复杂习题解决策略的提炼技术。

比如匀变速直线运动中多阶段的问题就属于综合性强的复杂习题。虽然学生知道解决这类问题主要使用"$v_t = v_0 + at$、$s = v_0 t + \dfrac{1}{2} at^2$、$s = \dfrac{v_0 + v_t}{2} t$、$v_t^2 - v_0^2 = 2as$"这四个公式,但依然会犯如下常见错误:

1. 由于乱套公式最终求解不出答案;

2. 虽然把答案求出来了,但解题过程却非常繁琐;

3. 每一次求解都相当于一道新题的求解,求解的路径各不相同,以前积累的经验作用不大,通俗地说就是没有形成有效的思路。

通常,由于题目多变,教师不会也难以梳理出普遍适用的解题思路。但若采用此项复杂习题解决策略的提炼技术,就可化解困难。

此项技术分为三步:

1. 运用"任务描述法"揭示问题解决的各子任务以及各子任务间的联系;此环节选择典型习题,详细地呈现出解决的全过程以及可能的多种解法。

2. 分析完成各级子任务所需要的技能。

3. 分析解决各级子问题所采用的策略(也就是解决步骤选择的依据),并分析该策略对此问题的解决是强方法还是弱方法。

二、提炼技术应用案例

下面就以一道匀变速直线运动中多阶段的问题为例介绍此技术。

例题:一物体做匀减速直线运动,初速度 $v_0 = 12 \, \text{m/s}$,加速度为 $a = -2 \, \text{m/s}^2$,该物体在某 $1 \, s$ 内的位移为 $6 \, m$,此后它还能运动多远才停下? 该 $1 \, s$ 前通过的位移多大?

● 任务描述

先给出本题可能的几种常见解法如下。

将"某一秒"设为 BC 段,则"某一秒的前一秒"为 AB 段,"某一秒后运动"为 CD 段。

解法 1:

1. 设物体在某一秒内的初速度为 v_1,末速度为 v_2,发生位移为 s_2

$$s_2 = v_1 t_2 + \frac{1}{2} a t_2^2 \Rightarrow 6 = v_1 \times 1 + \frac{1}{2} \times (-2) \times 1^2 \Rightarrow v_1 = 7 \, \text{m/s} \quad (\text{BC 段})$$

2. $v_2 = v_1 + a t_2 \Rightarrow v_2 = 7 + (-2) \times 1 = 5 \, \text{m/s} \quad (\text{BC 段})$

3. 物体此后还能运动的时间 $t_3 = \dfrac{0 - v_2}{a} = \dfrac{0-5}{-2} = 2.5 \, s \quad (\text{CD 段})$

4. 物体此后还能运动的位移 $s_3 = v_2 t_3 + \dfrac{1}{2} a t_3^2 = 5 \times 2.5 + \dfrac{1}{2} \times (-2) \times 2.5^2 = 6.25 \, \text{m}$ (CD 段)

5. 物体在该 $1 \, s$ 前运动的时间 $t_1 = \dfrac{v_1 - v_0}{a} = \dfrac{7-12}{-2} = 2.5 \, s \quad (\text{AB 段})$

6. 物体在该 $1 \, s$ 前通过的位移 $s_1 = v_0 t_1 + \dfrac{1}{2} a t_1^2 = 12 \times 2.5 + \dfrac{1}{2} \times (-2) \times 2.5^2 = 23.75 \, \text{m}$ (AB 段)

解法 2：

1—3 步同解法 1。

4. 物体此后还能运动的位移 $s_3 = \dfrac{v_2+0}{2} \times t_3 = \dfrac{5}{2} \times 2.5 = 6.25\,\mathrm{m}$

物体在该 1 s 前运动的时间 $t_1 = \dfrac{v_1-v_0}{a} = \dfrac{7-12}{-2} = 2.5\,\mathrm{s}$

物体在该 1 s 前通过的位移 $s_1 = \dfrac{v_0+v_1}{2} \times t_1 = \dfrac{12+7}{2} \times 2.5 = 23.75\,\mathrm{m}$

解法 3：

1—2 步同解法 1。

3. 物体此后还能运动的位移 $s_3 = \dfrac{0^2-v_2^2}{2a} = \dfrac{0-5^2}{2\times(-2)} = 6.25\,\mathrm{m}$

物体在该 1 s 前通过的位移 $s_1 = \dfrac{v_1^2-v_0^2}{2a} = \dfrac{7^2-12^2}{2\times(-2)} = 23.75\,\mathrm{m}$

接下来，可以将用本题的三种解法的解题步骤做个对比，如下表。

表 4－2

	解法 1	解法 2	解法 3
步骤 1	根据公式 $s = v_0 t + \dfrac{1}{2}at^2$，求出 BC 段内的初速度 v_1	同解法 1	同解法 1
步骤 2	根据公式 $v_t = v_0 + at$，求出 BC 段内的末速度 v_2	同解法 1	同解法 1
步骤 3	根据公式 $v_t = v_0 + at$，求出物体此后（CD 段）还能运动的时间 t_3	同解法 1	根据公式 $v_t^2 - v_0^2 = 2as$，求出物体此后（CD 段）还能运动的位移 s_3
步骤 4	根据公式 $s = v_0 t + \dfrac{1}{2}at^2$，求出物体此后（$CD$ 段）还能运动的位移 s_3	根据公式 $s = \dfrac{v_0+v_t}{2}t$，求出物体此后（CD 段）还能运动的位移 s_3	根据公式 $v_t^2 - v_0^2 = 2as$，求出物体在该 1 s（AB 段）前通过的位移 s_1
步骤 5	根据公式 $v_t = v_0 + at$，求出物体在该 1 s 前（AB 段）运动的时间 t_1	同解法 1	
步骤 6	根据公式 $s = v_0 t + \dfrac{1}{2}at^2$，求出物体在该 1 s 前（$AB$ 段）通过的位移 s_1	根据公式 $s = \dfrac{v_0+v_t}{2}t$，求出物体在该 1 s 前（AB 段）通过的位移 s_1	

● 确定解决此类习题的必要技能

不管是用哪种解法，学生都需要掌握匀变速直线运动几个常用的公式：$v_t = v_0 + at$、$s = v_0 t + \dfrac{1}{2}at^2$、$s = \dfrac{v_0+v_t}{2}t$、$v_t^2 - v_0^2 = 2as$ 等，以上都是对一个特定运动阶段来说的，这是学生求解此类问题所需的必要技能。

● 确定解决此类习题的策略

对于多阶段的运动问题,每一段都可涉及上述 4 个公式,那么解决此类习题可能涉及到的公式就有 $n \times 4$ 个。对于三阶段就有 12 个公式,如何从 12 个公式中选择出适当的公式来解决问题?

1. 在选择解决此类习题的步骤上有何特征?

(1) 分段解决;

(2) 都选择"BC 段"为起步解决段;(教师应考虑选择其他阶段突破是否可行)

(3) 对 CD 段的位移,解决方案有多个,有的需要两步,有的只需一步。

由此,可确定解决此类习题所需的基本能力,

子能力 1:具有分段解决此类问题的能力;

子能力 2:具有选择首选解决阶段的能力;

子能力 3:具有在一个特定运动阶段,选择适当运动方程的能力。

2. 对各子能力,依据前述方式逐一再次进行分解

(1) 对子能力 1,个体如何表现出具有分段解决能力?

<u>能画出运动阶段草图</u>:①能分清各阶段;②能标清各段运动学量。

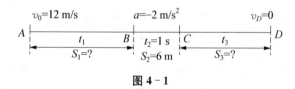

图 4 - 1

(2) 对子能力 2,个体如何选择出首选解决阶段?

<u>可以选择几道同类习题</u>,分析可知,首选解决阶段的特征是"已知量较多"。

又构成子问题 2 - 1:如何有效地分清已知量的多少?

<u>可以在图上标注或列表。</u>

表 4 - 3

运动阶段	已知量	待求未知量	需求中间量	可求中间量
AB 段	a、v_A	s_1	v_B,或 t_1	
BC 段	a、t_2、s_2			v_B、v_C
CD 段	a、v_D	s_3	v_C、或 t_3	

(3) 对子能力 3,个体如何选择具体阶段的运动学公式?

<u>此能力又可进一步细化为两个子能力</u>:"知三求二"的能力;能依据未知量和已知量选择<u>适当的公式解决</u>。

子能力 3 - 1 的分析:(仍然通过任务描述、确定技能、确定策略完成,此处进行简化)

对于匀变速直线运动，必要技能主要是四个常用公式：$v_t = v_0 + at$、$s = v_0 t + \dfrac{1}{2}at^2$、$s = \dfrac{v_0 + v_t}{2}t$、$v_t^2 - v_0^2 = 2as$，可以列表进行梳理。

表 4 - 4

公式	包含的四个物理量	未涉及的第五个物理量
$v_t = v_0 + at$	v_0、v_t、a、t	位移 s
$s = \dfrac{v_0 + v_t}{2}t$	v_0、v_t、t、s	加速度 a
$s = v_0 t + \dfrac{1}{2}at^2$	v_0、a、t、s	末速度 v_t
$v_t^2 - v_0^2 = 2as$	v_0、v_t、a、s	时间 t

通过表格可以发现，匀变速直线运动中 a、t、s、v_0、v_t 五个核心物理量，只要已知其中三个，最多运用两个公式就可求得另外两个量，即"知三求二"。

子能力 3-2 的分析：

我们在求解具体问题时就可以结合四个公式的该不同点对公式进行优选，具体如下：

① 确定某运动阶段的已知量和待求量；

② 确定求出待求量的公式。根据"有哪个（或哪些）公式直接把已知量和待求量都包含在里面的"，则这个（或这些）公式就是最适合用来求解这个问题的。

综上分析，解决"匀变速直线运动多运动阶段综合题"的整体方案如下图所示。

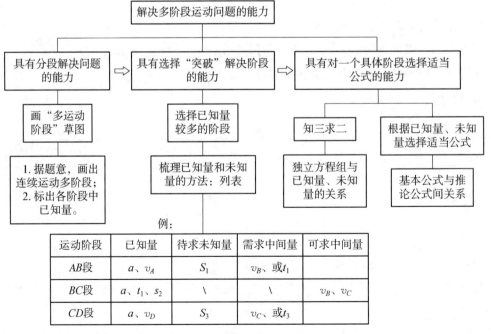

例：

运动阶段	已知量	待求未知量	需求中间量	可求中间量
AB段	a、v_A	S_1	v_B、或t_1	
BC段	a、t_1、s_2	\	\	v_B、v_C
CD段	a、v_D	S_3	v_C、或t_3	

图 4 - 2

解决此类运动学问题的解题方法可归纳如下：

1. 确定运动阶段。以运动阶段草图呈现,根据题意确定物体的整个运动过程所包含运动的阶段,并将各运动阶段的已知量、待求未知量标注在图上。(如图 4-1)

2. 确定各运动阶段的已知量、待求未知量、需求中间量和可求中间量呈现出来,用列表方式呈现。(如表 4-3)

3. 确定首选解决阶段。参考各运动阶段的已知量、未知量的结构,依据"知三求二"来确定解题的突破阶段。

4. 解出首选阶段的所有未知量。

5. 确定其他运动阶段的适用公式。依据"匀变速直线运动中选用公式的基本原则"选择相关公式进行求解。

三、拓展讨论

1. 复杂习题解决存在不同效果的策略

对综合性问题的解决,其有助于引导个体解决问题方向的技能(即认知策略)往往较多。如：

1. 要求学生"要分段解决",是不是有助于提高学生解决此类习题的效率?

2. 要求学生"在分段时,最好画出运动分段图",是不是有助于提高学生解决此类习题的效率?

3. 要求学生"在分段时,画出分段,标出各运动段,标出各运动段加速度、位移以及各位置处的速度等信息",是不是有助于提高学生解决此类习题的效率?

4. 要求学生"要选择首选解决阶段",是不是有助于提高学生解决此类习题的效率?

5. 要求学生"选择首选阶段时,可从已知量多的阶段考虑",是不是有助于提高学生解决此类习题的效率?

6. 要求学生"选择首选阶段时,为了确定哪个阶段已知量多,可列表方式呈现各阶段已知量、待求量、可求中间量等",是不是有助于提高学生解决此类习题的效率?

……

可能共有近二十个可以提高学生解决此类习题的思路点(相当于解决此类习题的弱方法),每位教师教学中都可能会涉及到其中数个思路点的提示,但如果学生没有对此类问题整体解决方案的认识,这种提示都是零散的,对提高学生解决此类习题的效率都是有一定效果(特别是对好学生),但大多数学生难以从这些零散的思路提示中"悟出"整体解决的方案。

2. 分解综合能力的分析技术是一种弱方法

将综合性问题的解决能力分解为一系列子过程以及相应的解决策略,进而整合为有层次相依的整体性解决方案,从整体性解决方案中,可以揭示出解决此类综合题所需要的基本子过程有哪些、各子过程间依次关系如何、各子过程中问题解决所需要的技能和策略为何等,由此,可以确定教学的主要目标,以及教学的先后次序。

如本例中,根据上述任务分析可知,画运动阶段图、列表显示已知未知等技能学生不难习得,故教学目标可分解为:

1. 理解匀变速直线运动几个常用公式之间的关系;
2. 理解求解匀变速直线运动问题选用公式的基本原则;
3. 掌握寻找"突破阶段"的方法;
4. 掌握求解运动学综合性问题的强方法。

由此确定,教学次序为目标1、2可用一节课完成;目标3、4可用一节课完成。各目标教学实现可参考问题图式—类习题的教学,此处问题图式中,题型特征比较明确,重要的是对解决此类习题的强方法的教学。

此处提供将综合能力分解的任务分析方法,但并不能保证教师都能分析出解决过程中的各步骤以及各步骤的先后次序间的关系,所以,此教学任务分析方法是一种弱方法。实际上,很多教师都有过这种揭示难题或综合题内在成分的过程,但由于不确定要分解成什么,所以往往在无意识分解中,会有一些解决分析成功的经历,可能会有很多不成功的体验。

尽管此处将教学任务分析,"分析什么""如何分析"进行讨论,仍不可能保证所有综合能力都能分解清楚,所以该方法是一种弱方法。

第五章　复杂物理习题的教学样例

新题类：

样例一：一道运动、力、功能关系综合题的新题教学

设计者：张丽琴　上海市敬业中学

一、教学内容

一道运动、力、功能关系综合题的解决。

二、教学目标

经历一道运动、力和功能关系综合题的解决过程，体会解决物理习题弱方法（审题、分析题）的运用，形成对问题的理解，体会运用逆推法搜索解决问题所需必要技能的过程。

三、教学任务分析

解决问题是学习者运用一定策略，选择、组合、排列解决问题所需技能的过程。学习者面对新问题，由于没有强方法，所以只能用弱方法来求解。

本题中，通过引导学生经历两个过程：

1. 审题：确定已知、待求，判断问题的范围，形成对问题的初步理解。（如教学环节一）

2. 分析题：先选取研究对象，并对研究对象所处的物理状态或过程进行分析；之后再从待求出发，结合物理过程对问题进行分析。（如教学环节二）具体涉及如下两个子环节。

（1）明确物理状态及过程

此环节待解决问题：确定研究对象并分析物理状态和过程；

此环节运用的策略：解决问题最一般性的弱方法以及"画草图"；

采取解决问题最一般性的弱方法（"向前推理""向后推理""手段—目标法"），对研究对象的物理状态和过程进行分析。在分析的过程中，可以通过引导学生画出草图（包括示意图、矢量图、波形图、状态变化图、电路图、光路图等），有助于形成清晰的物理图像。

（2）结合过程对待求量进行分析

此环节待解决问题：结合分析出的物理过程，对待求问题进行求解；

此环节运用的策略：解决问题最一般性的弱方法（"逆推法"或"手段—目标法"）；

在分析完物理过程后，教师引导学生再次用采取解决问题最一般性的弱方法（"逆推法"

或"手段—目标法"),从待求出发,结合对象经历的物理过程,对解决问题所需要的必要技能进行搜索并求解问题。

经过这一教学过程,学习者经历运用"审题、分析题"形成对问题的理解,运用"逆推法"搜索解决问题必要技能或关键点的过程,体会解决物理习题领域中弱方法的运用。相信经过多次训练,学习者能够在运用弱方法解决新题方面有潜移默化的积极影响。

四、教学过程

例题:在光滑的水平面上有一静止的物体,现以水平恒力甲推这一物体,作用一段时间后,换成相反方向的水平恒力乙推这一物体。当恒力乙作用时间与恒力甲作用时间相同时,物体恰好回到原处,此时物体的动能为32 J。则在整个过程中,恒力甲做功等于多少 J? 恒力乙做功等于多少 J?

(一) 教学环节一(审题)

审题(确定问题的范围)

题目类型:物体受力运动、已知条件中有能量,是力学中涉及牛顿定律、能量变化及运动学等的综合题。

研究对象:单一对象,物块。

已知:物体先受恒力甲 F_1,由静止运动;运动在水平面上;水平面光滑(没有摩擦力);然后受相反力恒力乙 F_2,回到原点;F_2 作用时间与 F_1 作用时间相同;回到原点时物块有动能,动能 $E_k=32$ J。

待求:F_1 做功多少? F_2 做功多少?

(二) 教学环节二(分析题、确定解题的思路或策略)

1. 分析题(分析过程和状态)

分析过程:有几个过程?

<u>应该有两个过程。</u>

哪两个过程?

<u>物体受 F_1,由静止运动;物体受与 F_1 相反的力 F_2 作用,运动。</u>

第一个过程是做什么运动?

<u>做初速为零的匀加速直线运动。</u>

能不能画出草图? 运动草图应如何画? 一般要标出何种物理量?

<u>要确定坐标原点,正方向;通常需要标出速度、运动的距离等。</u>

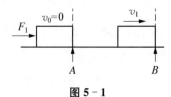

图 5-1

假设物体向右运动,从 A 点出发,向右为正方向。水平面光滑(隐含条件 1: 没有摩擦力)

第二个过程是做什么运动?

受与 F_1 相反的力 F_2 作用,做匀减速运动。

两个过程有什么联系?

受 F_1 运动的末速度,是第二阶段受 F_2 做匀减速运动的初速度。(隐含条件 2)

物体受 F_2 回到原点 A,此时速度方向为何?

向左。

物体回到原点,说明什么?

说明物体在 F_2 作用下先向右做减速运动,速度减为 0,然后再向左做加速运动(隐含条件 3)

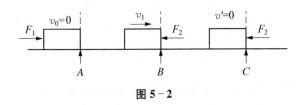

图 5-2

当物块重新回到 A 点,速度会为零吗?

不会,因为一直向左做加速运动,设回到 A 点时速度为 v_2。(隐含条件 4)

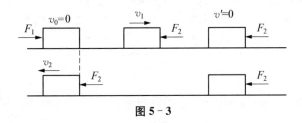

图 5-3

2. 确定解题的思路或策略

经过上述审题、分析题过程,仍不能直接看出从已知到达目标的途径,本题可遵循逆推法(由待求一路逆推进行分析)进一步搜索解决此问题所需的技能或关键点。

解题过程:

题目要求力 F_1 做的功。做功如何求?

根据做功定义,可用力乘以距离求得;

根据动能定理,有 $F_1 s = E_{k2} - E_{k1}$。

如果用做功定义求力 F_1 做的功,应如何求?

要知道运动距离和力的大小。

根据已知条件,可以求吗?

似乎两个条件都不知。

从已知条件(题设告知末动能),可以用哪个途径?

应该用动能定理。

如果从动能定理求该力做功可以吗？要知道动能的变化,需要求出什么物理量？

需要求出撤去力 F_1 时物体的速度。(揭示出解决此问题中一个关键点,就是当物块在 F_2 作用下回到 B 点时的速度。隐含条件5)

当物块在 F_2 作用回到 B 点时,速度有何关系？

大小还是 v_1,但方向相反。(隐含条件6)

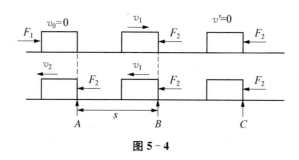

图 5 - 4

求出 v_1,或者 v_1 和 v_2 的关系。(搜索出解决本题的关键点,选择运动学相关公式求解)

第一个过程中,以 A 点为坐标原点,向右为正方向,有 $s = \dfrac{(v_1 + v_0)t}{2} = \dfrac{v_1 t}{2}$；

第二个过程中,以 B 点为坐标原点,向右为正方向,有 $-s = \dfrac{(-v_2 + v_1)t}{2} \Rightarrow s = \dfrac{(v_2 - v_1)t}{2}$；

解得 $v_2 = 2v_1$。

(此处要运用根据已知条件和待求,选择适当运动学公式的策略)

根据动能定理：$W_1 = \dfrac{1}{2}mv_1^2 - \dfrac{1}{2}mv_2^2$, $W_2 = \dfrac{1}{2}mv_2^2 - \dfrac{1}{2}mv_1^2$；

结合 $v_2 = 2v_1$, $E_k = \dfrac{1}{2}mv_2^2 = 32\,\mathrm{J}$；

解得 $W_1 = 8\,\mathrm{J}$, $W_2 = 24\,\mathrm{J}$。

评析：

教师遵循解决物理习题的通用方法,引导学生经历"审题""分析题",并有序画出运动过程草图等过程,梳理其中一些物理过程和状态中的隐含条件,然后在逆推法等弱方法的引导下,尝试搜索解决该习题的关键信息,并由此确定解决该习题所需的必要技能。

学生增加了一次成功运用弱方法的经历,经过一次次如此的学习过程,当学生面对新题时应该会有意识运用弱方法,表现出在弱方法指引下搜索解决新题必要技能的行为。弱方法的运用并不能保证学习者一定能搜索到解决习题的关键信息,也就是不能确保帮助学生解决所有的新题,所以"审题""分析题"的方法,以及逆推等方法都是弱方法。

若经历上述习题解决后,有学生有了一些解题的体会(如：对于多运动阶段的问题,要清楚画出各阶段的草图,并标出其受力、速度、位移,从中找出解决问题的可能方向),此种体会也会有助于该学生解决其他物理习题,即形成个体的解决习题的弱方法,有时也称为"解题经验"。

样例二：一道传送带问题的新题教学

设计者：刘紫微　上海市同济大学第一附属中学

一、教学内容

一道关于传送带的力与运动综合新题的解决。

二、教学目标

经历一道力与运动关系综合题的解决过程,体会解决物理习题弱方法(审题、分析题)的运用;经历通过审题形成对问题的初步认识以及运用"逆推法"搜索解决问题所需必要技能的过程,在习题解决的过程中体会分析综合、推理论证等思维方法的应用。

三、教学任务分析

同样例一教学任务分析。

经过这一教学过程后,学习者先经历通过"审题"明确已知待求,通过"分析物理过程"形成对问题的初步理解。之后运用"手段—目标法"对解决问题必要技能进行了搜索,完整经历了"物理习题领域中弱方法"的运用。相信经过多次训练,学习者能够在运用弱方法解决新题方面有潜移默化的积极影响。

四、教学过程

例题：如图 5 - 5 所示,A、B 两轮间距 $L = 3.25$ m,套有传送带,传送带与水平面成 $\theta = 30°$,轮子转动方向如图所示,使传送带始终以 2 m/s 的速度运行。将一物体无初速度地放到 A 轮处的传送带上,物体与传送带间的动摩擦因数为 $\mu = \dfrac{\sqrt{3}}{5}$,求物体从 A 运动到 B 所需的时间。(g 取 10 m/s²)

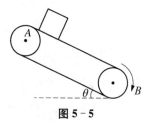

图 5 - 5

（一）教学环节一（审题一确定问题范围）

题目类型：运动的物体带动静止的物体一起运动,是力学中涉及牛顿运动定律、运动学的综合题。

已知：传送带 AB 间的间距是 3.25 m;传送带以 2 m/s 的速度向下转动;传送带与地面成 $30°$角放置;物体刚放到传送带 A 轮上时速度为 0;物体与传送带间有摩擦力,动摩擦因数

$$\mu = \frac{\sqrt{3}}{5}。$$

待求：物体从 A 运动到 B 所用的时间 t。

（二）教学环节二（分析题、确定解题的思路或策略）

通过审题，学生已经初步了解问题的类型。而在此环节，教师主要引导学生采取解决问题的弱方法，先对涉及的物理状态和过程进行分析，再结合过程对问题进行分析与求解。

1. 分析题(分析过程和状态)

研究对象：两个对象，物块和传送带

通过审题，我们知道这是与传送带有关的问题，并且研究对象为传送带上的物体。我们先对这个物体所经历的运动过程进行分析。如何对运动过程进行分析？

分析物体的初始状态以及物体的受力情况。

对于物体，初始状态和受力情况如何？能否作出力的受力分析图？（分析状态）

物体初始时静止；受到竖直向下的重力，垂直于斜面向上的支持力以及沿着斜面向下的摩擦力。（如图 5-6）。

为何物体会受到摩擦力？

开始的时候物体静止，而传送带以 2 m/s 的速度向下匀速运动，有相对运动。接触面粗糙且物体与传送带之间有相互挤压。

为何摩擦力的方向沿着斜面向下？

物体相对于物体沿斜面向上运动，摩擦力的方向与相对运动的方向相反。

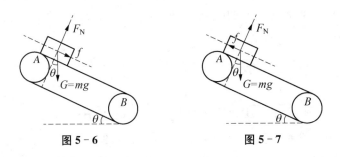

图 5-6   图 5-7

在这些力的作用下，物体将做什么运动？

由静止沿斜面向下做匀加速直线运动。

物体是否一直在传送带上做匀加速直线运动？（隐藏条件 1）

不一定，当物体的速度与传送带共速的瞬间，摩擦力消失，运动状态可能会发生改变。

这里出现了与水平传送带上类似的情况，我们同样需要对物体是否能够与传送带达到共速进行判断。如何判断能否达到共速？

通过计算物体匀加速至 2 m/s 时运动的距离，与传送带长度 L 比较。如果大于 L 则无法共速，如果小于等于 L 则能够达到共速。

具体如何求物体加速至 2 m/s 时运动的距离？

用 $v_t^2 - v_0^2 = 2ax$ 求。

要用这个公式，还需要知道加速度 a，怎么求 a？

根据牛顿第二定律 $F = ma$，由物体所受到的合外力来求。

怎么求物体的合外力？

根据受力示意图，建立垂直、平行于斜面的直角坐标系，进行正交分解，建立方程组：

$F_N = mg\cos\theta$ （1）　　　$f = \mu F_N$ （2）　　　$F_合 = f + mg\sin\theta$ （3）

结合已知条件 $g = 10$ m/s^2，$\theta = 30°$，$\mu = \dfrac{\sqrt{3}}{5}$ 解出方程得 $\dfrac{F_合}{m} = 8$ m/s^2，方向沿传送带向下。

物体加速至 2 m/s 时运动的距离？

由牛顿第二定律可知物体沿传送带向下做加速度 $a_1 = 8$ m/s^2 的加速运动。将 $v_t = 2$ m/s，$v_0 = 0$，$a_1 = 8$ m/s^2 代入 $v_t^2 - v_0^2 = 2ax$，求得 $x_1 = 0.25$ m $< L$。故物体从静止匀加速至 2 m/s，能与传送带共速。

物体与斜面达到共速后，运动状态如何？

共速瞬间，摩擦力消失，此时物体仍有沿斜面向下的力，相对于斜面会有向下运动的趋势。因此受到沿斜面向上的摩擦力。（如图 5-7）

物体的运动情况如何？（隐藏条件 2）

有多种情况：

如果摩擦力小于物体重力沿传送带的分力，则物体做初速度为 2 m/s 的匀加速直线运动，直到离开传送带；

如果摩擦力大于等于物体重力沿传送带的分力，则物体做速度为 2 m/s 的匀速直线运动，直到离开传送带；

如何确定是哪种情况？

比较摩擦力和物体重力沿传送带的分力的大小关系。

摩擦力与沿传送带方向的重力分力哪个更大？

通过正交分解，$\because \theta = 30°$，$\mu = \dfrac{\sqrt{3}}{5}$　$\therefore f = \mu F_N = \mu mg\cos\theta = \dfrac{3}{10}mg$，$mg\sin\theta = \dfrac{1}{2}mg$

$\therefore F_合 = mg\sin\theta - f = \dfrac{1}{5}mg$　$\therefore a_2 = 2$ m/s^2。

摩擦力小于物体重力沿传送带的分力，则物体做初速度为 2 m/s，加速度为 $a_2 = 2$ m/s^2 的匀加速直线运动，直到离开传送带。

所以物体的运动过程为？

先从静止开始，以 $a_1 = 8$ m/s^2 沿斜面向下做匀加速直线运动，与传送带达到共速后，之后以 2 m/s 的初速度，加速度 $a_2 = 2$ m/s^2 做匀加速直线运动。

2. 确定解题的思路或策略

在分析完物理过程后,教师引导学生采取解决问题最一般性的弱方法("逆推法"或"手段—目标法"),结合物理过程对解决问题所需要的必要技能进行搜索,从而求解问题。在本题中,主要通过"手段—目标法"进行搜索。

在知道了物体的运动过程后,要求从 A 到 B 所需要的时间,相当于求解两个过程经历的时间。请求出第一阶段的时间 t_1 为?

将 $v_0 = 0$,$a_1 = 8\ \text{m/s}^2$,$x_1 = 0.25\ \text{m}$ 代入 $v_0 t + \dfrac{1}{2}at^2 = x$,求得 $t_1 = 0.25\ \text{s}$。

请求出第二阶段的时间 t_2。

将 $v_0 = 2\ \text{m/s}$,$a_2 = 2\ \text{m/s}^2$,$x_2 = L - x_1 = 3\ \text{m}$ 代入 $v_0 t + \dfrac{1}{2}at^2 = x$,求得 $t_2 = 1\ \text{s}$。

整个过程的总时间 t 为何?

物体从 A 运动到 B 所需的时间 $t = t_1 + t_2 = 1.25\ \text{s}$。

评析:

将本样例与样例一进行对比可以发现,样例一中在审题、分析题环节主要采用向前推理法,但经过该过程仍不能直接看出从已知到达目标的途径,故而运用逆推法进一步搜索解决此问题所需的技能或关键点。而本样例在审题、分析题环节除了主要使用向前推理法外,就已经辅助使用了逆推法这一弱方法,并且在分析清楚了物理过程后,已经能基本确定解题思路。因此本样例和样例一在分析过程中和策略的使用上都略有差异,但由于首次接触此类题主要遵循弱方法求解,故而两个样例都属于新题教学。

样例三:一道导体棒在磁场中运动的新题教学

设计者:陈晓倩　江苏省苏州市西安交通大学苏州附属中学

一、教学内容

一道导体棒在磁场中运动的新题的解决。

二、教学目标

经历一道运动、力和磁场综合题的解决过程,体会解决物理习题弱方法(审题、分析题)的运用,形成对问题的理解,体会运用逆推法搜索解决问题所需必要技能的过程。

三、教学任务分析

同样例一中教学任务分析。

经过这一教学过程后,学习者先经历通过"审题"明确已知待求,通过"分析物理过程"形成对问题的初步理解。之后运用"手段—目标法"对解决问题必要技能进行了搜索，完整经历了"物理习题领域中弱方法"的运用。相信经过多次训练，学习者能够在运用弱方法解决新题方面有潜移默化的积极影响。

四、教学过程

例题：如图5-8所示，两根不计电阻的金属导线 MN 与 PQ 放在水平面内，MN 是直导线，PQ 的 PQ_1 段是直导线，Q_1Q_2 段是弧形导线，Q_2Q_3 段是直导线，MN、PQ_1、Q_2Q_3 相互平行。M、P 间接入一个阻值 $R = 0.25\ \Omega$ 的电阻。质量 $m = 1.0\ \mathrm{kg}$、不计电阻的金属棒 AB 能在 MN、PQ 上无摩擦地滑动，金属棒始终垂直于 MN，整个装置处于磁感应强度 $B = 0.5\ \mathrm{T}$ 的匀强磁场中，磁场方向竖直向下。金属棒处于位置（Ⅰ）时，给金属棒一向右的初速度 $v_1 = 4\ \mathrm{m/s}$，同时给一方向水平向右 $F_1 = 3\ \mathrm{N}$ 的外力，使金属棒向右做匀减速直线运动；当金属棒运动到位置（Ⅱ）时，外力方向不变，改变大小，使金属棒向右做匀速直线运动 $2\ \mathrm{s}$ 到达位置（Ⅲ）。已知金属棒在位置（Ⅰ）时，与 MN、Q_1Q_2 相接触于 a、b 两点，a、b 的间距 $L_1 = 1\ \mathrm{m}$；金属棒在位置（Ⅱ）时，棒与 MN、Q_1Q_2 相接触于 c、d 两点；位置（Ⅰ）到位置（Ⅱ）的距离为 $7.5\ \mathrm{m}$。求：

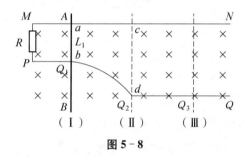

图 5-8

（1）金属棒向右匀减速运动时的加速度大小；

（2）c、d 两点间的距离 L_2；

（3）金属棒从位置（Ⅰ）运动到位置（Ⅲ）的过程中，电阻 R 上放出的热量 Q。

（一）教学环节一（审题—确定问题的范围）

题目类型：有金属导轨、有磁场、有电阻、金属棒有一定的速度并在磁场中运动，是电磁感应中涉及动力学与能量的综合问题。

已知：金属棒质量 m；导轨光滑；导轨与金属棒阻值不计；电阻阻值 R；磁感应强度 B 的大小和方向；金属棒在位置（Ⅰ）的速度和受到的外力 F_1；

待求：做匀减速直线运动过程的加速度、cd 两点间的距离以及整个过程电阻 R 放出的热量。

（二）教学环节二（分析题、确定解题的思路或策略）

通过审题，学生已经初步了解问题的类型。而在此环节，教师主要引导学生采取解决问题的弱方法，先对涉及的物理状态和过程进行分析，再结合过程对问题进行分析与求解。

1. 分析物理过程

研究对象：金属棒（和电阻）

对于本题，题目已给出了金属棒的运动过程：金属棒在位置（Ⅰ）、（Ⅱ）之间做匀减速直线运动，在（Ⅱ）、（Ⅲ）之间做匀速直线运动。故在此不必对物理过程进行分析。

2. 结合过程对待求进行分析

在分析完物理过程后，教师引导学生采取解决问题最一般性的弱方法（"逆推法"或"手段—目标法"），结合物理过程对解决问题所需要的必要技能进行搜索，从而求解问题。

（1）在本题，主要采取"逆推法"的策略，对问题进行分析。

第一问要求是向右匀减速直线运动的加速度大小，可以选取匀减速过程中的某一个状态进行加速度求解。那么我们可以研究哪个状态？

<u>可以研究位置（Ⅰ）。</u>

要求解加速度，已知物体的质量，我们需要求解什么？

<u>物体受到的合外力。</u>

物体在第一个过程都受到了哪些力？

<u>水平向右的外力 F_1、重力、导轨给金属棒的支持力以及安培力。</u>
（如图 5-9 所示）

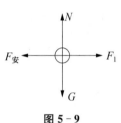

图 5-9

安培力的方向？

<u>向左。</u>

重力与支持力的大小满足什么关系？

<u>由于物体只有水平方向而没有竖直方向的运动，大小相等。</u>

竖直方向合力为零，要求加速度，关键在于求解水平方向的合力。安培力的大小如何求？

<u>根据公式 $F_安 = BIL_1$。</u>

通过金属棒的电流 I 如何求？

<u>$I = E/R$，而金属棒切割导体的电动势 $E = BL_1v_1$，则 $I = BL_1v_1/R$。</u>

则安培力的大小为？

<u>为 $F_安 = \dfrac{B^2 L_1^2 v_1}{R} = 4\,\text{N}$。</u>

由于安培力方向向左，外力 F_1 方向向右，且水平外力 F_1 大小方向已知，则合力 $F_合$ 为？

<u>$F_合 = F_安 - F_1 = 4\,\text{N} - 3\,\text{N} = 1\,\text{N}$。</u>

则向右匀减速的加速度为？

<u>为 $a = \dfrac{F_合}{m} = 1\,\text{m/s}^2$。</u>

（2）在本题，主要采取"手段—目标"的策略，对问题进行分析。

第二问要求的是 cd 两点间的距离，我们最好能够确定一个与 cd 间距离有关的特殊状态进行研究。结合金属棒的运动过程来看，哪个位置对应的状态是比较特殊？

位置（Ⅱ）。因为当金属棒运动到位置（Ⅱ）时，运动类型发生了变化。

运动类型如何变化？

位置（Ⅱ）即是第一个匀减速直线运动阶段的末状态，也是第二个匀速直线运动的初状态。

就当前我们掌握的信息，选取哪个过程对位置（Ⅱ）进行研究更好？

匀减速直线运动。

对于第一个过程，整个过程中金属棒在水平方向始终受到安培力和外力 F_1。而金属棒做匀减速直线运动，合外力应该？

保持不变。

而外力 F_1 在第一个过程是否改变？

并未改变。

那么在第一个过程受到的安培力也应该？

保持不变。

而根据之前的分析，导体棒受到的安培力等于 B^2L^2v/R，为何物体的速度在不断减小，安培力却能保持不变？

因为导体棒切割磁场的有效长度 L 变长了。

对于第一个过程，金属棒受到的安培力始终不变，则金属棒在位置（Ⅱ）受到的安培力等于位置（Ⅰ）。可以列式？

$$F_{安1} = \frac{B^2L_1^2v_1}{R} = F_{安2} = \frac{B^2L_2^2v_2}{R}, \ L_2 = L_1\left(\frac{v_1}{v_2}\right)^{\frac{1}{2}}。$$

要求 c、d 两点的位置，还需要知道什么？

金属棒在位置（Ⅱ）的速度 v_2。

我们已知位置（Ⅰ）、（Ⅱ）之间的距离 s_1，匀减速的加速度 a 以及在位置（Ⅰ）的初速度 v_1，速度 v_2 怎么求解？

根据匀变速直线运动速度—位移公式，有：$v_2^2 - v_1^2 = 2as_1$，则有：$v_2 = 1 \ \text{m/s}$，则 $L_2 = L_1\left(\frac{v_1}{v_2}\right)^{\frac{1}{2}} = 2 \ \text{m}$。

（3）在本题，主要采取"逆推法"的策略，对问题进行分析。

第三问要求整个过程电阻 R 放出的热量，电阻放出热量的来源是？

克服安培力做功。

在整个过程中，安培力的大小是否发生变化？

不变。

安培力的大小是多少？

一直为 $4 \ \text{N}$。

整个过程，金属棒的位移是多少？

匀减速直线过程的位移为（Ⅰ）、（Ⅱ）位置的距离，为 7.5 m。金属棒之后以 $v_2 = 1$ m/s 的速度做了 2 秒的匀速直线运动，位移为 2 m。

所以克服安培力做的功为？

为 $W = Fs = 4 \times (7.5 + 2)J = 38$ J。

图式类：

样例四："浮沉状态不同,液面升降"类习题的教学

设计者：林慧金　广东省深圳市新安中学（集团）外国语学校

一、教学内容

"两种物体浮沉状态不同,导致液面升降"一类问题解决。

二、教学目标

理解"物体浮沉状态不同,导致液面升降"一类习题的问题图式;能用自己的语言解释问题图式的各成分;在有提示的场合,可运用该图式解决该类型习题。

经历"审题、分析题""逆推法"等弱方法解决物理习题的过程,增加解决物理习题弱方法运用的经验。

三、教学任务分析

"物体浮沉状态不同,导致液面升降"习题具有典型特征的一类习题,具有求解的强方法,所以本案例的教学目标是帮助学生习得该类习题的问题图式(参见表 5-1)。

教学任务分析的讨论参见第四章第三节。

1. 用"任务描述法"揭示解决该问题的步骤(可参见教学过程例题一)

（1）分析第一种情况中物体状态,若漂浮,则列漂浮方程;

（2）计算该种情况下,排开液体的体积;

（3）分析第二种情况中各物体在液体中的状态,列出求解各物体排开液体体积的关系式;

（4）计算第二种情况下,各物体排开液体的体积,并求出所排开液体的总体积;

（5）比较两种情况下,排开液体体积的关系,若前一次排开液体体积大于后一次,则液面下降;反之,则上升。

2. 分析解决该类问题所需技能

（1）步骤 1、3 的完成,需要学生掌握漂浮方程,即 $F_浮 = G$;

（2）步骤 2、4 的完成,需要学生掌握物体重量与密度和体积的关系 $G_物 = \rho_物 g V_物$;阿基米德定律 $F_浮 = \rho_液 g V_{排液}$。

3. **分析得出解决漂浮问题的解题方法(策略)**

当学生第一次面对此类习题的求解时,只能遵循弱方法(如"审题、分析题""逆推法""向前推理法"等)尝试选择解决习题所需的必要技能。如例1教学过程。

此类习题是具有典型习题特征的一类习题,通常可以概括出解决此类习题的强方法。

四、教学过程

本教学案例中,各环节的作用如下:

教学环节一,教师引导学生运用"审题、分析题""逆推法"等弱方法解决此类习题中的样例。学生不自觉地经历了弱方法解决物理习题的过程,增加弱方法解决物理习题的经验。

教学环节二,习得解决此类问题的方法,即方法意义学习的教学阶段。教师引导学生回忆自己解决两道习题的过程,从中概括出解决此类习题的强方法(含步骤),以及此类题型的特征,帮助学生形成解决此类习题的问题图式。

教学环节三,学生运用图式来解决属于同一类型、但情境有一定差异的问题,即方法与图式的运用阶段,此环节与教学环节二构成完整的方法及图式教学。

【教学过程】

教学环节一:习题解决阶段

师:前面学习浮力大小的阿基米德原理、以及物体浮沉的条件,本节课我们来解决一类相对综合的习题。

例题一:在一次科学会议上,有人向三位著名的物理学家——伽莫夫、奥本海默、布洛赫提出一个问题:一艘载有石块的小船浮在水面上,如把船上的石块投入水中,池中的水面将如何变化? 对于这一问题,小明认为,如果将船上的石块放入水中,因为石块要排出一些水,所以液面会上升;小刚却不同意他的说法,小刚理解是,石块会多排除一些水,但船的重量减少了,因此所受浮力也将减少,故小船排开水的体积也将减少,由于小船的体积较大,因此它所排开水的减少也多一些,总的看来,后一次排开水的体积可能会少一些,所以液面会下降些。你能不能通过运算来解决他们的疑问。

(教师引导学生解决)

1. **审题、分析题**(分析题环节需要分析研究对象、对象所处的状态、以及物理过程)。

因为涉及漂浮问题,故根据漂浮条件,需要明确漂浮物的重量。

故,设船的质量是 $m_{船}$、石块的质量是 $m_{石}$。

有几个对象:石块、船。

有几种状态:两个状态,其一石块放在船上,船漂浮在水面上;其二石块沉入水底,船漂浮于水面。

待求:两种状态下,液面变化情况?

2. 确定解决问题的策略

形成对问题的初步理解后,学生第一次遇到此类问题,没有强方法,只能尝试在弱方法引导下,从认知结构中搜索出所需的必要技能。本例可采用逆推法解决。

待求是液面变化情况,液面变高或变低的原因为何?

应该是排开水的体积大小,在相同条件下,排开水体积越大,水面也越高。

要求哪一次排开的水体积大,本例中涉及到几个状态?

两个状态,其一石块放在船上,船漂浮在水面上;

其二石块沉入水底,船漂浮于水面。

根据前面分析,要解决该问题,需要求出:

(1) 状态1:石块放在船上,船漂浮在水面上时,所排开水的体积 $V_{排1}$;

(2) 状态2:石块沉入水底,船漂浮在水面时,所排开的体积 $V_{排2}$。

第一种状态,如何求出排开水的体积?

可求出此状态下的浮力,再根据阿基米德原理求解。$F_浮 = \rho_水 g V_{排1}$ (1)

此状态下的浮力如何求出?

因为是漂浮状态,所以有 $F_浮 = G_石 + G_船$。   (2)

$G_石$ 可以如何表示?

$G_石 = \rho_石 g V_石$ (3)

联立(1)、(2)、(3)综合可得:

第一种情况,装载有石块的船漂浮于水面,根据的漂浮条件,有 $F_浮 = G_石 + G_船$

该情况下,排开水的体积为 $V_{排1}$,$\rho_水 g V_{排1} = G_船 + \rho_石 g V_石$

即,$V_{排1} = \dfrac{G_船}{\rho_水 g} + \dfrac{\rho_石}{\rho_水} V_石$

同理,可引导学生获得第二种情况排开水的体积:

船漂浮在水面上,其排开水的体积为 $V_{船排水} = \dfrac{G_船}{\rho_水 g}$,

石块完全浸没水中,此时石块排开的水的体积等于石块体积 $V_石$,

此情况下,排开水的体积为 $V_{排2} = \dfrac{G_船}{\rho_水 g} + V_石$

比较 $V_{排1}$、$V_{排2}$,可知 $V_{排1} > V_{排2}$,所以液面将下降些。

3. 请同学们完成例题二

例题二:一个容器中装着水,水面上漂浮着一块冰块,若冰块中含有一块石头,当冰全部融化后,水面的高度有何变化?

解:设冰块的质量是 $m_冰$、石块的质量是 $m_石$。

第一种情况,冰块漂浮于水面,根据的漂浮条件,有 $F_浮 = G_石 + G_冰$

该情况下,排开水的体积为 $V_{排1}$,$\rho_水 g V_{排1} = \rho_冰 g V_冰 + \rho_石 g V_石$

即，$V_{排1} = \dfrac{\rho_冰 V_冰 + \rho_石 V_石}{\rho_水}$

第二种情况，冰块融化为等质量的水，设体积为$V_水$，根据$m_冰 = m_水$，

有$V_水 = \dfrac{\rho_冰}{\rho_水} V_冰$

石块完全浸没水中，此时石块排开的水的体积等于石块体积$V_石$，

此情况下，冰融化成的水和石块占据容器中水的体积为$V_{排2}$，则有

$$V_{排2} = \dfrac{\rho_冰}{\rho_水} V_冰 + V_石$$

比较$V_{排1}$、$V_{排2}$，可知$V_{排1} > V_{排2}$，所以液面将下降些。

教学环节二：学习解决此类问题的图式

1. 学习解决此类问题的方法

师：刚才我们求解的两道问题，请同学们思考，在解决上述两道问题，所用的方法有何特点？

生1：都用漂浮方程；

生2：计算排开液体的体积；

生3：关键是比较两次条件下，排开液体体积关系。

教师对学生的回答做清晰的概括并板书。

① 确定研究对象；

② 确定研究对象两次浮沉状态；

③ 确定第一种研究对象浮沉状态下，排开液体体积；（需要综合阿基米德原理、浮沉条件、重力与密度体积关系、物体体积等规律求解）

④ 确定第二中研究对象浮沉状态下，排开液体体积；

⑤ 比较两次状态中，排开液体体积，确定液面高低变化。

2. 分析此类问题的本质结构特征

师：上面我们分析了解决上述两道问题的方法，那么这两道问题在研究对象、运动过程和形式上有什么相同的地方吗？

学生思考讨论、分析。

生1：涉及两个物体，一次结合一起、一次分开；

生2：两次在液体中的状态不同，往往是一起漂浮，后一个漂浮、一个沉入液体中或其他；

生3：待求是液面的变化，升高还是降低；

师：将几位同学的回答综合起来就比较全面的，前面问题确实存在上述特征。

3. 学习并形成解决"两种物体前后两次浮沉状态不同，导致液面升降问题"问题的图式

教师分析概括，并清晰板书。

表 5-1

问题结构特征	解题所需知识与技能	策略
1. 涉及两个物体； 2. 可能有两次不同状态； 3. 待求是液面的升降。	应用漂浮方程；$F_浮 = G_物$ 应用阿基米德原理；$F_浮 = \rho_液 gV_{排液}$ 应用物体重量与密度、体积等的关系；$G_物 = \rho_物 gV_物$	① 确定研究对象； ② 确定研究对象两次浮沉状态； ③ 确定第一种研究对象浮沉状态下，排开液体体积；（需要综合阿基米德原理、浮沉条件、重力与密度体积关系、物体体积等规律求解） ④ 确定第二中研究对象浮沉状态下，排开液体体积； ⑤ 比较两次状态中，排开液体体积，确定液面高低变化。

教学环节三：图式的运用

师：请同学们完成下面习题。

例 3：若例 2 中改为冰中含有气泡、木块等物质，情况将如何？

例 4：一杯水上浮着一块冰，当冰全部融化后，杯中水面的高度有何变化？

例 5：脸盆内的水面上漂浮一只塑料碗，碗中放有一铁块，如果把碗中的铁块取出，让它浸没在脸盆里的水中，则盆中的水面将如何变化？

样例五：物体受共点三力静平衡类习题的教学

设计者：高伟康　广东省深圳市龙岗区平冈中学

一、教学内容

物体受共点三力静平衡一类习题的解决。

二、教学目标

理解共点三力静平衡一类习题的问题图式；能用自己的语言陈述问题图式的各成分；在有提示的场合，可运用该图式解决该类型习题。

三、教学任务分析

共点三力静平衡是静力学中一类具有典型特征的习题，具有求解的强方法，所以本案例的教学目标是帮助学生习得该类习题的问题图式（参见表 5-2）。

本教学案例中，各环节的作用如下：

教学环节一，教师引导学生运用解决静力学的弱方法解决该类习题，学生体会到用常规方法解决的困难。然后，教师引导学生分析习题的特征（受三力，三力首尾相连可构成三角形），尝试沿这一新的解决问题途径解决此习题，学生不自觉地经历了正确解决该类问题的思路和方法。

教学环节二,习得解决此类问题的方法,即方法意义学习的教学阶段。教师引导学生回忆自己解决两道习题的过程,从中概括出解决此类习题的方法(含步骤),以及此类题型的特征,帮助学生形成解决此类习题的问题图式。

教学环节三,学生运用图式来解决属于同一类型,但情境有一定差异的问题,即方法与图式的运用阶段,此环节与教学环节二构成完整的方法及图式教学。

四、教学过程

例题一:如图 5-10 所示,硬杆 BC 可绕固定 C 点旋转,轻绳一端固定在 A 点,另一端悬挂重物 $G=500$ N,绕过硬杆 BC 被拉直。静止时 $AB=2.4$ m,$AC=1.6$ m,$BC=3.2$ m,求绳 AB 段和杆 BC 对绳上 B 点的作用力。

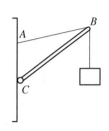

图 5-10

(一) 教学环节一:习题解决阶段

师:这是一道受力静平衡问题,要解静平衡问题,一般应怎样?

生1:选定研究对象,并分析其所受力;

生2:将力用正交分解等适当方式分解;

生3:列出特定方向力平衡方程,并求解。

师:要求的是绳 AB 段和杆 BC 对绳上 B 点的作用力,哪个点是研究对象?

生:绳上 B 点。

师:请分析并画出 B 点所受力。

生:受与重物所受重力等大的拉力 T_G、杆 BC 对 B 点的弹力 T_{BC}、绳 AB 段对 B 点的拉力 T_{AB},方向分别如图 5-11 所示(根据作用效果做出判断)。

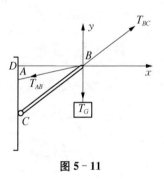

图 5-11

师:可选择什么方向将力分解?

生:可沿水平方向和竖直方向,分解如下:

$T_{BC//}=T_{BC}\cos\angle CBD$

$T_{BC\perp}=T_{BC}\sin\angle CBD$

$T_{AB//}=T_{AB}\cos\angle ABD$

$T_{AB\perp}=T_{AB}\sin\angle ABD$

师:列出平衡方程。

生:$T_{BC}\cos\angle CBD=T_{AB}\cos\angle ABD$

$T_{BC}\sin\angle CBD=T_{AB}\sin\angle ABD+T_G$

师:要解这个方程,需要知道什么?

生:$\angle CBD$、$\angle ABD$ 的正弦和余弦。

师:如何求?

生：因为知道三角形 ABC 的边长，可通过余弦定律求出 $\angle ABC$ 的余弦：

$$\cos\angle ABC = \frac{2.4^2 + 3.2^2 - 1.6^2}{2\times 2.4\times 3.2} = \frac{5.76 + 10.24 - 2.56}{2\times 2.4\times 3.2} = \frac{13.44}{2\times 2.4\times 3.2}$$

$$= \frac{21\times 0.64}{2\times 3\times 0.8\times 4\times 0.8} = \frac{7}{8};$$

$$\sin\angle ABC = \sqrt{1 - \left(\frac{7}{8}\right)^2} = \frac{\sqrt{15}}{8};$$

$$\cos\angle ACB = \frac{3.2^2 + 1.6^2 - 2.4^2}{2\times 1.6\times 3.2} = \frac{11\times 0.64}{2\times 2\times 0.8\times 4\times 0.8} = \frac{11}{16};$$

$$\sin\angle ACB = \sqrt{1 - \left(\frac{11}{16}\right)^2} = \frac{\sqrt{135}}{16};$$

$$AD = BC\cos\angle ACB - 1.6 = 3.2 * \frac{11}{16} - 1.6 = 0.6;$$

$$\sin\angle ABD = \frac{0.6}{2.4} = \frac{1}{4};$$

$$\cos\angle ABD = \sqrt{1 - \left(\frac{1}{4}\right)^2} = \frac{\sqrt{15}}{4};$$

$$BD = 3.2\sin\angle ACB = 3.2\frac{\sqrt{135}}{16};$$

$$\sin\angle CBD = \frac{AC + AD}{BC} = \frac{1.6 + 0.6}{3.2} = \frac{2.2}{3.2};$$

$$\cos\angle CBD = \frac{BD}{BC} = \frac{3.2\times\dfrac{\sqrt{135}}{16}}{3.2} = \frac{\sqrt{135}}{16};$$

师：可代入求解：

$$T_{BC}\cos\angle CBD = T_{AB}\cos\angle ABD \Rightarrow T_{BC}\times\frac{\sqrt{135}}{16} = T_{AB}\times\frac{\sqrt{15}}{4};$$

$$T_{BC}\sin\angle CBD = T_{AB}\sin\angle ABD + T_G;$$

$$T_{AB}\frac{16\times\sqrt{15}}{4\times\sqrt{135}}\times\frac{2.2}{3.2} = T_{AB}\frac{1}{4} + T_G;$$

$$T_{AB}4\times\sqrt{\frac{1}{9}}\times\frac{2.2}{3.2} - T_{AB}\frac{1}{4} = T_G;$$

$$T_{AB}\frac{11}{12} - T_{AB}\frac{1}{4} = T_G;$$

$$T_{AB}\frac{8}{12} = T_G \Rightarrow T_{AB} = \frac{3}{2}T_G = 750\ \text{N};$$

同理，$T_{BC} = 1\,000\ \text{N}$；

注：$\cos\angle CBD = \cos(90° - \angle ACB) = \sin\angle ACB = \frac{\sqrt{135}}{16}$；

$$\sin\angle CBD = \sin(90° - \angle ACB) = \cos\angle ACB = \frac{11}{16}。$$

师：前面解题过程可以看出，本题数学计算量较大，要用到余弦公式、直角三角形中边角关系，那么是否能找到相对简单的解题途径呢？

（学生思考。一般来说学生难以完成，有些见识过此类习题求解的学生可能会回答出。如果学生能回答，就可请学生相对完整地求解；如没有学生答出，教师可引导学生关注力的矢量三角形。）

师：在静力学解题中，通常需要对力进行处理，处理的方法主要有哪些？

生：平行四边形法则、三角形法则、正交分解法。

师：本题运用正交分解求解过程太过复杂，是否可用三角形法则试一试？我们已经知道，如果物体受多个力且保持静止，那么这些力首尾相连，应构成？

生：闭合的多边形。

师：如果受三力而平衡，构成什么形状呢？

生：构成三角形。

（教师请学生作出本题中力的矢量三角形。亦可请一位同学在黑板上画出。）

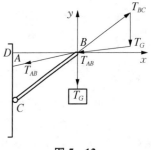

图 5 - 12

师：观察力的矢量三角形形状，和图中哪个图形相像？

生：和三角形 ABC 相像。

师：它们有什么关系呢？

生：相似。

师：理由呢？

（学生陈述理由）

师：既然两三角形相似，得出其中何种关系？

生：对应边成比例。

师：请列出方程。

$$\frac{AB}{T_{AB}} = \frac{BC}{T_{BC}} = \frac{AC}{T_G}$$

师：三角形 ABC 边长是否已知？

生：是的。

师：由上式可否求出 T_{AB}、T_{BC}？

生：可以。

师：比较两种解法，第二种要简单些。

（学生练习求解例题二，进行巩固）

例题二：如图 5 - 13 所示，在半径为 R 的光滑半球面上高 h 处悬挂一定滑轮，重力为 G 的小球用绕过滑轮的绳子被站在地面上的人拉住，滑轮光滑且大小可忽略不计，人拉动绳子,在与球面相切的某点缓缓运动到接近顶点的过程中,试分析小球对半球的压力和绳子拉力如何变化。

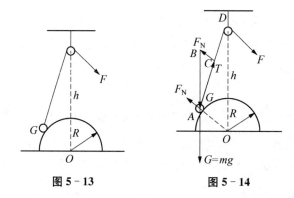

图 5－13   图 5－14

解析:小球缓慢向球面体顶端移动时,处于动态平衡中,受力分析如图 5－14 所示,小球受重力 mg,半球面对小球的支持力 F_N,绳的拉力 T,设绳长为 L,由于 $\triangle AOD \backsim \triangle ABC$,其对应边成比例,

则 $\quad \dfrac{mg}{h+R} = \dfrac{F_N}{R} = \dfrac{T}{L}$;

故 $\quad F_N = \dfrac{R}{R+h}mg$。

由于球面体半径和高 h 不变,所以 F_N 在球移动过程中大小不变。

又因为 $\quad T = \dfrac{L}{h+R}mg$;

故当小球向上缓慢移动时,AD 段绳长 L 不断减小,因而 T 不断减小。

(二) 教学环节二: 学习三力静平衡的问题图式

1. 学习解决此类问题的方法

师:刚才我们求解了两道习题,在求解中有什么与前面不同的解决思路吗?

生:通过相似三角形。

师:哪些三角形相似?

生:力的矢量三角形,杆、绳、球半径等构成的几何三角形。

师:解决步骤为何?

生 1:要受力分析,要画出力的示意图。

生 2:要作出力的矢量三角形。

生 3:要寻找与力的矢量三角形相似的几何三角形。

(教师总结梳理)

2. 分析此类问题的本质结构特征

师:上面我们分析了解决上述两道问题的方法,那么这两道问题有什么共性特征吗?

（学生思考、讨论、分析）.

生1：都是受三个力，且平衡。

生2：受力多是弹力，且沿绳或杆或球半径等。

（教师将几位同学的回答综合起来，形成比较全面的问题特征）

3. **学习并形成"三力静平衡类习题"的问题图式**

教师分析概括并清晰板书。

表 5-2

问题结构特征	解题所需知识与技能	策　略
对象：一个物体； 状态：物体受三力平衡，三个力为共点力，且受力为沿绳、沿圆周半径、沿杆等方向； 过程：物体静止或动态平衡。已知通常为绳、杆、圆周半径等，待求通常为各力的大小或变化等。	受力分析、力的示意图、力的矢量三角形、相似三角形的关系、三角形边角关系（正弦定理、余弦定理等）。	1. 对物体进行受力分析，作出物体的受力分析图； 2. 将物体受到的三个力首尾相连，构成力的矢量三角形； 3. 寻找是否存在与力的三角形相似的几何三角形，利用正弦、余弦、拉密定理对力的矢量三角形的边角关系进行分析，对力进行求解。

（三）教学环节三：图式的运用

（学生完成下面两个习题）

习题一：如图 5-15 所示，小圆环重 G，固定的竖直大环的半径为 R。轻弹簧原长为 L（$L < 2R$），其劲度系数为 k，接触面光滑，求小环静止时弹簧与竖直方向的夹角 φ 是多少？

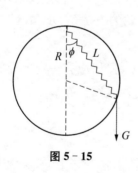

图 5-15

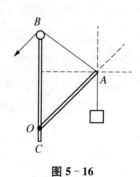

图 5-16

习题二：如图 5-16 所示，竖直杆 CB 顶端有光滑轻质滑轮，轻质杆 OA 自重不计，可绕 O 点自由转动，$OA = OB$。当绳缓慢放下，使 $\angle AOB$ 由 $0°$ 逐渐增大到 $180°$ 的过程中（不包括 $0°$ 和 $180°$）下列说法正确的是（　　）。

A. 绳上的拉力先逐渐增大后逐渐减小

B. 杆上的压力先逐渐减小后逐渐增大

C. 绳上的拉力越来越大，但不超过 $2G$

D. 杆上的压力大小始终等于 G

样例六：存在相互运动叠加体类习题的教学

设计者：刘紫微　上海市同济大学第一附属中学

一、教学内容

叠加物体相对运动问题。

二、教学目标

理解叠加物体相对运动问题的问题图式；能用自己的语言陈述问题图式的各成分；在有提示的场合，可运用该图式解决该类型习题。在习题解决和图式归纳的过程中体会分析综合、推理论证等思维方法的应用。

三、教学任务分析

叠加物体相对运动问题是动力学中很典型的问题，且具有求解的强方法，所以本案例教学目标是帮助学生习得该类习题的问题图式（参见图 5 - 17）。

本教学案例中，各环节的作用如下：

教学环节一，教师引导学生运用弱方法解决两道例题，然后，教师引导学生分析习题的特征（两物体发生相对运动，两物体间存在摩擦力，两物体间摩擦力可能发生突变等）。教师再让学生练习一道同一类的例题。学生不自觉地经历了正确解决该类问题的思路和方法。

教学环节二中，习得解决此类问题的方法，即方法意义学习的教学阶段。教师引导学生回忆自己解决习题的过程，从中概括出解决此类习题的方法（含步骤），以及此类题型的特征，帮助学生形成解决此类习题的问题图式。

教学环节三，学生运用图式来解决属于同一类型、但情境有一定差异的问题，即方法与图式的运用阶段，此环节与教学环节二构成完整的方法及图式教学。

四、教学过程

（一）教学环节一：习题解决阶段

例题一：参见样例二中传送带新题及其解决过程。

对于此类力与传送带问题，解决的思路大体一致，关键要判断物体能否与传送带达到共速，因此，对于此类问题，也可以将解决思路以如下流程图形式呈现给学生。

1. 明确此类问题涉及对象及主要状态

（1）物体与传送带的初状态

物体初状态：$v_{物0}$、$a_{物0}$；传送带初状态：$v_{传0}$、$a_{传0}$

（2）初状态下，物体与传送带间的摩擦力：$f_{传\to物}$

（3）运动一段时间两物体的速度

物体运动速度：$v_\text{物}^*$；传送带运动速度：$v_\text{传}^*$

（4）两物体共速后两物体间摩擦力：$f_{\text{传}\to\text{物}}^*$

2. 明确此类问题的解决流程

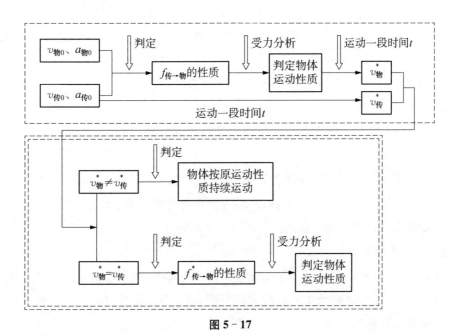

图 5 - 17

3. 明确子问题及其解决策略

子问题：物体和传送带共速后，两者间的摩擦力性质的判断。

解决策略：

物体相对传送带滑动或者有滑动的趋势是判断摩擦力方向的关键。对应的，共速后摩擦力突变的情况也会存在三种：滑动摩擦力消失、滑动摩擦力突变为静摩擦力、滑动摩擦力改变方向。

若传送带做匀速直线运动，则只需使用"隔离法"对上方物体进行受力分析，可能出现三种情况：

（1）沿两者运动方向，物体所受其他外力的合力为零，则两者共速运动，物体不受摩擦力；

（2）沿两者运动方向，物体所受其他外力的合力不为零且小于两者间最大静摩擦力，则两者共速运动，物体受静摩擦力，大小等于物体所受其他外力的合力；

（3）沿两者运动方向，物体所受其他外力的合力大于两者间最大静摩擦力，则物体受滑动摩擦力，做匀变速直线运动。

若传送带做变速直线运动，则可利用"假设法"判断：可以假设两者达到共速后保持相对静止，先由"整体法"对两者组成的系统进行受力分析，结合牛顿第二定律算出两者共同运动的加速度；再应用隔离法（通常隔离力少的物体）对物体进行受力分析，利用牛顿第二定律算出在这个加速度下物体所受的静摩擦力，并与最大静摩擦力进行比较：

（1）若 $f \leqslant f_{max}$，则两者相对静止一起运动，两者间的摩擦力为静摩擦力；

（2）若 $f > f_{max}$，则两者相对滑动，两者间的摩擦力为滑动摩擦力。

例题二：一水平的浅色长传送带上放置一煤块（可视为质点），煤块与传送带之间的动摩擦因数为 μ。初始时，传送带与煤块都是静止的。现让传送带以恒定的加速度 a_0 开始运动，当其速度达到 v_0 后，便以此速度做匀速运动。经过一段时间，煤块在传送带上留下了一段黑色痕迹后，煤块相对于传送带不再滑动，求此黑色痕迹的长度。

1. 审题（教师引导）

题目类型：运动的物体带动静止的物体一起运动，是力学中涉及牛顿运动定律、运动学的综合题。

已知：传送带、传送带上煤块；两者间摩擦系数为 μ；初始传送带做匀加速运动，加速度 a_0；当传送带速度为 v_0 时传送带做匀速运动；煤炭在传送带上留下痕迹。

待求：煤炭在传送带上留下痕迹的长度。

2. 分析题（教师引导）

通过审题，学生已经初步了解问题的类型。而在此环节，教师主要引导学生采取解决问题的弱方法，先对涉及的物理状态和过程进行分析，再结合过程对问题进行分析与求解。

（1）分析过程和状态

研究对象：两个对象，物块和传送带。

通过审题，我们知道这是与传送带有关的问题，并且研究对象为传送带上的煤块。

因为本问题涉及到两个物体间的运动，我们可以先分析两个物体的初始运动。传送带开始做何运动？

传送带做加速度为 a_0 的匀加速运动。

煤块开始做什么运动？

因为传送带做匀加速运动，而煤块开始静止，则煤块相对传送带有相对滑动，所以受到传送带施加的滑动摩擦力，也开始做匀加速运动。

传送带加速度为 a_0，煤块的加速度为多少？

水平方向，煤块只受到滑动摩擦力，根据牛顿第二定律，得 $a = \mu g$。

两个物体的加速度大小关系如何？

根据"传送带上有黑色痕迹"可知，煤块与传送带之间发生了相对滑动，煤块的加速度 a 小于传送带的加速度 a_0。

它们是不是一直做以上的加速运动？

传送带加速到 v_0，就开始做匀速运动。

传送带速度达到 v_0 就开始第二阶段的运动，那么这个时候煤块运动是否会变化？ 如何判断？

煤块运动是否会变化,关键看煤块受力的情况是否改变。

那么当传送带做匀速运动时,煤块受到水平方向力有没有变化?

因为,煤块的加速度 a 小于传送带的加速度 a_0。所以当传送带达到 v_0 开始做匀速运动时,煤块的速度 $v < v_0$,所以,煤块仍然做加速度为 a 的匀加速运动。

煤块是一直加速运动下去吗?

当煤块速度也达到 v_0 时,两者速度相等,没有相对运动,一起做匀速运动。

请画出两个物体两个阶段的运动草图。

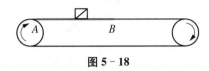

图 5 - 18

由于物体和传送带都在运动,因此选上图中 AB 段传送带作为研究对象之一,可以画出如下运动草图。

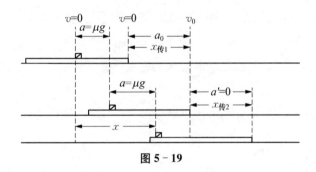

图 5 - 19

(2) 确定解题的思路或策略

在分析完物理过程后,教师引导学生采取解决问题最一般性的弱方法("逆推法"或"手段—目标法"),结合物理过程对解决问题所需要的必要技能进行搜索,从而求解问题。在本题中,主要通过"逆推法"进行搜索。

本题要求的是"传送带上有黑色痕迹",传送带上为何有黑色痕迹?

煤块在传送带上留下的。

煤块如何才能在传送带上留下痕迹?

煤块要在传送带上滑动。

煤块和传送带没有滑动,会不会留下痕迹?

不会。

本题要求"传送带上黑色痕迹的长度",也就是求?

煤块在传送带上相对滑动的距离。

根据前面的分析,传送带开始做加速度 a_0 的匀加速运动,达到 v_0 后开始做第二阶段的匀速运动。在这两个阶段,煤块速度在达到 v_0 前,传送带两个运动阶段,都与传送带有相对滑动。那如何求?

因为在这两个阶段,煤块相对传送带都有相对运动,那么可以分别求出传送带在这两个阶段的相对地面的位移、煤块相对地面的位移;两者之差就是煤块相对传送带的位移。

<u>在整个阶段,煤块相对传送带运动的距离如何?</u>

根据前面的分析,在煤块的速度从 0 增加到 v_0 整个过程中,煤块一直做加速度为 a 的匀加速直线运动,其运动位移为 $x = \dfrac{v_0^2}{2a} = \dfrac{v_0^2}{2\mu g}$。

<u>那传送带在这段时间内移动的距离如何求?</u>

传送带有两部分运动,开始做加速度为 a_0 的匀加速运动,其运动距离为 $x_{传1} = \dfrac{v_0^2}{2a_0}$;

第二阶段做匀速运动:$x_{传2} = v_0 t$。

<u>上式中的时间 t 指的是哪一段时间?</u>

指的是传送带开始做匀速运动,到煤块与传送带同速这段时间。

<u>这段时间如何求?</u>

可通过传送带第二阶段匀速运动时,煤块加速到同速的这段时间。

<u>要确定这段时间,除了已知煤块最终加速到 v_0,还需要知道哪个条件?</u>

还需要知道,当传动带做匀速运动时煤块的速度。

<u>这个速度如何求?</u>

经历时间 t',传送带由静止开始加速到速度等于 v_0,煤块则由静止加速到 v,由运动学公式,得 $t' = \dfrac{v_0}{a_0}$,$v = at' = \dfrac{\mu g}{a_0} v_0$

当传动带做匀速运动时,煤块的速度为 $v = at = \dfrac{\mu g}{a_0} v_0$,则煤块在第二阶段运动时间为 $t = \dfrac{v_0}{\mu g} - \dfrac{v_0}{a_0}$,传送带相对地面的位移为?

$$x_{传} = x_{传1} + x_{传2} = \frac{v_0^2}{2a_0} + v_0 t = \frac{v_0^2}{\mu g} - \frac{v_0^2}{2a_0}$$

则煤块在传送带上留下的黑色痕迹的长度即煤块相对传送带滑动的位移,如何求?

$$x_{相} = x_{传} - x = \frac{v_0^2 (a_0 - \mu g)}{2\mu g a_0}$$

3. 教师完整梳理解题过程

通过前面的分析,已经找到解决该习题的途径及所需的必要技能。故接下来,教师可较为完整地梳理解决问题的过程,并板书要点(亦可以流程图形式呈现)。

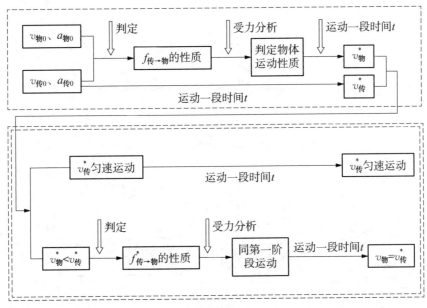

图 5‑20

例题三：如图 5‑21 所示，一小圆盘静止在桌布上，位于一长 2 m 的方桌的水平面的中央，桌布的一边与桌的 AB 边重合。已知盘与桌布间的动摩擦因数 $\mu_1 = 0.4$，盘与桌面间的动摩擦因数 $\mu_2 = 0.25$。现突然以恒定的加速度 $a = 15\,\text{m/s}^2$ 将桌布抽离桌面，加速度的方向是水平的且垂直于 AB 边。试计算说明圆盘最后会不会从桌面掉下？

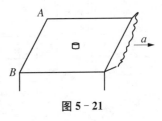

图 5‑21

解决了两道例题后，可在教师引导下，让学生分析、解决如上例题三。

该例题情境与前两题有所不同，但究其根本，三道题都属于叠加物体相对运动的问题，故本题的解决途径及所需的必要技能与前两题类似，此处从简，仅呈现运动草图和流程图。

第一阶段：

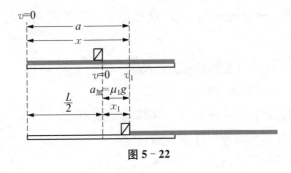

图 5‑22

第二阶段临界情况：

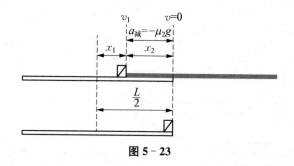

图 5-23

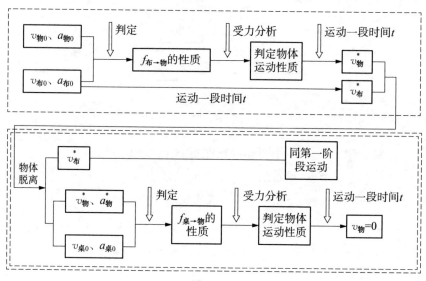

图 5-24

（二）教学环节二：问题图式的学习

1. 学习解决此类问题的方法

师：刚才我们求解了三道习题，它们的求解过程是什么？有什么共同点？

生：首先要确定研究对象的运动阶段，这几道习题都涉及两个运动阶段，要分别讨论分析。

师：对于第一个运动阶段，求解过程通常是？

生1：确定两个对象，明确主要待研究对象。

生2：确定两个对象各自的初状态，比如初速度、加速度。

生3：确定两个对象间的摩擦力性质，受力分析。

生4：确定两个物体第一阶段各自的运动过程模型。

师：对于第二个运动阶段，求解过程通常是？

生1：确定两个物体的运动状态是否发生变化，比如下方物体运动改变、上方物体脱离或两物体达到共速等情况。

生2：确定变化条件下，两物体间摩擦力性质，受力分析。

生3：确定两个物体第二阶段各自的运动过程模型。

师：确定好了两个物体全过程运动模型后，如何求解？

生：选择相应运动过程中的运动学公式求解即可。

（教师对学生的回答作清晰地阐述）

2. 分析此类问题的本质结构特征

师：刚才我们求解的三道例题在结构上有什么共同特征吗？

生1：都是有两个物体上下叠放，而且两物体间存在摩擦力。

生2：通常两个物体都有两个运动阶段。

生3：两个运动阶段的分界或导致摩擦力突变。

生4：一般求的是待研究对象的运动速度、时间或相对另一个对象的位移。

（教师将几位同学的回答综合起来，形成比较全面的问题特征）

3. 学习并形成问题图式

（教师分析概括并清晰板书）

表 5 - 3

问题结构特征	解题所需知识与技能	策　略
对象：两个物体。状态：两物体上下叠放；两物体间存在摩擦力。过程：两个物体间发生相对运动；通常两个物体都有两个运动阶段。已知：两物体初状态、两物体间动摩擦因数、下方物体受力或运动情况等。待求：待研究对象的运动速度、时间或相对另一个对象的位移等。	判定摩擦力性质；受力分析；摩擦力公式；牛顿第二定律；运动学公式等。	(1) 确定两个对象，明确主要待研究对象。确定两个对象各自的初状态，比如初速度、加速度。 (2) 确定两个对象间的摩擦力性质，受力分析。 (3) 确定两个物体第一阶段各自的运动过程模型。 (4) 确定两个物体的运动状态是否发生变化，比如下方物体运动改变、上方物体脱离或两物体达到共速等情况。 (5) 确定变化条件下，两物体间摩擦力性质，受力分析。 (6) 确定两个物体第二阶段各自的运动过程模型。 (7) 选择相应运动过程中的运动学公式求解。

（三）教学环节三：图式的运用

习题一：如图 5 - 25 所示，一水平传送带以 $2\,\mathrm{m/s}$ 的速度顺时针做匀速运动，传送带两端的距离是 $s = 6\,\mathrm{m}$，将一可视为质点的物体轻轻地放在传送带的左端，已知物体与传送带之间的动摩擦因数为 $\mu = 0.2$，$g = 10\,\mathrm{m/s^2}$，求：(1)物体到达右端所需的时间；(2)物体到达右端时相对于传送带的位移。

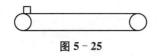

图 5 - 25

习题二：如图5-26所示，一质量$M = 50\,\text{kg}$、长$L = 2.25\,\text{m}$的平板车静止在光滑的水平地面上，一质量$m = 10\,\text{kg}$可视为质点的滑块，以$6\,\text{m/s}$的初速度从左端滑上平板车，滑块与平板车间的动摩擦因数$\mu = 0.5$，取$g = 10\,\text{m/s}^2$，计算说明滑块能否从平板车的右端滑出。

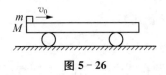

图5-26

评析：

本样例中的各例题和习题虽在情景上有所差别，但本质上都属于叠加物体相对运动的问题，对于此类问题，解决的思路大体一致，关键要判断上方物体能否与下方物体达到共速或是否会脱离下方物体，故而可以总结出广泛适用于此类习题的强方法和问题图式（见表5-3）。

不过该强方法适用范围相对广，对于这一大类问题的解决来说相对高效，却不能保证每道问题都能被正确解答，因此严格来说是属于领域内相对强的方法。如果将问题特征进一步聚焦到更具体、更细致的分类，则每个子类目下又能总结出相应的指向性更强的强方法。比如两物体有共速情况的可参见图5-17；两物体无共速情况的可参见图5-20；两物体发生相互脱离的可参见图5-24。

样例七：温度变化引起的液柱(活塞)移动问题的教学

设计者：肖　宇　陕西省西安市第八十六中学

一、教学内容

由温度变化引起的液柱(活塞)移动问题的解决。

二、教学目标

理解液柱移动的问题图式；能用自己的语言陈述问题图式的各成分；在有提示的场合，可运用该图式解决该类型问题。在习题解决和图式归纳的过程中体会分析综合、推理论证等思维方法的应用。

三、教学任务分析

液柱(活塞)移动问题是一类典型的习题，有求解的强方法，所以本案例教学目标是帮助学生习得该类习题的问题图式（见表5-4）。问题图式中两个基本成分——习题本质特征、解决习题的强方法,习题本质特征是隐藏在题目。

本教学案例中,各环节的作用如下:

教学环节一:教师引导学生运用弱方法解决一道例题,然后,教师引导学生分析习题的特征。教师再让学生练习一道同一类型的例题。学生不自觉地经历了正确解决该类问题的思路和方法。

教学环节二:习得解决此类问题的方法。教师引导学生回忆自己解决两道习题的过程,从中概括出解决此类问题的方法(含步骤),以及此类题型的特征,帮助学生形成解决此类问题的问题图式。

教学环节三:学生运用图式来解决属于同一类型、但情境有一定差异的问题,即方法与图式的运用阶段。

四、教学过程

教学环节一:习题解决阶段

例题一:如图 5-27,两端封闭、粗细均匀、竖直放置的玻璃管内,有一长为 h 的水银柱,将管内空气分为两部分,已知 $l_2=2l_1$。若使两部分气体同时升高相同的温度,管内水银柱将如何运动?(设原来温度相同)

图 5-27

1. **审题(教师引导)**

已知:一段水银柱将管内划分为两部分气体;两部分空气柱的高度;水银柱的长度;气体温度升高;两部分气体的初始温度和最终温度相同。

待求:水银柱的运动情况。

范围:热学领域关于气体状态的问题。

2. **分析题(教师引导)**

通过审题,学生已经初步了解问题的类型。而在此环节,教师主要引导学生采取解决问题的弱方法,先对涉及的物理状态和过程进行分析,再结合过程对问题进行分析与求解。

(1)分析物理过程。

研究对象:水银柱和气体柱。

过程:升温变压过程。

(2)结合过程对待求进行分析。

在分析完物理过程后,教师引导学生采取解决问题最一般性的弱方法("逆推法"或"手段—目标法"),结合物理过程对解决问题所需要的必要技能进行搜索,从而求解问题。在本题,教师引导学生遵循"逆推法"的策略,对问题进行分析。

待求升温后水银柱的运动方向,所以要以水银柱为研究对象。要分析运动情况,首先要确定?

<u>确定水银柱的受力情况。</u>

在升温前,水银柱的受力情况如何?

水银柱受到自身重力,下方空气柱给它向上的压力和上方空气柱给它向下的压力。

这些力之间满足什么关系?

水银柱处于平衡状态,所受合外力为 0。用 p_2S 表示上部分气体对水银柱的压力,用 p_hS 表示水银柱的重力,用 p_1S 表示下部分气体对水银柱的支持力,则 $p_2S + p_hS = p_1S$。

可以将压力的计算转换为? 如何表示?

压强的计算,$p_2 + p_h = p_1$。

因此,上方气体产生的压强比下方的更小。

当温度升高时,气体的压强是否会发生变化? 那么升高相同的温度后,两部分气体的压强如何变化?

分别以上、下部分的气体为研究对象,利用理想气体的状态方程进行求解。

温度、压强、体积都变化,体积、压强位置,可以求吗?

不可以。

那还可以如何求呢? 我们以前在分析物体是否受到弹力的时候,用到什么方法?

假设法。

那在这里我们也可以用假设法来判断。那这里我们要假设什么物理量不变呢?

因为求压强,所以可以假设体积不变。

假设两部分气体的体积不变,那么两部分气体的压强的变化有什么关系?

压强的增加量相同。

那么在等容变化过程中,两部分气体在升温后的压强如何求?

根据查理定律:

上部分气体:$\dfrac{p_2}{T_2} = \dfrac{p_2'}{T_2'}$,$p_2' = p_2 \dfrac{T_2'}{T_2}$;

下部分气体:$\dfrac{p_1}{T_1} = \dfrac{p_1'}{T_1'}$,$p_1' = p_1 \dfrac{T_1'}{T_1}$。

两部分气体的压强增加量是否相同?

$\Delta p_1 = \dfrac{\Delta T_1}{T_1} p_1$,$\Delta p_2 = \dfrac{\Delta T_2}{T_2} p_2$。因为 $\Delta T_1 = \Delta T_2$,$T_1 = T_2$,$p_1 > p_2$,所以 $\Delta p_1 > \Delta p_2$。

和假设的结果矛盾,因此假设不成立。两部分气体的体积会发生变化。

怎么判断水银柱的移动方向呢?

看此时水银柱的受力情况。$(p_2 + \Delta p_2)S + p_hS < (p_1 + \Delta p_1)S$,所以水银柱所受合外力方向向上,应向上移动。

3. 教师完整梳理解题过程

通过前面的分析,已经找到解决该习题的途径及所需的必要技能,故接下来,教师可较为完整地梳理解决过程,并板书要点。

对液体进行受力分析,根据它的运动状态,结合液柱两侧的横截面积大小,将对压力的计算转换为压强的计算,有 $p_2 + p_h = p_1$。取液体两侧的气体为研究对象,设两侧气体分别为 1 和 2,假定这两部分气体的体积不变,对于气体 1,由查理定律得 $\dfrac{p_1}{T_1} = \dfrac{\Delta p_1}{\Delta T_1}$,变形可得 $\Delta p_1 = \dfrac{\Delta T_1}{T_1} p_1$;同理,对气体 2,有 $\Delta p_2 = \dfrac{\Delta T_2}{T_2} p_2$。因为液体两侧的气体初始温度相同,升高相同的温度,而且 $p_1 > p_2$,所以 $\Delta p_1 > \Delta p_2$。气体 1 的压强增加量大于气体 2 的压强增加量,水银柱所受合外力方向向上,则水银柱向上移动。

4. 在教师引导下,学生分析、解决例题二

例题二:如图 5-28 是一个圆筒形容器的横剖面图。A、B 两气缸内充有理想气体,C、D 是真空。活塞 C 不漏气且摩擦不计,开始时活塞处于静止状态。若将 A、B 两部分气体同时升高相同的温度(初温相同),则活塞将如何运动?

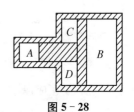

图 5-28

教学环节二:问题图式的学习

1. **学习解决此类问题的方法**

师:刚才我们求解了两道习题,它们的求解过程是?

生 1:首先画力的示意图对液柱(活塞)进行受力分析。之后结合液柱(活塞)两侧的横截面积大小,确定初始状态下液柱(活塞)两侧气体的压强关系。

生 2:以液体(活塞)两侧的气体为研究对象,假定这两部分气体的体积不变,由查理定律分别得到两部分气体初末状态的压强变化量,根据题中给定的条件,判断液柱(活塞)的移动方向。

2. **分析此类问题的本质结构特征**

师:刚才我们求解的两道例题有什么共同特征?

生 1:都是已知初始状态液柱(活塞)的受力情况,液柱(活塞)和气体被封闭在一固定容器中,求解液柱(活塞)两侧气体温度变化后,液柱(活塞)的移动方向。

生 2:气体的初始压强、温度、温度变化量是已知量,已知量有一个是不同的,待求量是气体的压强变化量。

生 3:都是假定气体的体积不变,利用查理定律求出气体的压强变化量。根据已知量,比较两部分气体的压强变化量的大小。结合液柱(活塞)两侧的横截面积大小,从而判断液柱(活塞)合外力的方向,也就是液柱(活塞)移动的方向。

(教师将几位学生的回答综合起来,形成比较全面的问题特征)

3. **学习并形成问题图式**

教师分析概括并清晰板书

表 5-4

问题结构特征	解题所需知识与技能	策　　略
对象：液柱(活塞)、液柱(活塞)两侧的气体； 状态：液柱(活塞)及其两侧的气体处于平衡状态,它们被封闭在一固定容器中； 过程：液柱(活塞)两侧的气体同时变化相同的温度,水银柱发生运动； 已知：液柱(活塞)两侧气体的初始压强大小关系,初始温度,温度变化量； 待求：液柱(活塞)的移动方向,液柱(活塞)气体的压强变化量的大小关系或液柱的高度差等。	受力分析、假设法、查理定律	(1) 对液柱(活塞)进行受力分析,$p_2 S_2 + F = p_1 S_1$；若 $F = 0$,根据 S_1、S_2 的大小,判断 p_1、p_2 的大小；若 $F \neq 0$,$p_1 > p_2$。 (2) 以液柱(活塞)两侧的气体为研究对象,假设两侧气体的体积不变,由 $\Delta p = \dfrac{\Delta T}{T} p$ 得到两部分气体的压强变化量。 (3) 根据 Δp 的大小以及两边气体与活塞的面积,判断液柱(活塞)的合外力方向,即液柱(活塞)的移动方向。

教学环节三：图式的运用

(学生完成以下习题)

习题一：如图 5-29 所示,A、B 两容器容积相等,用粗细均匀的细玻璃管相连,两容器内装有不同的气体,细管中央有一段水银柱,水银柱在两边气体作用下保持平衡时,A 中气体的温度为 0℃,B 中气体温度为 20℃,如果将它们的温度都降低 10℃,则水银柱将如何运动?

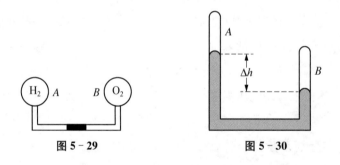

图 5-29　　　　　　　　　　图 5-30

习题二：在一粗细均匀且两端封闭的 U 形玻璃管内,有一段水银柱将 A 和 B 两端的气体隔开,如图 5-30 所示,在室温下,A、B 两端气体的体积都是 V,管内水银面的高度差为 Δh,现将它竖直地全部浸没在沸水中,则高度差 Δh 怎么变化?

专题类：

专题是对某章节或版块的内容,依据明确的线索进行归类形成的一系列问题。专题通常具有明确的线索,但涉及的知识往往较广泛。

以"图像法"专题为例,有学者将"图像法"界定为"利用平面直角坐标系中的物理图像解决问题的方法"。按照图像法的适用条件及范围,实则还能将其进行进一步划分：

1. 最一般的图像法

此类图像法即为上述界定的,所有涉及用图像解决问题的,采用的都是最一般的图像法。对于这一类问题,由于图像法的适用范围很广,难以聚焦到必要技能,因此不会有相应的强方法。

2. 从图像中识别信息以解决问题的图像法

对于重点在"识图"上的这一类问题,图像法的适用范围相比第一类缩小了一些,因此会有相对强的方法,主要是:

(1) 看轴——图像表示哪两个物理量的关系;

(2) 看线——图像的形状如何(直线、正弦、余弦、抛物线、双曲线);

(3) 看点——图像与坐标轴的交点、图像与图像的交点、极值点等;

(4) 看其他——图像的斜率、所围面积、图像中隐藏的其他物理量及变化等。

3. 解决某一类具体问题的图像法

如果将范围进一步缩小,聚焦到某一类具体问题,如,用图像法解决追及问题,则可以梳理出相应解题步骤:

(1) 根据已知条件确定研究对象的运动规律;

(2) 根据运动规律画出研究对象的 v-t 图;

(3) 从图像中识别信息(主要是图像的交点和所围面积);

(4) 求解。

可以发现此时所用的图像法就是能聚焦到必要技能的强方法。并且,要能顺利解决这一类问题还需具备一个前提,即理解图像中各物理量的关系,能从图像中识别信息。

4. 实验归纳途径"处理数据"环节的图像法

除了前面三类习题解决领域所用的图像法,还有一类图像法,即在本书第一编中介绍过的在实验归纳途径中"处理数据"环节所用的图像法。其适用条件及步骤前文已有详细介绍,故此处不再赘述。

根据上述内容可知,若以"图像法"为专题展开习题教学,只有将范围不断缩小,细化到某一类具体问题,才可能梳理出相应的强方法。就电学领域中的"电磁感应中的图像问题"专题而言,此专题内所有题目具备的共同特征为:有电磁感应现象,并且有物理量随时间发生变化,求该物理量与时间的关系式或图像。适用于此类专题的通用方法为:1. 确定图像种类;2. 分析电磁感应的具体过程;3. 建立函数关系式;4. 求解。上述方法适用于所有电磁感应中的图像问题,但由于并未针对专题下不同问题的特征,求解方法与解题所需的必要技能结合程度较低,求解效率往往较低。如果对专题做进一步细化,分为 F-x 类、I-t 类等问题,则每一类问题都能总结出与解题所需的必要技能结合程度更高,比通用方法的求解效率更高的强方法。

为了提高解题效率,应期望学生在经历专题教学后,能通过审题识别出问题的特征,并运用相应的强方法进行求解。相对应的,教师在进行专题教学时需要先形成专题下各类子问题的问题图式,并形成整个专题的问题图式(整体表征),并以此为依据进行教学。

因此,可以将专题的教学内容及教学目标确定如下:

一、专题教学内容

以对专题的整体性表征——专题问题图式作为专题教学内容。

二、专题教学目标

由于专题教学属于问题解决教学,而问题解决的过程通常需要学生进行分析、推理等,因此对于专题教学目标更多从"科学思维"的层面进行表述,具体表述为:

经历对专题下各类题目本质结构特征提取以及强方法梳理的过程,掌握⋯⋯专题的专题问题图式,能用自己的话对问题的本质特征以及强方法进行表述,体会分析综合、推理论证等思维方法的应用;能够识别出题目的特征并采用强方法对问题进行求解。

三、教学任务分析

对于专题教学,具体可以分为以下三个阶段:

(一)回顾专题涉及到解题所需的必要知识

主要是在专题教学前对整个专题涉及到的必要知识与技能进行系统性地回顾,此环节的实施可参考"系统化知识的教学"进行。

(二)各类子问题的图式学习

教师根据事先整理好的专题问题图式,基于问题图式对专题下子问题进行教学,具体的实施过程参照"图式类习题教学"展开。如"电磁感应中的图像问题"这一类问题,又可进一步分为"$F\text{-}x$ 类、感生 $I\text{-}t$ 类、动生 $I\text{-}t$ 类"等三类子问题。因此在专题教学的过程中,应该对主要的三类子问题进行基于图式的学习。

(三)形成专题问题图式

在对各类子问题的问题图式进行学习后,教师需要引导学生对各类子问题的问题图式中的本质特征以及求解强方法进行梳理,形成系统性的关于专题的整体性表征——专题问题图式。

样例八:共点力的动态平衡问题的教学

设计者:高伟康 广东省深圳市龙岗区平冈中学

共点力的动态平衡问题是力学中具有典型特征的习题,此类问题具有的典型特征为:物体在外界条件变化的情况下,每一个中间状态都可以看成处于平衡状态。而求解这类习题的方法通常为"解析法",即通过建立力之间平衡方程求解力的变化情况,具体步骤如下:

(1)确定研究对象,对物体进行受力分析,作出力的图示;

（2）建立直角坐标系，将力在直角坐标系中进行合成或分解；

（3）根据平衡条件列方程进行求解、计算。

"解析法"适用于所有"物体受到共点多力且处于动态平衡"的问题，但由于求解方法并未与解题所需要的必要技能结合，并且涉及到具体的定量计算，求解效率相对往往较低。而对于物体受到共点力的特征不同，求解过程通常有效率更高的强方法，例如"相似三角形法"在求解"物体受到一恒力、一方向不变力"的共点三力动态平衡问题的求解效率较高。

可以发现，当对专题内各问题进行进一步的分类学习，如果总结出专题下各类子问题的特征以及求解强方法，将有助于学生解题效率的提高。因此，在教学过程中应该以专题的形式，对"共点力的动态平衡问题"下各类问题图式进行学习。

一、专题教学内容

共点力的动态平衡专题问题图式。

二、专题教学目标

科学思维目标：

经历对"共点力的动态平衡问题"中"物体受一恒力、一方向不变力（三力）"等各类题目本质结构特征提取以及强方法梳理的过程，掌握"共点力的动态平衡问题"的专题问题图式，能够用自己的话对专题下各类子问题具有的本质结构特征以及求解强方法进行表述；能够识别出题目的特征并采用强方法对问题进行求解。

三、教学任务分析

对于专题教学，具体可以分为以下三个阶段：

（一）回顾专题涉及到解题所需的必要知识

在此环节，主要对专题涉及到的"平衡状态"和"受力分析"等知识进行回顾。

（二）各类子问题的图式学习

根据形成的专题框架，对"共点力的动态平衡问题"进行基于问题图式的教学，教学按照各类问题及其子问题图式学习展开。在本专题中，"共点力的动态平衡问题"可以分为"共点三力的动态平衡问题"和"共点多力（三力以上）的动态平衡问题"。其中，对于"共点三力的动态平衡问题"，根据受到三力的特征不同，求解过程有相对应的不同的强方法。因此需要基于问题图式进行分类教学。

（三）形成专题问题图式

在对各类子问题的问题图式进行学习后，需要根据各类问题求解的强方法，形成"共点力的动态平衡"的专题问题图式，帮助学生形成整体表征。

四、专题教学过程

(一) 回顾专题涉及到解题所需的必要知识

在此环节,主要对专题涉及到的"平衡状态"和"受力分析"等知识进行回顾,在此不再展示此环节的教学过程。

(二) 各类子问题的图式学习

在此环节,主要对"共点力的动态平衡问题"专题下的几类典型子问题及其求解强方法分类依次进行图式学习,具体包含对"力的矢量三角形与结构三角形相似""一力为恒力、一力为变力""两力方向同时改变"等几类子问题的图式学习。

对于每一个子类型的图式,都包含三个教学环节:"习题解决阶段""问题图式的学习"以及"图式的运用",具体的教学过程可以参照本章前几个教学设计,在此仅给出几类子问题对应的问题图式及例题。

1. 子类型1(共点三力中一力为恒力,一力方向不变)图式学习

例题1:质量为 m 的物体用轻绳 AB 悬挂于天花板上。用水平向左的力 F 缓慢拉动绳的中点 O,如图5-31所示。用 T 表示绳 OA 段拉力的大小,在 O 点向左移动的过程中( )。

A. F 逐渐变大,T 逐渐变大　　　　B. F 逐渐变大,T 逐渐变小

C. F 逐渐变小,T 逐渐变大　　　　D. F 逐渐变小,T 逐渐变小

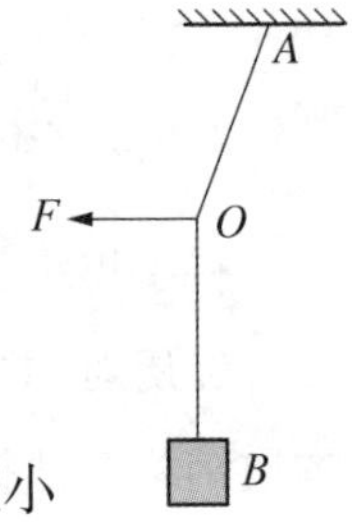

图5-31

例题2:如图5-32所示,小球用细绳系住,绳的另一端固定于 O 点。现用水平力 F 缓慢推动斜面体,小球在斜面上无摩擦地滑动,细绳始终处于直线状态,当小球升到接近斜面顶端时细绳接近水平,此过程中斜面对小球的支持力 F_N 以及绳对小球的拉力 F_T 的变化情况是( )。

A. F_N 不变,F_T 不断增大

B. F_N 不断增大,F_T 不断减小

C. F_N 不变,F_T 先增大后减小

D. F_N 不断增大,F_T 先减小后增大

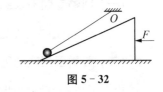

图5-32

问题图式:

表5-5

问题结构特征	解题所需知识与技能	策　　略
对象:选定的研究对象 过程:处于动态平衡(通常表述为缓慢移动) 已知:受共点三力,一力为恒力,一力方向始终不变 待求:物体受到的某个力的变化情况	1. 能进行受力分析,能对几种常见力(杆、绳的弹力)的方向判断; 2. 知道物体处于平衡状态时,依次首尾连接能够得到封闭图形。	(此方法通常被称为"图解法") 1. 先做出恒力的图示,以恒力的箭头端为端点作虚射线,反映另一个力不变的方向; 2. 做出随外界变化的多个矢量三角形,根据三角形的边长变化具体判断力的变化情况。

2. 子类型 2(三力构成的矢量三角形与场景中的结构三角形相似)的图式学习

例题 1：如图 5-33 所示，光滑的半球形物体固定在水平地面上，球心正上方有一光滑的小滑轮，轻绳的一端系一小球。靠放在半球上的 A 点，另一端绕过定滑轮后用力拉住，使小球静止。现缓慢地拉绳，在使小球沿球面由 A 到半球的顶点 B 的过程中，半球对小球的支持力 N 和绳对小球的拉力 T 的大小变化情况是(　　)。

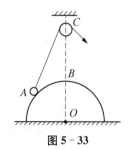

图 5-33

A. N 变大，T 变小

B. N 变小，T 变大

C. N 变小，T 先变小后变大

D. N 不变，T 变小

例题 2：如图 5-34 所示，AC 是上端带定滑轮的固定竖直杆，质量不计的轻杆 AB 一端通过铰链固定在 A 点，另一端 B 悬挂一重为 G 的物体，且 B 端系有一根轻绳并绕过定滑轮 C，用力 F 拉绳，开始时 $\angle BAC < 90°$，现使 $\angle BAC$ 缓慢变大的过程中，轻杆 B 端所受的力(　　)。

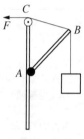

图 5-34

A. 先减小后增大 　　　　　　　　　B. 逐渐减小

C. 逐渐增大 　　　　　　　　　　　D. 大小不变

问题图式：

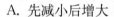

表 5-6

问题结构特征	解题所需知识与技能	策　略
对象：选定的研究对象 过程：处于动态平衡(通常表述为缓慢移动) 已知：受到共点三力，并且力的矢量三角形与场景中的结构三角形相似 待求：物体受到的某个力的变化情况。	1. 能进行受力分析，能对几种常见力(杆、绳的弹力)的方向判断； 2. 知道物体处于平衡状态时，依次首尾连接能够得到封闭图形； 3. 知道相似三角形"对应边成比例"等性质。	(此方法通常被称为"相似三角形法") 1. 找到力的矢量三角形与结构三角形的对应边，根据"对应边成比例"，列出"力的大小"与"结构三角形"变成的等式； 2. 找到动态平衡过程中结构三角形的变化情况，确定三力的变化情况。

3. 子类型 3(一恒力，其余两个力方向都变化)的图式学习

例题 1：如图 5-35 所示，有一质量不计的杆 AO，长为 R，可绕 A 自由转动。用绳在 O 点悬挂一个重为 G 的物体，另一根绳一端系在 O 点，另一端系在以 O 点为圆心的圆弧形墙壁上的 C 点。当点 C 由图示位置逐渐向上沿圆弧 CB 移动过程中(保持 OA 与地面夹角 θ 不变)，OC 绳所受拉力的大小变化情况是(　　)。

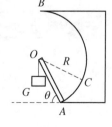

图 5-35

A. 逐渐减小 　　　　　　　　　　　B. 逐渐增大

C. 先减小后增大 　　　　　　　　　D. 先增大后减小

例题 2：如图 5-36，柔软轻绳 ON 的一端 O 固定，其中间某点 M 拴一重物，用手拉住绳的另一端 N。初始时，OM 竖直且 MN 被拉直，OM 与 MN 之间的夹角为 $\alpha\left(\alpha > \dfrac{\pi}{2}\right)$。现将重物向右上方缓慢拉起，并保持夹角 α 不变，在 OM 由竖直被拉到水平的过程中（　　）。

A. MN 上的张力逐渐增大

B. MN 上的张力先增大后减小

C. OM 上的张力逐渐增大

D. OM 上的张力先增大后减小

问题图式：

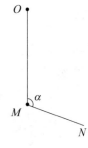

图 5-36

表 5-7

问题结构特征	解题所需知识与技能	策　略
对象：选定的研究对象 过程：处于动态平衡（常表述为缓慢移动） 已知：受到共点三力，一个力为恒力，其余力方向都在变化 待求：力的变化情况	1. 能进行受力分析，能判断几种常见力（杆、绳的弹力）的方向； 2. 知道物体处于平衡状态时，依次首尾连接能够得到封闭图形； 3. 知道力的四边形定则，能够将一个力按两个特定的方向分解为平行四边形。	1. 找到恒力，以恒力为对角线，另外两个力所在的方向作出平行四边形； 2. 根据两个力方向的变化作出多个平行四边形； 3. 比较边长的变化情况，确定力的变化情况。

（三）形成专题问题图式

在对各类专题下的子问题的图式进行了学习后，教师需要引导学生形成专题整体的问题表征——专题问题图式。对于共点力的动态平衡，能够形成如下专题问题图式。

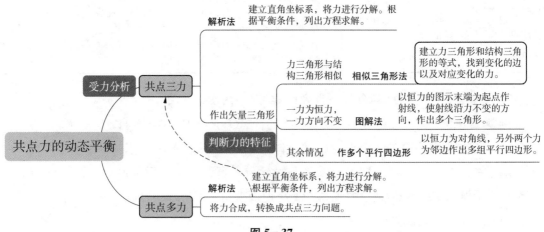

图 5-37

样例九：电磁感应中的图像问题的教学

设计者：魏舜芷　广东省深圳市福永中学

电磁感应中的图像问题是电磁学中一类有典型特征的习题，求解这类习题的方法通常为：

1. 确定图像种类

即是 B-t 图像、φ-t 图像、E-t 图像还是 I-t 图像等；

2. 分析电磁感应的具体过程

即是磁场发生变化（感生）还是导体切割磁感线（动生）；

3. 建立函数关系式

用右手定则或楞次定律确定方向对应关系；

结合法拉第电磁感应定律、欧姆定律、牛顿运动定律等规律写出函数关系式；

4. 求解

根据函数关系式进行数学分析，如分析图像斜率的变化、截距等，画出或选择正确的图像。

这一方法适用于所有电磁感应中图像问题的求解，适用范围很广，其中每一步对学习者来说又构成子问题，比如"如何确定图像种类""如何建立函数关系式"等，且由于应用范围广，所以也不可能聚焦到解决具体习题所需的必要技能，因此该方法是解决电磁感应中图像问题的弱方法。

以上弱方法能够给学生提供方向性的指导，但不能保证学生能够解决每道电磁感应中的图像问题。如果将专题进一步分类，问题的特征将更明显，相应的解决方法将更有针对性，求解效率更高。因此，当学生面对电磁感应中的图像问题时，应该先用弱方法审题、分析题，将问题的范围进一步缩小，明确图像种类及电磁感应具体过程；再将方法的每一步骤聚焦到解决习题所需的必要技能，总结解决该类习题的强方法，并最终形成问题图式，进行图式的运用。因此在教学过程中，应以专题的形式，对电磁感应中的图像问题分类进行基于问题图式的解决教学。

一、专题教学内容

电磁感应中的图像专题问题图式。

二、专题教学目标

科学思维目标：

经历对"电磁感应中的图像问题"本质结构特征提取以及强方法梳理的过程，掌握"电磁感应中的图像问题"的专题问题图式，能够用自己的话对专题下各类子问题具有的本质结构特征以及求解强方法进行表述；能够识别出题目的特征并采用强方法对问题进行求解。

三、教学任务分析

对于专题教学，具体可以分为以下三个阶段：

(一) 回顾专题涉及到解题所需的必要知识

主要是在专题教学前对电磁感应中与函数图像相关的知识进行系统性地回顾，具体是物理概念和知识的回顾，此环节可参考"系统化知识的教学"进行。

(二) 各类子问题的图式学习

根据形成的专题框架，对各类电磁感应函数图像类问题进行基于问题图式的教学，教学按照各类问题及其子问题图式学习展开。

(三) 形成专题问题图式

在对各类子问题的问题图式进行学习后，需要根据各类问题求解的强方法，形成"电磁感应中的图像问题"的专题问题图式（具体如后图），帮助学生形成对"与电磁感应有关的函数图像类问题"的整体表征。

四、专题教学过程

(一) 回顾专题涉及到解题所需的必要知识

主要是在专题教学前对电磁感应中与函数图像相关的知识进行系统性地回顾。此环节的实施可参考"系统化知识的教学"进行，此处不再重复。

(二) 各类子问题的图式学习

由于"电磁感应中的图像问题"可分为"1.1 F-x 类""1.2 感生 I-t 类""1.3 动生 I-t 类"三类问题，因此可开发三个子教学设计，依次对各类子问题进行教学。

对于每一个子类型的图式，都包含三个教学环节："习题解决阶段""问题图式的学习"以及"图式的运用"。下面将以具体案例形式介绍如何进行此类问题的教学。

教学过程

例：边长为 a 的闭合金属正三角形轻质框架，左边竖直且与磁场右边界平行，完全处于垂直于框架平面向里的匀强磁场中，现把框架匀速水平向右拉出磁场，如图 5-38 所示，则安培力随时间变化的图像为？

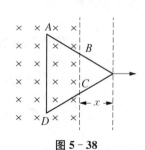

图 5-38

（一）教学环节一：习题解决阶段

1. 审题（教师引导）

已知：边长为 a 的正三角形金属框在磁场中构成闭合回路；磁场方向垂直框架向里；把框架匀速拉出磁场。

求：安培力随时间变化的图像。

2. 分析题(教师引导)

对象：正三角形金属框

状态：初状态，金属框在磁场中

过程：把框架匀速拉出磁场

过程中的特征：拉出框架的过程中，闭合回路磁通量发生变化

3. 解决过程

师：根据上述审题、分析题的过程可以知道，这是一道电磁感应图像类的问题，具体是哪一类图像？

生：是安培力 F 与时间 t 的图像。

师：在这里，框架是被匀速拉出的，那框架移动的位移 x 与时间 t 有什么关系？

生：成正比。

师：那其实我们就可以把这道题确定为电磁感应中的 F-x 类图像问题，需要求得安培力 F 与位移 x 的关系。求解电磁感应中安培力的一般步骤是什么？

生1：选定闭合回路，并分析磁通量的变化。

生2：根据楞次定律和右手定则判断感应电流的方向。

生3：用左手定则判断安培力的方向，用 BIL 求得安培力的大小。

师：那在该题目下，闭合回路是什么？磁通量如何变化？

生：闭合回路为整个三角形框架，磁通量减小。

师：那产生感应电流方向是什么？

生：根据楞次定律和右手定则可知为顺时针方向。

师：我们要求安培力随位移的变化关系，哪几个边会受到安培力？

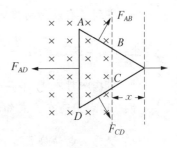

图 5-39

生：AD 边、AB 边、CD 边。

师：各是什么方向的安培力？

生：根据左手定则可知各安培力的方向。

师：怎么求合安培力？

生：用正交分解法进行力的分解。

$\because F_{AB}$ 与 F_{CD} 的 y 分量相互抵消

$\therefore$ 合安培力 $F_{安} = F_{AD} - 2F_{AB}\cos 60°$

其中，$F_{AD} = BIa$，$F_{AB} = BIb$，b 为 AB 的有效切割长度

师：AB 的有效切割长度是多少呢？

生：利用几何关系。

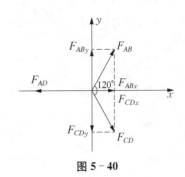

图 5-40

根据图像(图 5-41)可知 $OE = \dfrac{\sqrt{3}}{2}a$，$BF = \dfrac{\sqrt{3}}{2}a - x$，

则有效切割长度 $b=\left(\dfrac{\sqrt{3}}{2}a-x\right)\dfrac{1}{\cos 30°}$

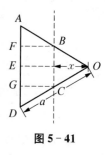

图 5-41

师：那合安培力为多大呢？

生：$F_{安}=BIa-2BI\left(\dfrac{\sqrt{3}}{2}a-x\right)\dfrac{1}{\cos 30°}\cos 60°$

$\qquad =BI\left[a-2\times\left(\dfrac{\sqrt{3}}{2}a-x\right)\dfrac{2}{\sqrt{3}}\times\dfrac{1}{2}\right]$

$\qquad =\dfrac{2\sqrt{3}}{3}BIx\cdots\cdots\cdots(1)$

师：我们求出了每边受到的安培力，再进行力的分解求得了合安培力。但我们可以发现，这是导体棒切割磁感线的情况，感应电动势与有效切割长度有关，根据我们推出的式子 (1)可以看出总的有效切割长度为多大？

生：$\dfrac{2\sqrt{3}}{3}x$。

师：那请同学们思考一下，这里的有效长度 $\dfrac{2\sqrt{3}}{3}x$ 到底是指哪一段呢？

生：AB 段的切割效果与 AF 段的切割效果抵消；DC 段的切割效果与 DG 段的切割效果抵消；因此 FG 为有效切割长度，由 $FG=BC$ 可得出有效长度为 $\dfrac{2\sqrt{3}}{3}x$。

师：得到了有效切割长度 L，结合 $F_{安}=BIL$ 你发现了什么？

生：$F_{安}=BIL=BI\dfrac{2\sqrt{3}}{3}x$ 和(1)式一样。

师：对比两种方法，第二种找有效切割长度的方法要简单些。

师：(1)式中还有 I 未知，怎么建立 I 与 x 的关系呢？

生：∵感应电动势 $E=BLv$，利用欧姆定律有 $I=\dfrac{E}{R}=\dfrac{BLv}{R}$。

∴ $F_{安}=BIL=\dfrac{B^2L^2}{R}v=\dfrac{B^2}{R}v\left(\dfrac{2\sqrt{3}}{3}x\right)^2=4\dfrac{B^2}{3R}vx^2$，与 x 的平方成正比，因此图像为：

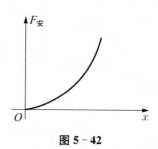

图 5-42

（二）教学环节二：学习电磁感应中 F-x 图像的问题图式

1. 学习解决此类问题的方法

师：刚才我们用两种方法解决了这道题目，哪种方法比较简单？

生：直接找出有效切割长度比较简单。

师：解决步骤为何？

生1：利用几何关系找到有效切割长度 L，代入安培力的公式 $F_{安}=BIL=\dfrac{B^2L^2}{R}v$。

生2：一般仅 L 与 x 有关，则可建立 $F_{安}$ 与 x 的关系式，从而画出或选择正确的 F-x 图像。

2. 分析此类问题的本质结构特征

师：利用这种方法解决 F-x 图像问题，题目应具备什么样的特征呢？

（学生思考、讨论、分析）

生1：都是导体切割磁感线。

生2：都是闭合线圈，有感应电流产生。

生3：有效切割长度都随位移 x 变化。

生4：闭合线圈所在的磁场及运动速度为定值。

（教师将几位同学的回答综合起来，形成比较全面的问题特征）

3. 学习并形成"电磁感应中 F-x 图像"的问题图式

教师分析概括并清晰板书。

表 5-8

问题结构特征	解题所需知识与技能	策略
对象：闭合回路； 状态：闭合导体由于导体切割磁感线使磁通量发生改变产生感应电流； 过程：闭合线圈匀速运动，切割磁感线的有效长度随着位移 x 而变化，使得安培力与位移满足一定的函数关系。 待求：安培力随位移的变化（F-x 图像）	右手定则、左手定则、几何关系求长度、安培力公式、感应电动势公式 $E=BLv$、欧姆定律	(1) 确定有效切割长度，利用右手定则判断感应电流的方向； (2) 根据左手定则判断有效切割长度受到的安培力方向； (3) 利用直角三角形正余弦或勾股定理表示出有效切割长度 L 与位移 x 的关系； (4) 判断回路电阻 R 是否存在，是否与位移 x 有关，若有，写出 R 与 x 的关系式； (5) 将 B、v、(3) 中确定的 L-x 关系、(4) 中确定的 R-x 关系代入 $F_{安}=BIL=\dfrac{B^2L^2}{R}v$； (6) 根据 (5) 得到的 F 与 x 满足的关系式画出图像或选择正确的图像

【备注】：第(1)步中"确定有效切割长度"对学生可能构成一个子问题，针对这一子问题也有求解的强方法：

（1）找到与磁感线垂直的平面，画出该平面上在磁场中的导体部分；

(2) 将导体部分首尾相连画出等效线段；

(3) 确定导体部分在该平面上的速度方向，有效切割长度与速度方向垂直；

(4) 找出等效线段在垂直速度方向上的长度，即为有效切割长度 L。

(三) 教学环节三：图式的运用

（学生完成以下习题）

如图 5-43 所示，匀强磁场的磁感应强度 B 为 0.5 T，其方向垂直于倾角 θ 为 $30°$ 的斜面向上。绝缘斜面上固定有 "$\wedge$" 形状的光滑金属导轨 MPN（电阻忽略不计），MP 和 NP 长度均为 2.5 m，MN 连线水平，长为 3 m。以 MN 中点 O 为原点、OP 为 x 轴建立一维坐标系 Ox。一根粗细均匀的金属杆 CD，长度 d 为 3 m、质量 m 为 1 kg、电阻 R 为 0.3 Ω，在拉力 F 的作用下，从 MN 处

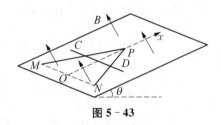

图 5-43

以恒定速度 $v=1$ m/s 在导轨上沿 x 轴正向运动（金属杆与导轨接触良好）。g 取 10 m/s²。请推导金属杆 CD 从 MN 处运动到 P 点过程中拉力 F 与位置坐标 x 的关系式，并画出 F-x 关系图像。

电磁感应中其他类型图像问题的教学和上述案例类似，都是教师先引导学生运用弱方法审题、分析题，明确图像种类及电磁感应具体过程（如感生 I-t 图像问题，动生 I-t 图像问题等）；再总结解决具体图像问题的强方法，并最终形成问题图式（如表 5-9，表 5-10），进行图式的运用。

表 5-9

问题结构特征	解题所需知识与技能	策　略
对象：闭合回路； 状态：闭合回路由于 B 随 t 改变，使磁通量发生改变产生感应电流； 过程：闭合回路 S 不变，B 随 t 变化。 1. 图像类型 随时间变化的 I-t 图像或 I-t 图像的衍生 F-t 图像； 2. 问题类型 由给定的电磁感应过程判断或画出正确的图像。	法拉第电磁感应定律（感生电动势 $E=\dfrac{\Delta\phi}{\Delta t}=\dfrac{\Delta(BS)}{\Delta t}=S\dfrac{\Delta B}{\Delta t}=Sk$），欧姆定律（$I=\dfrac{E}{R}$），安培力大小公式（$F=BIL$），安培定则（判断安培力方向），函数图像知识。	(1) 明确图像的种类；（I-t 图像或由 I-t 衍生的 F-t 图像） (2) 分析电磁感应的具体过程；（由于 B-t 改变，磁通量发生改变） (3) 结合法拉第电磁感应定律（$E=\dfrac{\Delta\phi}{\Delta t}=\dfrac{\Delta(BS)}{\Delta t}=S\dfrac{\Delta B}{\Delta t}$）、欧姆定律（$I=\dfrac{E}{R}$）等写出函数关系式 $I=\dfrac{E}{R}=\dfrac{S}{R}\dfrac{\Delta B}{\Delta t}=\dfrac{S}{R}k$； (4) 利用 B-t 图像分析斜率 k 的变化（I 只与斜率 k 有关）代入函数关系式，分析 I 的变化； (5) 画出图像或判断图像。

表 5 - 10

问题结构特征	解题所需知识与技能	策　略
对象：闭合回路； 状态：闭合导体由于切割磁感线产生动生感应电流； 过程：部分导体以速度 v 做匀速运动。 1. 图像类型 随时间变化的 I-t 图像 2. 问题类型 由给定的电磁感应过程判断或画出正确的图像。	右手定则（判断感应电流方向），法拉第电磁感应定律（动生电动势 $E = BLv$），欧姆定律 $\left(I = \dfrac{E}{R}\right)$，必要几何知识，函数图像知识。	（1）确定是电磁感应中 I-t 图像问题； （2）分析电磁感应的具体过程；（动生电动势，通过切割磁感线来产生感应电流） （3）用右手定则确定感应电流的方向，与规定正方向比较； （4）根据法拉第电磁感应定律（动生电动势）$E = BLv$ 和欧姆定律 $I = \dfrac{E}{R}$ 得到 $I = \dfrac{BLv}{R}$； （5）式中 B、v 都是恒量，根据几何关系写出有效切割长度与时间的函数关系：$L = f(t)$，以及电阻与时间的关系：$R = g(t)$，将两个函数关系代入 $I = \dfrac{BLv}{R}$ 中； （6）根据公式进行数学分析，如斜率的变化、截距等，从而画出或判断图像。

　　电磁感应中涉及几类常见的图像类问题具体可分为 F-x、感生 I-t、动生 I-t 等三类。这三类习题都有相应的问题图式，因此我们同样可以在依次习得各图式后，用相对简洁的流程图形成整体呈现专题问题类型如图。当然，电磁感应中的图像问题远不止上述三类，其他类型也有相应的问题图式，可将其扩充进如下流程图中。

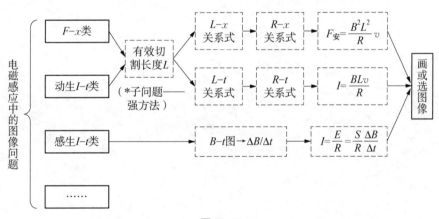

图 5 - 44

第三编
物理复习课的教学设计

第三编导读

本编主要讨论物理系统化知识学习的教学设计模式以及相应有效实施。

关于系统化知识和系统化知识的教学，基本观点如下：

1. 组织知识是个体学习的一种基本机制。组织知识的结果是形成系统化知识，其内部表征是命题网络。系统化知识是个体解决知识丰富领域（即个体专业领域）问题的重要影响因素。

2. 个体习得物理概念和规律内涵是形成正确的物理系统化知识的前提。只有学生能"解释"物理概念和规律的引入或存在的情境（习得其物理意义）、能"解释"物理概念和规律所涉及物理量间定性或定量关系（习得其物理性质），才有可能区分各物理概念和规律在相关属性上相同、相异或其他关系。如果个体没有对具体概念和规律内涵的理解，也就不可能形成真正意义上对个体有效的系统化知识。关于物理概念和规律的学习和教学可参见第一编中的内容。

3. 合理的系统化知识不仅应呈现相联系的知识，还应该呈现知识形成联系所满足的关系。

4. 组织知识需要相应的策略。学习者将相关物理知识形成系统化，本质上也是解决问题，同样需要运用一定的策略或者说方法实现。组织物理知识的方法主要有：列表法、层级图法、逻辑关系图法等。

5. 列表法等组织知识的方法，并不能保证学习者都能将相关的物理知识正确的组织好，所以组织知识的方法是弱方法。

6. 系统化知识学习后可能产生两个学习结果，其一是系统化的物理知识；其二是组织知识的方法。

7. 系统化知识的教学是教师遵循组织知识策略的指引，引导学生从认知结构中搜索出各知识点的相关属性，区分和比较相同、相异以及其他关系，从而建立知识间联系的过程。

8. 系统化知识的教学，教师可梳理各知识点的内涵（物理意义以及物理性质），运用组织知识的方法，帮助学生找出各属性间存在的关系，构建出知识联系的结构，即习得系统化的知识。

在组织知识的策略多次运用后，教师可设置一个独立的教学环节，依据"方法"教学的方式帮助学生习得组织知识的策略，并提供适当的所学策略应用的场合，引导学生运用所学策略完成新知识的组织，由此对所学方法加以练习掌握。

第六章由太原师范学院李叶彤完成。本编由陈刚、李叶彤修改定稿。

第六章　物理系统化知识的教学设计

第一节　系统化知识的学习

一、组织知识是人类学习的一种机制

学习者在理解文字材料时会对其中的信息作出精深的处理，即他们会想到一些与新的信息有关的其他信息，如有关的观念、例证、表象或细节。认知心理学将凡是与现在所学信息建立起更多联系的这种增加和扩充的过程，称之为精致或精深。组织是一种对新的信息作出精深的加工方式。

经过个体自己认知系统加工后形成的、存在内部联系的一部分知识的整体结构，通常称为（个体的）系统化知识。尽管研究的角度不同，采用术语不同，但研究存在一些较为一致的看法，即将系统化知识（乔纳森（D. H，Jonassen）称为"结构性知识"、奥苏贝尔（David P. Ausubel）称为"背景命题"、加涅（Gagné，R. M.）称为"依据意义组织的言语信息"）视为影响个体问题解决、特别是知识丰富领域问题解决的重要因素。专长研究表明，在特殊领域的专家，都有独到的记忆优势，其记忆组块大且多，并且知识的组织化可提高人的短时与长时记忆、影响到人的决策行为。

上世纪 80 年代后期，加涅在对早先的研究成果分析后指出："这些研究成果迫使我们从认知结构与加工能力的相互作用来考虑这些高水平的胜任能力。这些资料试图说明，在某一特定知识与技能领域中，表现出能力高与低的个体间的关键差异，即技能熟练的个体能够很快地接近和有效地利用业已组织很好的观念体系……。"[1]

研究表明，系统化知识是影响领域问题解决的主要因素，因此在物理学科教学中应帮助学生习得系统化知识。

课程标准也对学生学会组织知识的方法提出要求"在学习的一定阶段由学生自己进行小结，根据自己收集的材料编写自问、自答、自解题，也是使学生学会独立学习和整理的有效方式。"[2]

二、物理学习中组织知识的策略

将已习得知识系统化，对学习者而言同样是解决问题过程。既然是解决问题，那也就存

---

① 皮连生.知识分类与目标导向教学——理论与实践[M].上海：华东师范大学出版社,1998：40.

② 中华人民共和国教育部.全日制义务教育·物理课程标准（实验稿）[M].北京：北京师范大学出版社,2001：35.

在有助于提高此类问题解决效率的策略。组织化策略是指按照信息之间的层次关系或其他关系对学习材料进行一定的归类、组合，以便于学习和理解的一种学习策略。其用意是促进个体对已学知识进行有意义编码。

物理教学中常用的组织化策略有：

1. 图表和模型图。即将大量信息组织成有意义的模型的方法。常用的有对比或比较表、维恩图（用来显示知识点间异同关系的方法）、流程图（用来显示某组事件是按何种顺序发生间关系的方法）、循环图（用来显示连续循环发生事件间关系的方法）等。[①]

列表法是物理学习中组织知识最常运用的策略。

● 列表法：如果不同知识具有相同的属性，并且在同一属性方面存在不同或相同之处，那么这部分知识间一般可采用列表的方式来建立它们间的联系。

步骤一般是：

1. 确定待比较知识点的共有属性；
2. 将比较的知识点列成一维，属性列一维，形成表格；
3. 将各知识点在属性上的值填入相应表格。
4. 概括出比较知识点之间的联系与不同。

然后在对应的空格中填入适当内容。

如晶体和非晶体，都是固体，有外形、熔点、内部结构等属性，但在同种属性中如内在结构等方面，存在不同，因此这部分知识就比较适合运用列表法来系统化。

固体可分为晶体和非晶体、晶体又可分为单晶体和多晶体。

表 6-1

物质 \ 项目	晶体		非晶体
	单晶体	多晶体	
典例	单晶硅、单晶锗等	食盐、味精、明矾、金属等	沥青、玻璃、松香等
外形	规则的几何外形	无规则几何外形	无规则几何外形
组成	原子按一定的规则排列，具有空间上的周期性	由许多单晶体杂乱无章地组合而成	原子的排列不规则，无空间上的周期性
物理性质	某一方面各向异性，如导电性、导热性、光学性质、弹性、硬度等	各向同性	各向同性
熔点	有确定熔点	有确定熔点	无确定熔点
联系	1. 多晶体由单晶体组成，同一物质可构成物理性质不同的晶体，如都是由碳构成的石墨和金刚石 2. 晶体与非晶体在一定条件下可相互转化，如天然水晶是晶体，而熔化后再凝固的水晶（即石英玻璃）就是非晶体		

---

① 吴庆麟等. 教育心理学——献给教师的书[M]. 上海：华东师范大学出版社，2003：180.

项目＼物质	晶体		非晶体
	单晶体	多晶体	
温馨提示	1. 同一物质在不同条件下可能是晶体也可能是非晶体 2. 单晶体在某一方面具有各向异性，但不是在各种性质上都是各向异性 3. 只要是具有各向异性的物体必是晶体，且为单晶体 4. 只要是具有确定熔点的物体必是晶体（单晶体或多晶体），否则是非晶体		

2. 层级图。用来表示新信息内部、或新信息与已存储在认知结构中原有知识之间上、下位的关系。

物理中有许多知识之间存在上下位的层级关系（如某一章节内的知识），那么这部分知识一般可用层级结构图来形成系统化。如下两例：

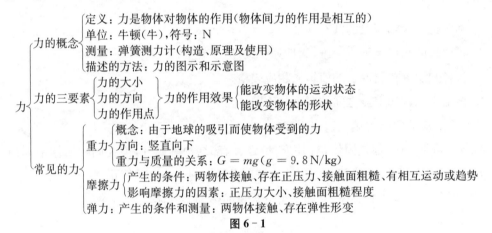

图 6－1

图 6－2

● 层级图法：当知识之间存在概括性程度高低或者说知识间有存在上下涵盖关系,这部分知识一般适宜用做层级结构图的方法来组织。

在做层级结构图时,基本步骤可以是：

(1) 先将本部分知识点一一罗列出来;

(2) 回顾各知识点的内涵;

(3) 将相关知识点用图线连接起来,并在连线上扼要表明形成联系的关键内容;围绕某几个重点概念可能形成一个或数个知识点子结构;

(4) 依据重点知识点间的联系将它们连接起来构成整个知识网络结构图。

3. 逻辑关系图。用来表示知识间的逻辑关系。

物理中有些定理间存在逻辑演绎关系,可以通过逻辑关系形成相应的知识系统。

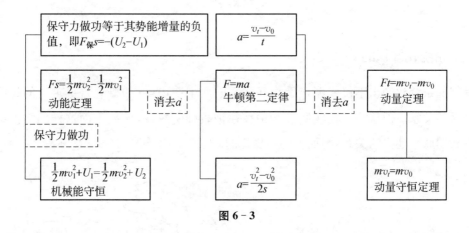

图 6 - 3

4. 概要。即对有关知识做概述。概要比较多的应用场合在新授课小结环节和习题课教学梳理解题方法环节。

(1) 在物理课堂教学中的小结。主要用依据概念图式(基本图式)结构呈现所学知识点的要素。

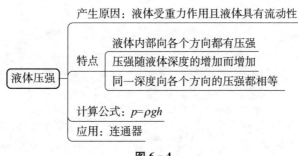

图 6 - 4

(2) 在习题课对解题方法的梳理。对解题方法的小结,通常用流程图来呈现解决习题强方法的步骤。电磁感应中导体杆动力学问题求解方法如图 6 - 5 所示。

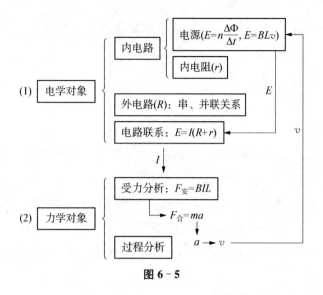

图 6-5

三、系统化知识的基本要求

良好的系统化知识不仅要能显示相互联系的两个知识点（如概念），更重要的是能显示形成联系的关系。但这一点在实际教学中往往被教师所忽视，比如下面这样的知识结构因为没有标明联系建立的关系，因而就不是良好的。

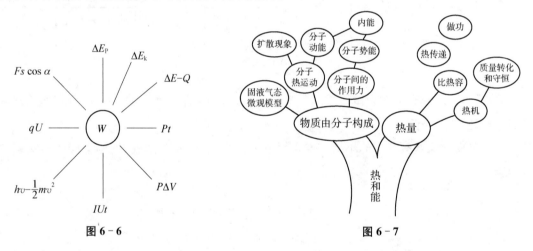

图 6-6   图 6-7

将图 6-6 中的关系添加上后，如图 6-8 所示，就是比较合适的系统化知识形式。

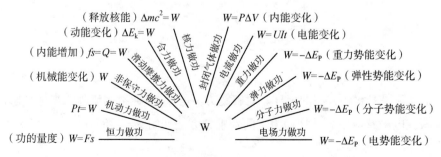

图 6-8

像图6-7的知识结构,尽管看上去像棵树,比较美观,但同样因为没有标明各节点知识间存在的关系为何,也是不合理的。如果采用图6-2相对就比较适合了。所以在做知识结构图时,教师还是应将核心聚焦于形成联系的知识是哪些,各知识间形成联系的关系为何。并无需对是否美观做太多关注。

第二节　物理学科系统化知识的教学

一、系统化知识学习的学习结果

物理系统化知识的学习是学习者在组织知识的方法引导下,有依据地形成物理知识间的联系的过程。只有经过学习者内部认知系统所形成的联系,学生才能表现出不仅"能说明形成联系的知识",还能"解释上述知识形成联系的关系为何"的行为,也就是真正"理解"系统化知识的行为。如果没有经过学习者内部加工过程,学生可能只是"记住"系统化知识的结构,对外表现出能依照"所学原样"复述结构图的内容,而不能对其作出解释的行为。那也就是机械学习。

因而,有效的系统化知识学习,需要学习者经历适当的组织知识方法的运用,来有依据地构建出知识间的联系。

就一次具体的知识系统化学习来说,其学习结果可能有两个:

1. 系统化知识。内部表征为命题网络;

2. 组织知识的策略。由于系统化知识时要运用一定的策略,学生这种运用策略的经历为策略教学提供了可能,因此教师在帮助学生习得系统化知识的同时,也可以参考"方法"的教学,帮助学生学习组织知识的策略。

二、系统化知识教学目标

系统化知识的教学就是教师遵循组织知识方法的指引,引导学生从认知结构中搜索出各相关物理概念和规律的内涵的知识(即其物理意义或物理性质),并在相关属性间形成内在联系的过程。

与系统化知识学习结果对应,系统化知识教学中一般来说有两个目标:

1. 系统化物理知识目标

教学目标:理解物理……系统化知识体系;学习者表现出能正确解释各联系的知识点以及联系知识点的关系。

2. 组织知识方法的目标

如果教学中没有显性化的教学过程,学习者只是在组织物理知识的过程中,潜在中运用了组织知识的相关方法,则教学目标陈述如下。

教学目标:经历……一章知识系统化的过程,体会层级图(或列表、或逻辑关系图)等方法的运用。

如果教学中有对具体方法像层级图的显性化教学过程,则教学目标陈述如下。

教学目标:掌握层级图组织知识的方法。能举例解释层级图运用的条件以及相应的步骤。面对可以运用层级图组织的物理知识,能执行层级图的步骤尝试将物理知识组织起来。

不难理解,物理知识组织的正确与否,更关键的在于对相关物理概念和规律的学习,是否达到理解内涵的层次。学习者应该能表现出正确解释其物理意义、物理性质、与其他物理概念间关系等,以及能正确解释物理性质(定性、定量关系)的形成依据等的行为,换成通俗的表达即"知其然、知其所以然"。如果对物理概念和规律意义的学习没有达到理解层次,显然学习者也就不可能将相关知识点正确联系。

三、系统化知识学习的教学方法

(一) 系统化知识的教学

知识系统化学习,最重要的环节是学生能够建立起知识间的联系及其联系的原由。在实际教学中,教师可首先帮助学生梳理相关物理概念和规律的内涵(基于概念和规律的图式),达到对物理概念和规律的理解层次,然后再运用列表、层次图、逻辑关系图等方法,将相关知识有序地联系成整体。

在学生已有组织知识方法运用的经历后,教师可结合组织知识的实例,帮助学生习得组织知识的策略,并在后续学习中提供组织知识的场合,引导学生自己运用组织知识的策略完成知识系统化。

本环节教学方式有不同的形式,可简单表示如下:

1. 传授式:教师遵循组织知识适当方法,自己梳理物理知识的内涵,并建立相关物理知识间的联系,如第七章样例一中带电粒子在匀强磁场与匀强电场中受力特征的比较。

学生没有多少自主性。

2. 启发式:教师通过适当的问题,帮助学生回顾所学物理知识的内涵,并遵循组织物理知识相应策略引导学生形成相应物理知识间的联系。如第七章样例一中梳理知识的第一环节。学生有一些自主活动。

3. 自主式:运用导学案等形式,引导学生自己完成物理知识的梳理,并相应组织知识策略的结构,建立相应物理知识间的关系。如【案例6-1】所示。此种教学中,学生有较多的自主活动。

【案例6-1】

● 教学内容:初中物理,"压强"一章的知识系统化。

● 教学过程

师:"压强"这一章的内容,我们已经学习完了,今天这节课,我们来复习一下,请同学们先完成发给大家的导学案上的问题。

导学案

（1）在本章学习中，我们首先学习了压力、压强的概念；

压力是指_____的力；画出静止站立在下行的自动扶梯上的人对自动扶梯面的压力：_____。

压强是表征_____大小的物理量，压强的大小与_____和_____有关，用公式表示_____，压强的单位是_____。

在有关压强的问题中，需要我们特别关注的是受力面积，受力面积是指_____。请自己举一个存在压力的例子，并分析其中受力面积的大小，_____。（例如，医生给病人打针，医生手按注射器活塞顶端，医生对活塞顶端有压力，受力面积是活塞顶端与手指接触的面积等）

在这部分学习中，我们还讨论了改变压强大小的方法，

由于压强与受力面积成反比，因而可以通过_____来增大压强，例子有_____。由于压强与_____成正比，因而可以通过增大压力来增大压强，例子有_____。

（2）在此基础上，我们又学习了液体、气体内部压强的规律；

① 液体内部规律

液体内部压强大小与_____、_____和_____有关，用公式表示为_____。此处一个应予以关注的概念是深度，深度是指从_____到研究点的竖直距离。如图 6-9 所示，请标出 A、B、C 三个位置处的深度。

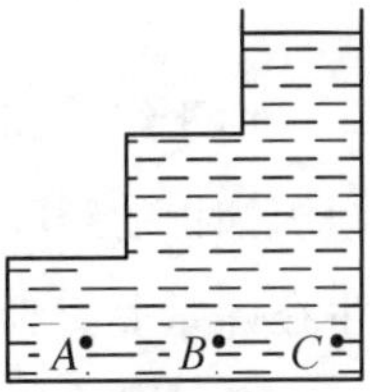

本部分我们还学习了液体内部压强规律的一个应用实例——连通器

连通器是指_____的容器，连通器中装有一种液体，当液体静止时，各容器液面保持静止，常见的连通器有_____、_____、_____。

连通器中装有几种液体，当液体静止时，满足_____中同一深度处压强相等。

② 气体压强的规律

大气压强产生的原因是_____。

证明大气压存在的最著名的实验是_____实验，该实验是由_____国科学家_____完成的。

测量大气压值的最著名的实验是_____实验，该实验是由_____国科学家_____完成的，该实验的过程为_____；该实验测出的标准大气压的值约为_____。

大气压一般随高度增大而_____；

液体的沸点与液体上方的气体压强有关，气压越大，液体沸点_____。

师：现在多数同学已经完成了问题的回答，现在发给各位同学的是一个本章知识结构图，但是不完整，请同学们根据前面的复习，完成下面的本章知识结构图。

图 6-9

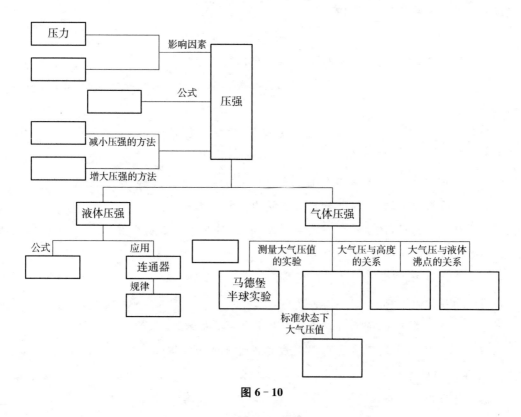

图 6 - 10

由于组织知识的方法相对比较单一,主要就是列表、层级图等方法,所以在学生有一定组织知识的经验并对方法有一定认识时,完全可以由学生自己完成该任务,教师可以要求学生在课堂上交流,并根据组织好的知识是否满足:知识间联系真实、知识间联系的关系清晰这两条标准来进行评判即可。

(二)组织知识策略的教学

经过上述案例中也就是学生在"无意识"中,运用了层级图的方法来组织物理知识,属于层级图法学习的隐形阶段。

学习者经历了多次组织物理知识的学习过程,也就积累了组织物理知识策略的一定量的运用经验,这部分经验就可以为组织知识策略的学习提供适当的材料。

在学生已有组织知识方法运用的经历后,教师可选择一个教学时段,完成以"组织物理知识策略"的学习。如第七章样例二中第三、四环节,教师可引导学习者回顾所需学习组织策略的案例,帮助学生梳理组织知识策略的适用条件和步骤,即将所学策略的适用条件和步骤显性化出来;后续学习中再提供组织物理知识的场合,引导学生自己运用组织知识的策略完成物理知识系统化。

第七章　物理系统化知识教学样例

样例一　"万有引力定律"一章知识系统化的教学

设计者：孔　云　上海市七宝中学

一、教学内容

"万有引力定律"一章知识的系统化学习。

二、教学目标

（一）知识与技能

理解本章的知识结构；能够试着用自己的语言陈述相联系的知识及其存在的关系。

（二）过程与方法

经历运用表格和层级图对知识进行系统化处理的过程，理解列表、层级图等组织知识的方法。

三、教学任务分析及教学规划

本案例的教学目标更侧重形成"万有引力"定律的系统化知识，对于将知识系统化的方法主要是引导学生经历运用知识系统化的过程，因此将主要涉及到以下两个教学环节：

教学环节一，教师引导学生梳理本章知识，分析各知识点间存在的关系，学生不自觉地运用了做层级结构图的方法来组织知识。同时选择适当的习题考察学生对特定规律的运用。

教学环节二，教师自己分析同步卫星、近地卫星以及地球上物体的区别与联系，并对三大宇宙速度的意义与数值进行比较，在此过程运用了列表的方法，学生不自觉地体验了列表方法来组织知识。

以上两个环节，实现"知识与技能"目标。

四、教学过程

（一）教学方式：教师主导

师：通过前几节课的学习，我们已经对《万有引力定律》一章的内容进行了学习。今天，我们主要梳理一下这章各内容之间的关联。请同学们回忆一下，在这一章，我们都对什么内容进行了学习?

生:万有引力定律、开普勒行星定律、三大宇宙速度、天
体质量的测量……

师:这些内容都属于天体运动的范畴,本章对天体运动
的学习主要从运动学和动力学角度分别描述开普勒行星定
律和万有引力定律。

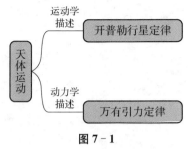

图 7-1

师:我们在学习天体运动的相关内容时,首先简单学习
了人类对行星运动规律的探索历史。以前对于地球和太阳如何运动,主要有哪两种观点?

生:地心说和日心说。

师:这些学说都有哪些代表人物?

生:地心说的代表人物:托勒密;日心说的代表人物:哥白尼、布鲁诺、第谷、伽利略、开
普勒……

师:我们对其中一位物理学家,开普勒提出的行星运动的规律进行了研究,开普勒行星
定律具体的内容是什么?

生:(1)轨道定律:行星绕太阳做椭圆轨道运动,且太阳位于椭圆的一个焦点上。(2)面
积定律:行星与太阳的连线在相等时间内扫过的面积相等。(3)周期定律:行星轨道半长轴
的三次方与公转周期的平方成正比。

(教师进行板书)

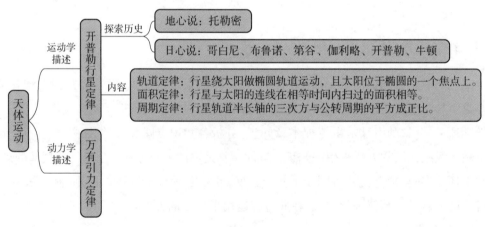

图 7-2

师:开普勒行星定律是否只适用于行星绕太阳的运动?

生:不是,对于其他卫星绕行星的运动也同样适用。

师:通过开普勒行星定律,我们知道的是行星绕太阳的轨道,单位时间扫过的面积以及
周期,我们能够对行星绕太阳的运动进行描述,相当于我们知道了行星的什么特征?

生:运动学特征。

师:知道了运动学特征,作椭圆轨道运动,根据牛顿定律,那么物体一定会受到力。根据

之前的学习,我们已经知道了行星与太阳间的相互作用力是什么力?

生:行星与太阳之间的万有引力。

师:所以,当我们探讨行星与太阳间的相互作用时,已经属于动力学的范畴。

师:请同学们回忆一下,我们在课堂上讨论行星与太阳间的相互作用力时,是直接根据开普勒行星定律给出的椭圆轨道进行讨论的吗?

生:不是。

师:那我们对模型进行了哪些处理? 最后讨论的是什么模型?

生:行星绕太阳运动的轨道近似为圆形,并且作匀速圆周运动,半径为行星中心到太阳中心的距离。

师:我们在匀速圆周运动模型的基础上,通过理论分析推出了行星与太阳间的相互作用力与行星质量和太阳质量的乘积成正比,与行星与太阳间距离的平方成反比,$F \propto Mm/r^2$。在此基础上,牛顿提出了万有引力定律,将行星和太阳之间这种相互作用力推广到宇宙中的一切物体。万有引力定律的表述是什么?

生:自然界中的任何两个物体都相互吸引,引力的方向在它们的连线上,引力的大小与物体的质量 m_1 和 m_2 的乘积成正比,与它们间距离 r 的二次方成反比。

师:相应的公式是什么?

生:$F = GMm/r^2$。

师:F、$M(m)$、r 的单位分别是?

生:N、kg、m。

师:G 的含义是什么?

生:引力常量。

师:是哪位科学家测出的具体数值? 通过什么装置?

生:卡文迪许通过扭秤实验测量的。

师:卡文迪许测定了不同物体间的引力,并计算出引力常量。这也是万有引力定律正确性的最早证据。引力常量的具体数值是多少?

生:6.67×10^{-11} N·m²·kg⁻²。

师:另外需要注意的一点是,运用这个公式计算的是两个质点或两个均匀球体之间的万有引力或质点与球体间的万有引力。如果两个物体距离太近,不再能看成质点,则无法运用此公式计算。同时,两个球体之间的距离 r 对应的含义是什么?

生:两个球体球心间的距离。

师:在学习完万有引力定律之后,我们还对万有引力与重力的区别与联系进行了讨论。对于地球表面的物体,它受到的来自地球的万有引力有什么作用效果? 与重力的关系是什么?

生:地球表面的物体在万有引力的作用下,一方面随地球自转,另一方面在被抛出时还会作落体运动。因此万有引力可以分解成重力和绕地轴随地球自转的向心力。

师：重力、向心力随纬度变化的情况如何？

生：纬度越高，随地球自转的向心力越小，万有引力一定，则重力越大。

师：在什么位置，重力与万有引力大小相等？

生：两极。

（教师进行板书）

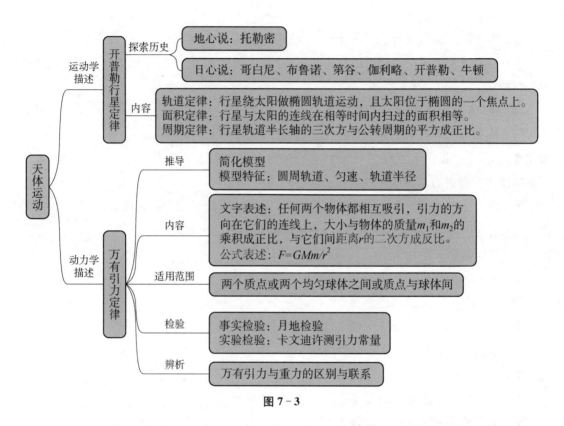

图 7 - 3

师：在学习完万有引力定律之后，我们应用万有引力定律来对卫星绕天体运动的一系列问题进行求解。具体来说，我们可以将万有引力用于求解中心天体的质量 M。如果已知卫星绕中心天体作匀速圆周运动的周期 T、卫星与中心天体之间的距离 R 以及万有引力常量 G，求解中心天体质量的思路应该是什么？

生：将卫星绕天体运动看作匀速圆周运动，万有引力充当向心力，可以列式：$\dfrac{GMm}{r^2}=m\left(\dfrac{2\pi}{T}\right)^2 r$，通过整理，可得 M。

师：如果已知的是 R、G 和行星绕行的速度，求解思路也是类似的，都可以列出万有引力充当向心力的式子：$\dfrac{GMm}{r^2}=\dfrac{mv^2}{r}=m\omega^2 r=m\left(\dfrac{2\pi}{T}\right)^2 r$，之后再进行整理，求解 M。

师：如果给出了物体与中心天体球心之间的距离 R、地表附近的重力加速度 g 以及引力常量 G，如何求解中心天体的质量 M？

生：通过重力与万有引力大小相等进行求解 $mg = \dfrac{GMm}{r^2}$。

（教师进行板书）

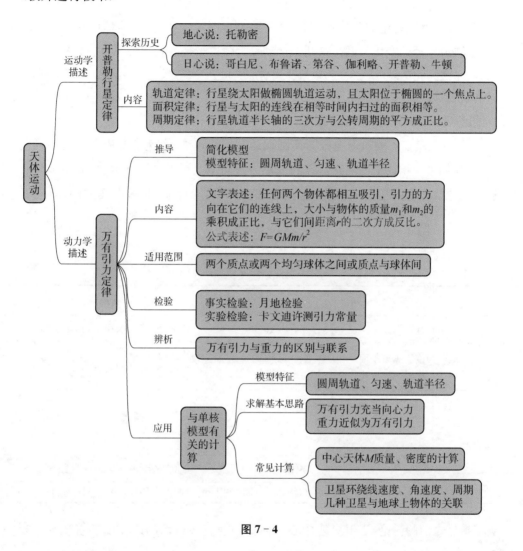

图 7 - 4

师：以上两种思路也是求解万有引力相关问题的常见思路。在了解如何求解中心天体的质量之后，中心天体的密度可以怎么求？

生：根据密度 $\rho = M/V$，体积 $V = 4\pi R^3/3$。其中 R 为天体半径。

师：如果想要求解中心天体表面的重力加速度，在学习天体的相关知识之前，我们可以根据二力平衡，用弹簧秤测量重力加速度，也可以通过研究抛体的相关规律进行求解。那在学了天体的知识之后，中心天体附近的重力加速度还可以怎么求解？

生：物体受到来自中心天体的重力在大小上可以近似地等于物体与中心天体之间的万有引力，而物体受到的万有引力提供了绕中心天体作匀速圆周运动的向心力，因此可以列式：$mg = \dfrac{mv^2}{r} = m\omega^2 r = m\left(\dfrac{2\pi}{T}\right)^2 r$，根据物体绕中心天体运动的线速度 v（角速度 ω 或周期 T）

以及轨道半径进行求解。

（教师进行板书）

师：除了对中心天体 M 进行研究以外，我们对绕中心天体作匀速圆周运动的卫星也进行了研究。我们首先讨论的是中心天体的质量 M 确定时，卫星做圆周运动的线速度、角速度、周期随轨道半径的变化关系。这几个运动量随轨道半径的变化关系是怎么样的？

生：由于万有引力充当向心力，则有：$\dfrac{GMm}{r^2}=\dfrac{mv^2}{r}=m\omega^2 r=m\left(\dfrac{2\pi}{T}\right)^2 r$。当 r 越大时，线速度 v、角速度 ω 越小，而周期越大。

师：因此，卫星在不同轨道上做匀速圆周运动的线速度、角速度及周期都是不同的。在此基础上，我们进一步讨论了两种特殊的卫星——同步卫星以及近地卫星，并与地球表面的物体进行了比较。请同学们试着通过列表，从受力、运动特征、共同点几方面，对三者进行比较。

生：

表 7 - 1

	同步卫星 m_1	近地卫星 m_2	随地球自转的物体 m_3
受力	万有引力	万有引力	万有引力、地面支持力
运动特征	位于赤道平面相对地球静止	绕地球作匀速圆周运动的半径为地球半径	相对地球静止
共同点	万有引力充当向心力，均满足：$\dfrac{GMm}{r^2}=\dfrac{mv^2}{r}=m\omega^2 r=m\left(\dfrac{2\pi}{T}\right)^2 r$		
	物体 m_3、近地卫星 m_2 与地心的距离均为地球半径 R		
	同步卫星 m_1 与物体 m_3 拥有相同的角速度和周期（地球自转周期）		

师：根据之前的讨论，当卫星绕中心天体作匀速直线运动的线速度随着轨道半径的增大而？

生：减小。

师：近地卫星绕地球的轨道半径是最小的，相应的环绕速度应该是什么？

生：最大的。

师：根据之前的学习，我们把物体在地面附近绕地球作匀速直线运动的速度叫做什么？

生：第一宇宙速度。

师：第一宇宙速度的大小是什么？我们如何求解？

生：$7.9\ \mathrm{km/s}$，通过列式：$\dfrac{GMm}{R^2}=\dfrac{mv^2}{R}$。

师：第一宇宙速度除了是最大的环绕速度之外，还有什么特殊的含义？

生：还是最小的发射速度。

师：除了第一宇宙速度，我们还学习了第二、第三宇宙速度。请列表比较他们的含义和大小。

生：

表 7-2

	第一宇宙速度	第二宇宙速度	第三宇宙速度
物理意义	地球表面绕地速度 最大环绕速度 最小发射速度	克服地球引力离开地球的最小速度	挣脱太阳引力飞出太阳系的最小速度
大小	7.9 km/s	11.2 km/s	16.7 km/s

师：在学习了三大宇宙速度后，我们还讨论了人造卫星的发射、变轨、对接问题。要发射人造卫星，动力装置在地面处要给卫星一很大的发射初速度，且发射速度大小要比第一宇宙速度？

生：大。

师：当物体在地面的发射速度在第一和第二宇宙速度之间，物体将做什么运动？

生：绕地球做椭圆运动。

师：人造卫星做椭圆运动的过程中，如果进入预定轨道区域，可以通过调整速度，使所需向心力等于万有引力，从而让卫星进入预定轨道。

师：而对于行星变轨，根据速度的变化情况可以划分为两种情况：速度渐变和速度突变。对于行星速度逐渐变大，怎么分析它运动状态的改变？

生：速度增大，做圆周运动所需的向心力变大，万有引力不足以提供所需的向心力，做离心运动，使得轨道半径变大，最后所需向心力与万有引力相等，做匀速圆周运动的轨迹比原来大，稳定后的环绕速度比原来小。

师：对于速度突变的情况，以发射一颗地球同步卫星为例，通常需要经历几次变轨过程？具体的变轨过程如何？

生：首先在近地轨道上突然加速，使卫星绕地球作椭圆轨道运动，之后在远地点再次加速，让物体绕地球以更大的半径做匀速圆周运动。

师：对于飞行器之间的对接，先让飞船在比空间站低的轨道运行，当运行到适当位置时，再加速运行到一个椭圆轨道。通过控制使飞船跟空间站恰好同时运行到两轨道的相切点，便可实现对接。

师：除了常见的单个行星绕中心天体运动的模型，我们还对多星模型进行了研究。对于双星系统而言，两颗行星的运动具有什么特征？

生：两颗行星具有共同的角速度，两颗行星作匀速圆周运动的向心力相同，都等于万有引力。

师：对于多星系统，万有引力与行星运动之间的关系是？

生：行星受到的万有引力的合力等于行星作圆周运动所需要的向心力。

（教师进行板书）（图见 7-5）

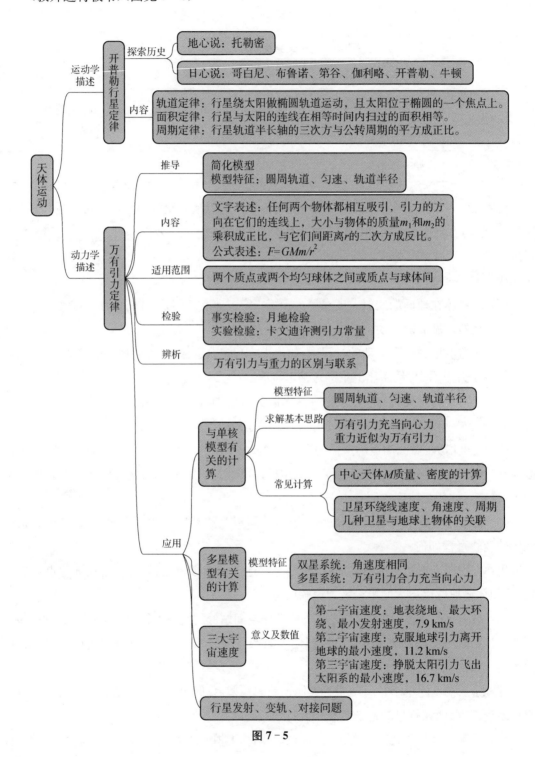

图 7-5

（二）教学方式：学生活动为主

除了教师在课堂上引导学生对知识进行梳理之外，教师可以通过开发导学案，让学生通过填写导学案进行知识的系统化，具体教学过程如下：

师：“万有引力”这一章的内容，我们已经学习完了，今天这节课，我们来复习一下，请同学们先完成发给大家的答题纸上的问题。

【导学案】

本章已对“天体运动”的相关内容进行了学习，我们首先从运动学描述的角度对天体运动的规律进行了学习。主要是开普勒行星运动的相关规律。

1. 开普勒行星运动

1.1 人类对行星运动规律的探索历史。以前对于地球和太阳如何运动，主要有_____（代表人物：托勒密）和_____（代表人物：哥白尼、布鲁诺、伽利略、开普勒等）两种观点。

1.2 开普勒提出的行星运动的规律进行了研究，提出了开普勒三大行星定律，内容是：

（1）_____定律：行星绕太阳做_____运动，且太阳位于_____。

（2）面积定律：_____。

（3）_____定律：行星轨道_____的三次方与_____成正比。

（教师进行板书）

1.3 判断：开普勒行星定律是否只适用于行星绕太阳的运动？（   ）

1.4 开普勒行星定律是从_____的角度对行星绕太阳的运动进行描述。

在对开普勒行星运动的相关规律进行了学习后，我们了解了行星运动的运动学特征。在此之后，我们进一步对行星运动背后的动力学原因进行分析。我们先从行星绕太阳的运动开始，对行星与太阳之间的相互作用进行研究。

2. 万有引力定律的推导、内容及使用范围

2.1 在推导行星与太阳间的相互作用力时，对运动模型进行了简化，简化后行星绕太阳运动的轨道近似为_____，并且作_____运动，半径为_____。

2.2 万有引力定律的文字表述是：自然界中的任何两个物体都相互吸引，引力的方向_____，引力的大小与_____成正比，与_____成反比。

2.3 万有引力定律的公式表述为：_____，其中各物理量的单位为_____。

2.4 万有引力定律是从_____的角度对行星绕太阳的运动进行描述。

在万有引力定律提出后，我们对通过客观事实和实验对万有引力定律的正确性进行了一定的检验，并进一步探讨了万有引力与重力的区别与联系。

3. 万有引力定律的检验及辨析

3.1 万有引力定律是经过相应的实验和事实检验的定律，通过对月球的_____进行计算，可以对万有引力定律进行检验。另外，科学家_____通过_____装置，测定了引力常量了,具体数值为_____,实验的结果支持万有引力定律的依据在于:_____。

    3.2 万有引力定律的使用条件为:_____。

    3.3 万有引力与重力的区别与联系:_____可以分解成_____和_____
_____。

    3.4 重力随纬度变化的情况:维度越高,_____越小,万有引力_____,则
_____越大。

在检验了万有引力定律后,我们探讨了万有引力的几类常见应用:求解行星绕中心天体的运动、求解中心天体的质量与密度、对比几类常见卫星与地球上物体的区别与联系以及三大宇宙速度、行星变轨运动也进行了相应的分析。

    4. 万有引力定律的应用

    4.1 求解卫星绕中心天体做匀速圆周运动的两种主要求解思路。

如果已知卫星绕中心天体作匀速圆周运动的周期 T、卫星与中心天体之间的距离 R 以及万有引力常量 G,求解中心天体质量的思路为:_____;如果已知的是 R、G 和行星绕行的速度,求解思路也是类似的,都可以列出万有引力充当向心力的式子_____,之后再进行整理,求解 M。

如果给出了物体与中心天体球心之间的距离 R、地表附近的重力加速度 g 以及引力常量 G,如何求解中心天体的质量 M? 通过_____与_____大小相等,列式_____进行求解。

    4.2 中心天体的密度与质量满足的关系是:_____。其中 R 为天体半径。

    4.3 对绕中心天体作匀速圆周运动的卫星 m,当中心天体的质量 M 确定时,卫星做圆周运动的线速度、角速度、周期随轨道半径的变化关系如下:

由于_____充当_____,则有:_____。当 r 越大时,线速度 v 越_____,角速度 ω 越_____,周期越_____。

    4.4 同步卫星、近地卫星以及地球表面的物体。

表 7-3

	同步卫星 m_1	近地卫星 m_2	随地球自转的物体 m_3
受力	_____	_____	_____
运动特征	_____	_____	_____
共同点	_____充当向心力,均满足:_____		(不填)
	(不填)	_____	
	同步卫星 m_1 与物体 m_3 拥有相同_____		

4.5 三大宇宙速度的含义和数值。

表 7-4

	第一宇宙速度	第二宇宙速度	第三宇宙速度
物理意义	地球表面绕地速度 最_____环绕速度 最_____发射速度	_____	_____
大小	_____	_____	_____

4.6 行星变轨问题。

对于行星变轨,根据速度的变化情况可以划分为两种情况:速度渐变和速度突变。对于行星速度逐渐变大,做圆周运动所需的向心力变_____,万有引力不足以提供所需的向心力,行星做_____心运动,使得轨道半径变_____,最后所需向心力与万有引力相等,做匀速圆周运动的轨迹比原来_____,稳定后的环绕速度比原来_____。

对于速度突变的情况,以发射一颗同步卫星为例,通常需要经历_____次变轨过程,具体的变轨过程:首先在近地轨道上突然_____速,使卫星绕地球做_____轨道运动,之后在远地点再次_____速,让物体绕地球以更大的半径做匀速圆周运动。

4.7 多星系统。

对于双星系统而言,两颗行星具有共同的_____,两颗行星做匀速圆周运动的_____相同,都等于两物体间的万有引力。

对于多星系统,行星受到的_____等于行星做圆周运动所需要的向心力。

师:现在多数同学已经完成了问题的回答,现在发给各位同学的是一个本章知识结构图,但是不完整,请同学们根据前面的复习,完成下面的本章知识结构图。

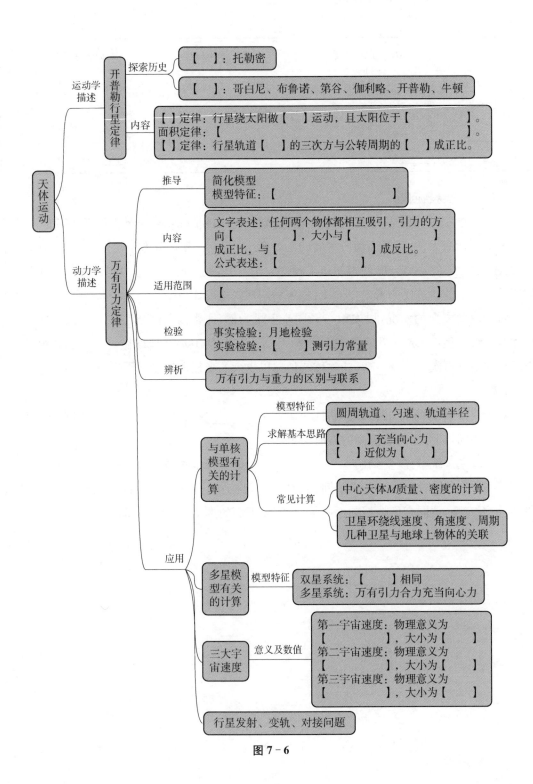

图 7 - 6

样例二　"静电场"一章知识系统化的教学

设计者：吕丛爱　上海市文建中学

一、教学内容

"静电场"一章知识的系统化学习。

二、教学目标

(一) 知识与技能

理解本章的知识结构；能够尝试用自己的语言陈述相联系的知识及各知识点间存在的关系。

(二) 过程与方法

经历运用层级结构图和列表对知识进行系统化的过程，理解列表、层级图等组织知识的方法。

三、教学任务分析及教学规划

本案例的教学目标主要是运用列表、层级图、逻辑关系组织方法建立"静电场"这一章相关知识间关系，形成系统化的知识，因此要有一个环节来实现这一目标，安排如本例中的环节一、二。

在本章知识的组织中，要运用列表、做层级图、建立逻辑关系的方法，在组织知识时学生更关注的是系统化的知识，没有意识到在此过程中运用的方法及其使用的条件和基本步骤，根据启发式的教学方式，教师应引导学生将注意的焦点集中在列表、做层级图的案例上，并由此概括出方法的适用条件和步骤。

本案例各教学环节的作用如下：

环节一，教师引导学生梳理本章知识，分析各知识点间存在的关系，学生不自觉地运用做层级图的方法来组织知识。同时选择适当的习题考查学生对特定规律的"运用"。

环节二，教师自己分析库仑力与万有引力的不同点，两种等量点电荷的电场的比较，在此过程运用了列表的方法，学生不自觉地体验了列表方法来组织知识。

以上两个环节，实现了"知识与技能"的目标。

环节三，要求学生回答层级结构图、列表法的步骤和使用条件，实际就是引导学生学习做层级结构图、列表的方法。

环节四，请学生自己寻找运用上述两种方法的实例。

教学环节三、四，实现"过程与方法"的目标。

四、教学过程

教学环节一：本章学习知识的梳理

师：通过前面的学习，我们已经把静电场这一章的内容全部学习完了。今天这节课主要是复习本章的内容，请同学们回忆一下，在这一章当中，我们学习了哪些内容？

生：学习了电荷守恒定律和库仑定律，学习了电场、电场强度、电势、电势差、电场线、等势面等概念，学习了一些电荷的电场，还学习了静电现象和电容器的电容。

师：从同学们的回答中，可以发现，本章对静电场的学习主要集中在静电场的来源、静电场的描述角度和静电场对客体的作用。

（教师进行板书）

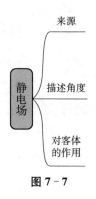

图 7 - 7

师：那么静电场主要来源是？

生：静电场是由静止电荷产生的。

师：什么是静止电荷？

生：相对于观察者静止的电荷。其中，电荷有两种，分别是正电荷和负电荷。用丝绸摩擦过的玻璃棒所带的电荷为正电荷，用毛皮摩擦过的硬橡胶棒所带的电荷为负电荷。

师：使物体带电的方式有哪些？本质是？

生1：摩擦起电、感应起电、接触起电。

生2：使带电粒子在物体之间或物体内部转移，而不是创造出了电荷。也就是遵循电荷守恒定律：电荷既不会创生，也不会消灭，它只能从一个物体转移到另一个物体，或者从物体的一部分转移到另一部分；在转移过程中，电荷的总量保持不变。另一表述是：一个与外界没有电荷交换的系统，电荷的代数和保持不变。

师：电荷的多少叫什么？

生：电荷量。所有带电体的电荷量等于元电荷 e 的整数倍或等于元电荷 e。由密立根实验测出 $e = 1.60 \times 10^{-19}$ C。

师：关于库仑定律，我们学习了什么？

生1：库仑定律的内容：真空中两个静止点电荷之间的相互作用力，与它们的电荷量的乘积成正比，与它们的距离的二次方成反比，作用力的方向在它们的连线上。

生 2：库仑力是电荷间的相互作用力：$F = k\dfrac{q_1 q_2}{r^2}$。

生 3：判断库仑力的方向，根据"同种电荷相互排斥，异种电荷相互吸引"和"作用力的方向在它们的连线上"来判断。

师：关于电容器的电容，我们学习了什么？

生 1：电容的意义是表征了电容器储存电荷的特性。

生 2：电容的定义式是：$C = \dfrac{Q}{U}$，其中 Q 为一个极板所带电荷量的绝对值；U 为电容器两极板间的电势差。

生 3：平行板电容器是在两个相距很近的平行板金属中间夹上一层绝缘物质，组成一个最简单的电容器。它的电容的决定式是：$C = \dfrac{\varepsilon S}{4\pi kd}$，其中 S 为极板的正对面积，d 为极板距离，ε 为电介质的相对介电常数，k 为静电力常量。

（教师整理学生的回答，并完成板书如图 7-8）

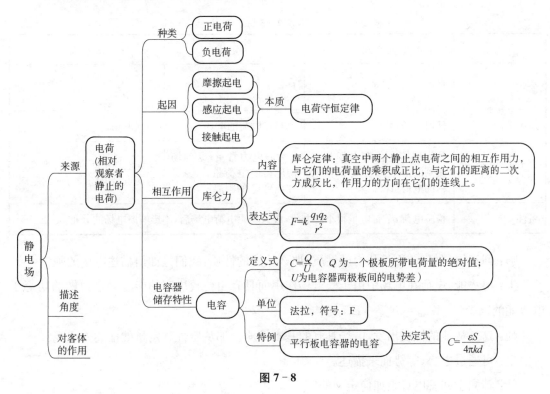

图 7-8

师：对于静电场，我们需要了解电场的性质，请同学们思考我们可以从哪些角度来描述？

生：从力的性质和能的性质。

师：从力的性质，我们如何描述电场？

生 1：电场在力的性质中，对放入其中的电荷有力的作用，即静电力，大小为 $F = Eq$，适用于所有电场。电场力做功为：$W = Eqd$，其中 d 为沿静电力方向的距离。

生 2：可通过电场强度来描述。

生 3：可用电场线来描述电场。

师：在本章中，确实学习了两种描述电场力的性质的方式：定量描述——电场强度；定性描述——电场线。

师：用电场强度定量描述电场的强弱，请同学们回答电场强度是如何定义的？

生：放入电场中某点的电荷所受的静电力 F 与它的电荷量 q 的比值，叫做电荷所在处的电场强度。电场强度是矢量，电场中某点的电场强度方向就是正电荷在该点所受静电力的方向。

师：请同学回答用电场线具有的特点如何描述电场？

生：电场线不是实际存在的线，是假想的线；从正电荷或无限远出发，终止于无限远或负电荷；曲线上每一点的切线方向跟该点的场强方向一致；电场线的疏密反映场强的大小；电场线互不相交。

师：在本章中，我们学习三个求电场强度的公式，我们来总结三个式子的不同之处。

表 7 - 5

	定义式	决定式	关系式
公式	$E = \dfrac{F}{q}$	$E = k\dfrac{Q}{r^2}$	$E = \dfrac{U}{d}$
适用范围	任何电场	真空点电荷的电场	匀强电场
公式中电荷量的含义	F 为试探电荷在电场某点受到的静电力；q 为试探电荷的电荷量	k 为静电力常量；Q 为场源电荷的电荷量；r 为研究点到 Q 的距离	U 为电场中两点的电势差；d 为两点沿电场线方向的距离
备注	检验电荷 q：带电量很小的电荷，放入场源电荷电场后，不影响原电场的分布		

师：回答得很好，前面是从力的性质，那么从能的性质，我们是如何描述电场的呢？

生：电势能，电荷在电场中由于受电场作用而具有由位置决定的能。静电力做的功等于电势能的减少量，$W_{AB} = E_{pA} - E_{pB}$。

师：这是从能的性质出发，电场具有的基本性质。那从定性和定量的描述方式呢？

生：可通过电势、等势面来描述。

师：请同学回答电势是如何定义的？

生：电荷在电场中某一点的电势能 E_p 与它的电荷量 q 的比值，叫做这一点的电势。电势是标量。单位是伏特，符号是 V。常取离场源电荷无限远处或大地的电势为 0。

师：电场中两点间的电势的差值称为什么？

生：电势差，也叫电压。大小是 $U_{AB} = \varphi_A - \varphi_B$。

师：电势差和静电力做功的关系是：

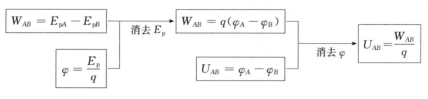

图 7 - 9

师：电势差和电场强度有什么关系？

生：$U_{AB} = Ed$。适用条件是匀强电场。

师：在本章中，我们学习三个求电势差的公式，我们来总结三个式子的不同之处。

表 7 - 6

	定义式	决定式	关系式
表达式	$U_{AB} = \dfrac{W_{AB}}{q}$	$U_{AB} = \varphi_A - \varphi_B$	$U = Ed$
适用条件	任何电场	任何电场	匀强电场
说明	电势差等于电势之差，求某点电势可转换求该点对零电势的电势差		

师：那么请同学回答等势面是如何定义的？

生：电场中电势相同的各点构成的面。也就是同一等势面上，任何两点间的电势都相等。

师：等势面与电场线有什么关系呢？

生：等势面一定与电场线垂直；在同一等势面上移动电荷时电场力不做功；电场线方向总是从电势高的等势面指向电势低的等势面；等势面越密的地方电场强度越大，反之越小；两个相邻的等势面间的电势之差是相等的。

师：我们学习描述电场性质的电场强度和电势，那么我们来总结一下两个等量点电荷的场强与电势的特点。

表 7 - 7

		等量同种点电荷	等量异种点电荷
电场线形状			
场强特点	两个点电荷连线上	中点 O 处为 0，其他点左右对称（大小相等，方向相反，指向 O 点）	中点 O 处最小，其他点左右对称（大小相等，方向相同，指向负电荷）
电势特点	两个点电荷连线上	中点 O 处最低，其他点左右对称，且高于 O 处电势	由负电荷到正电荷逐渐升高

（教师整理学生的回答，并完成板书如图 7－10）

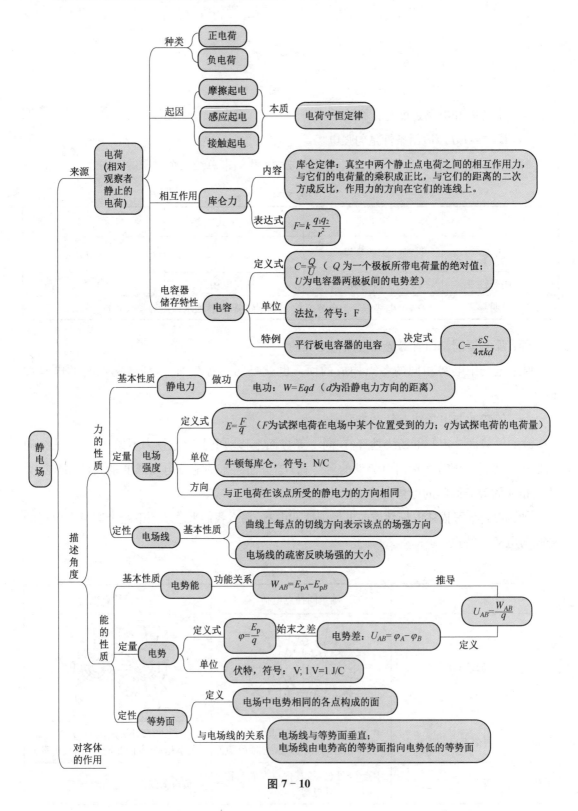

图 7－10

师：在本章的学习中，我们除了学习以上的内容，还学习了静电场对客体的作用，请同学们说说看学习了哪些？

生：学习了电场对带电粒子的运动规律、对导体的作用。

师：关于电场对导体的作用，我们学习了什么？

生：静电平衡状态下导体的电场和电荷分布。

师：什么是静电平衡？

生：导体内的自由电子不发生定向移动的状态。

师：静电平衡状态下导体的电场有什么特点？

生：导体内部的场强处处为零；电场线垂直于导体表面；整个导体是个等势体，它的表面是个等势面。

师：在生活中的应用体现在？

生：实现静电屏蔽的金属壳、网。

师：静电平衡状态下导体上电荷的分布有什么特点和用途？

生1：导体内部没有电荷，电荷只分布在导体的外表面；在导体外表面，越尖锐的位置，电荷的密度越大，凹陷的位置几乎没有电荷。

生2：利用尖端放电制成的避雷针。

师：带电粒子在电场中的运动规律有哪些？

生：如果考虑重力，平衡：$F_合 = 0$ 或 $qE = mg$；如果不考虑重力，加速：$v_0 \parallel E$ 或 $v_0 = 0$；偏转：$v_0 \perp E$（垂直电场方向：匀速直线运动；沿电场方向：初速度为 0 的匀加速直线运动）

（教师整理学生的回答，并完成板书如图 7 - 11）

教学环节二：本章学习知识与以往学习知识联系

师：这节课我们已经将本章所学的知识进行了较为系统的小结。在学习中，我们可以感受到库仑力和万有引力的相同点，但也存在不同之处。所以，我们往往可以将库仑力和万有引力定放在一起进行总结。

（教师边陈述，边完成下面的表格）

表 7 - 8

	库仑力	万有引力
概念	真空中两个静止的点电荷之间的相互作用力的大小，与它们电荷量的乘积成正比，和它们之间的距离的平方成反比，作用力的方向在它们的连线上	自然界中任何两个物体都是相互吸引的，引力的大小跟这两个物体的质量乘积成正比，跟它们的距离的二次方成反比
表达式	$F = k\dfrac{q_1 q_2}{r^2}$	$F = G\dfrac{m_1 m_2}{r^2}$
研究范围	微观	宏观
研究物体	带电体	一切物体

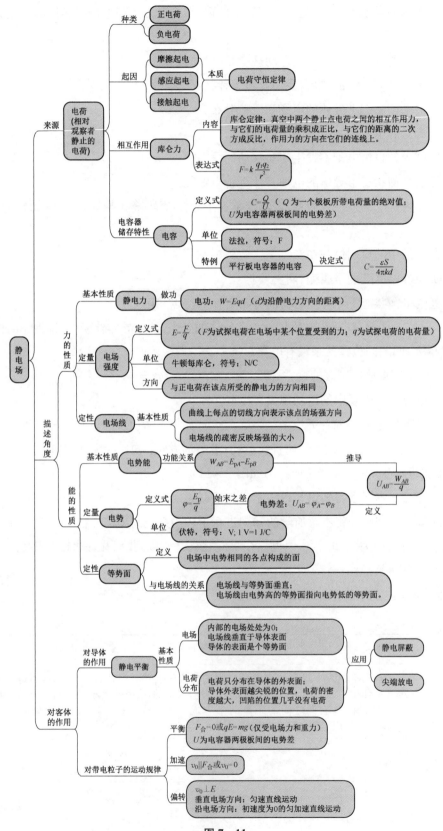

图 7 - 11

环节三：组织知识的方法的学习

师：前面我们不仅将本章的知识进行了系统的小结，并且还将部分本章学习的知识与以往学习知识进行了总结。小结的最终目的是希望帮助同学们用更全面的视角审视学习过的知识。当然知识系统化的活动，必然需要运用一些合理的方法，在上面的小结中，我们用了那些方法？

生：做出知识层级图的方法，以及列表的方法；

师：请同学们回忆，在我们以前的学习中，有没有利用列表方法以及做结构图的方法来组织知识的呢？

（如果学生不能完整呈现，教师应提供自己准备好的样例）

生一：在力学复习，曾对学习过的变速运动形式做过一个层级结构图，如：

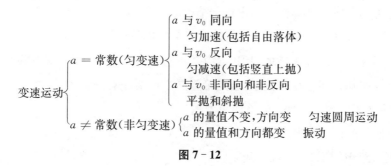

图 7 – 12

生二：在力学学习中，我们曾将几个力学定理做过列表比较，如：

表 7 – 9

研究对象	研究角度	物理概念	物理规律	适用范围、条件
质点	力的瞬时效果	力(F)、质量(m)、加速度(a)	牛顿第二定律 $F = ma$	低速运动的宏观物体
质点	力作用一段时间（时间积累）的效果	动量 $p = mv$ 冲量 $I = Ft$	动量定理 $Ft = mv' - mv$	低速运动的宏观物体
系统			动量守恒定律 $m_1 v_1 + m_2 v_2 = m_1 v_1' + m_2 v_2'$	普遍适用 系统所受合外力为零
质点	力作用一段位移（空间积累）的效果	功 $W = Fs\cos a$ 功率 $P = \dfrac{W}{t}$，$P = Fv\cos a$	动能定理 $W = E_{k2} - E_{k1}$	低速运动的宏观物体
系统		动能 $E_k = \dfrac{1}{2}mv^2$ 重力势能 $E_p = mgh$	机械能守恒定律 $E_2 = E_1$	低速运动的宏观物体 只有重力和弹力做功

师：回答得很好！请同学们结合前面组织知识的过程，思考知识间满足何种条件时，可以用层级结构图的方法组织知识？使用列表法组织的知识，又有何特征？

（学生思考、讨论，教师总结。）

师：当知识之间存在概括性程度高低或者知识间存在上下含盖关系，这部分知识一般适宜用做层级结构图的方法来组织。

而当知识间存在相同的属性，但同种属性上有相同与相异点，这部分知识就适宜采用列表法来组织。

师：那么做知识层级结构图时，如何完成呢？

（教师梳理，学生回答出基本步骤）

● 做知识层级图时，可遵循以下步骤进行，

（1）先将本章知识点一一罗列出来；

（2）回顾各知识点的内涵，包含物理意义、物理性质及依据、符号或数学表达式等；

（3）将相关知识点用图线连接起来，并在连线上扼要表明形成联系的关键内容；围绕某几个重点概念可能形成一个或数个知识点子结构；

（4）依据重点知识点间的联系将它们连接起来构成整个知识网络结构图。

以后同学们在运用此方法整理知识时，应基本遵循这一思路，形成结构图一个关键之处在于应在图上标明知识间存在的关系，这是希望同学们要注意的。

师：如果用列表法组织知识，应该如何做呢？

（教师梳理，学生回答出基本步骤）

● 用列表法组织知识时，步骤一般是：

（1）确定带比较的知识点；

（2）确定待比较知识点的共有属性；

（3）将比较的知识点列成一维，属性列一维，形成表格；

（4）概括出比较知识点之间的联系与不同，然后在对应的空格中填入适当内容。

教学环节四：方法的练习

在本节课的学习中，我们除了学习了静电场一章的系统化知识，还学习了两种组织知识的方法：列表法、层级结构图法，请同学们课后：

1. 任选前面某一章节，完成该章节的系统化知识。

2. 找一些列表以及层级结构图的实例，不一定局限物理学科，化学、数学、生物等课程例子都可以，分析其是否合理，若不合理，提出修改建议并陈述理由。